优势粗糙集：理论、方法与应用

杜文胜　著

科学出版社
北　京

内 容 简 介

本书系统介绍序决策系统的优势粗糙集方法, 包括属性约简的辨识矩阵方法、启发式方法及其加速算法和基于证据理论的方法, 研究不完备序信息系统、区间值序决策系统和直觉模糊序信息系统的属性约简问题, 提出序模糊决策系统的优势粗糙模糊集理论.

本书可以作为高等院校信息类、数学类、经管类专业的高年级本科生和研究生的教学用书, 也可以作为从事数据挖掘研究的工程技术人员及相关学者的参考书.

图书在版编目(CIP)数据

优势粗糙集: 理论、方法与应用 /杜文胜著. —北京: 科学出版社, 2021.3
ISBN 978-7-03-068221-5

I. ①优… II. ①杜… III. ①集论 IV. ①O144

中国版本图书馆 CIP 数据核字(2021) 第 039054 号

责任编辑: 李静科 李 萍 / 责任校对: 杨聪敏
责任印制: 吴兆东 / 封面设计: 无极书装

科学出版社 出版
北京东黄城根北街 16 号
邮政编码: 100717
http://www.sciencep.com
北京虎彩文化传播有限公司 印刷
科学出版社发行 各地新华书店经销
*
2021 年 3 月第 一 版 开本: 720 × 1000 B5
2022 年 8 月第二次印刷 印张: 11 3/4 插页: 1
字数: 226 000
定价: 88.00 元
(如有印装质量问题, 我社负责调换)

前　言

在处理有序集时, 优势粗糙集理论将决策者的偏好考虑在内. 因此, 该理论可以发现和处理由于考虑准则所带来的不一致问题, 并且该理论的提出极大地促进了涉及偏好信息的多准则决策问题的研究发展. 本书主要研究优势粗糙集理论和该理论在复杂系统以及与其他理论相结合等方面的扩展, 关注的主要对象为序决策系统的属性约简问题. 本书各章进一步完善了优势粗糙集的理论体系, 研究内容涉及优势粗糙集理论的多个方面.

第 1 章主要介绍大数据背景下的粗糙集理论及其扩展模型, 用文献计量学方法介绍优势粗糙集理论的研究进展, 并且给出本书的组织结构.

第 2 章主要介绍优势粗糙集理论中的基本概念, 包括上、下近似，分类质量, 约简等, 并通过广义决策给出了上、下近似的等价形式, 另外给出优势粗糙集的两种推广模型: 变一致优势粗糙集和变精度优势粗糙集.

第 3 章针对序决策系统提出基于辨识矩阵求解所有约简的具体方法. 辨识矩阵中经过吸收律留下的元素为极小元, 本章给出应用相对辨识关系求解所有极小元的方法.

第 4 章提出序决策系统的计算核和不计算核两种启发式属性约简算法, 并分析两者的效率. 通过引入加速器使得原始算法执行效率更高, 同时得到的约简结果相同.

第 5 章将优势粗糙集理论与 D-S 证据理论相结合, 利用证据理论中的信任函数和似然函数, 定义序决策系统的相对信任约简和相对似然约简, 并给出求解这两种约简的具体方法.

第 6 章在 “丢失” 和 “暂缺” 两种语义的不完备序决策系统中提出了刻画优势关系, 利用刻画优势关系描述系统中对象可能存在的优势关系, 以此对不完备序决策系统进行属性约简.

第 7 章在不一致区间值序决策系统中引入近似分布约简的概念, 并提出具体方法求解这类约简. 另外, 给出此种约简的两种等价定义形式.

第 8 章介绍直觉模糊序信息系统和直觉模糊序决策系统的约简问题, 提出直觉模糊序决策系统不同形式的约简并考察它们所要求条件之间的强弱关系.

第 9 章对优势粗糙模糊集理论进行初步研究. 在序模糊决策系统中, 定义上、下累积模糊决策, 并且引入它们的优势粗糙近似. 另外, 考察序模糊决策系统的属性约简和规则提取问题.

本书可以作为高等院校信息类、数学类、经管类专业的高年级本科生和研究生的教学用书, 也可以作为从事数据挖掘研究的工程技术人员及相关学者的参考书.

本书的出版得到了国家自然科学基金项目 (编号: 61806182) 的资助, 在此表示感谢.

限于作者的水平, 书中不妥之处在所难免, 恳请同行专家提出宝贵意见.

杜文胜
2021 年 1 月于郑州大学

目　录

第 1 章　绪　　论

1.1　大数据与数据挖掘

近年来, 随着信息技术的飞速发展, 人们在采集、获取、存储数据方面的能力显著提升, 导致全球范围的信息急剧膨胀. IDC (国际数据公司) 2013 年发布的《数字宇宙研究报告》称: 全球信息总量每两年就会增长一倍. IBM (国际商用机器公司) 的研究则称: 整个人类文明所获得的全部数据中, 有 90% 是过去两年内产生的. 这两项权威结论表明人们不可避免地迎来大数据 (big data) 时代.

大数据指无法在一定时间范围内用常规工具进行捕捉、管理和处理 (即无法用单台的计算机进行处理) 的数据集合, 需要新的处理模式 (如分布式架构) 才能具有更强的决策力、流程优化能力, 以及洞察发现力的海量、多样化和高增长率的信息资产. 从技术上看, 大数据的特色在于对海量数据进行分布式数据挖掘, 需依托云计算的分布式处理、分布式数据库和云存储、虚拟化技术.

大数据的迅猛发展有其典型特征, 总结起来有以下五个方面 (简称 5V):

(1) 大容量 (volume): 数据规模巨大, 至少是 PB 级别, 这决定数据潜在的信息.

(2) 多样性 (variety): 数据类型繁多, 包括网络日志、音频、视频、图片等.

(3) 时效性 (velocity): 数据往往以数据流的形态产生, 处理速度要快, 对时效性要求较高.

(4) 价值 (value): 应用价值高, 但是价值密度低. 因此, 要合理运用大数据, 创造更高价值.

(5) 真实性 (veracity): 现实数据中可能存在虚假、错误信息, 因此数据的真实性在使用前需要甄别.

大数据已经在很多领域取得了令人瞩目的成就. 例如,

(1) 现在市面上有可追踪所有运动赛事的应用程序 RUWT, 已经可以在 iOS 或 Android 设备, 以及 Web 浏览器上使用, 它不断地分析运动数据流来让球迷知道他们应该转换成哪个台看到想看的节目. 该程序能基于赛事的紧张激烈程度对比赛进行评分排名, 用户可通过该应用程序找到值得收看的频道和赛事.

(2) 专业篮球队会通过搜集大量数据来分析赛事情况, 希望通过分析这些数据找到两三个制胜法宝, 或者保证球队获得高分. 在每场比赛过后, 教练只需要上传比赛视频, 接下来, Krossover 团队会从运动员的每一个动作中作出完整细致的分析, 分析所有可量化的数据. 到第二天教练只需检查任何他想要的数据统计、比赛中的个人表现、比赛反应等.

(3) 智能电网现在欧洲已经做到了终端, 也就是所谓的智能电表. 在德国, 为了鼓励利用太阳能, 会在家庭安装太阳能, 如果太阳能有多余电的时候还可以买回来. 通过电网每隔五分钟或十分钟收集一次数据, 收集来的这些数据可以用来预测客户的用电习惯等, 从而推断出在未来 2—3 个月时间里整个电网大概需要多少电. 因为电有点像期货, 如果提前买就会比较便宜, 买现货就比较昂贵. 有了这个预测后, 就可以向发电或供电企业购买一定数量的电, 降低采购成本.

(4) 音乐元数据公司 Gracenote 根据在车内听的歌曲, 采用智能手机和平板电脑内置的麦克风识别用户电视或音响中播放的歌曲, 并可检测掌声或嘘声等反应, 甚至还能检测用户是否调高了音量. 这样, Gracenote 可以研究用户真正喜欢的歌曲、听歌的时间和地点. Gracenote 拥有数百万首歌曲的音频和元数据, 因而可以快速识别歌曲信息, 并按音乐风格、歌手、地理位置等分类.

(5) 北京市怀柔区 2013 年 4 月正式上线运行了 “犯罪数据分析和趋势预测系统”, 该系统共收录了怀柔区 9 年来 1.6 万余件犯罪案件数据, 通过标准化分类后导入系统数据库, 同时采用地图标注, 将怀柔区分成 16 个警务辖区, 抓取 4748 个犯罪空间坐标实施空间网格编号. 通过由数学专家建立的多种预测模型, 自动预测未来某段时间、某个区域可能发生犯罪的概率以及犯罪的种类, 提供预警信息, 为打击、防范可防性案件提供前瞻性指导.

国际顶级学术刊物 *Nature* 和 *Science* 分别于 2008 年、2011 年出版大数据专刊, 这极大地推动了大数据的研究, 研究称大数据是针对数据的科学. 这与图灵奖获得者 Jim Gray 在报告 *eScience: A Transformed Scientific Method* 中提出的科学研究第四范式相呼应. Jim Gray 总结了科学研究的四种范式:

第一范式: 实验科学, 主要研究自然现象, 比较著名的实验有 Galileo 的两个铁球同时着地、Mendel 的豌豆实验、Darwin 的向光性实验;

第二范式: 理论推演, 为了简化实验模型, 通常假设实验过程发生在理想环境下, 如单摆运动问题中不考虑空气阻力、Newton 第一定律中假设木板足够光滑;

第三范式: 计算机仿真, 很多实验可以用计算机模拟实现, 以此研究复杂现象, 这样可以节省大量人力、物力、财力;

第四范式: 数据密集型科学发现, 报告指出未来科学的发展趋势是, 随着数据的爆炸性增长, 计算机将不仅仅能做模拟仿真, 还能进行分析总结, 得到理论.

到目前为止, 世界范围内已经创办了多个与大数据相关的期刊, 例如 *Big Data* (Mary Ann Liebert, 2013—), *Big Data Research* (Elsevier, 2014—), *IEEE Transactions on Big Data* (IEEE, 2015—), *Big Data and Information Analytics* (AIMS, 2016—). 由工业和信息化部主管, 人民邮电出版社主办的期刊《大数据》于 2015 年创刊, 现为双月刊, 入选了中国计算机学会推荐中文科技期刊目录.

2015 年国务院印发《促进大数据发展行动纲要》(国发 [2015] 50 号) 的通知, 将大数据的研究提升到国家战略层面. 习近平总书记 2017 年 12 月 8 日在中共中央政治局就实施国家大数据战略集体学习时强调要 “推动实施国家大数据战略, 加快完善数字基础设施, 推进数据资源整合和开放共享, 保障数据安全, 加快建设数字中国, 更好服务我国经济社会发展和人民生活改善”①. 2019 中国国际大数据产业博览会 5 月 26 日在贵阳开幕, 国家主席习近平向会议致贺信指出: 当前, 以互联网、大数据、人工智能为代表的新一代信息技术蓬勃发展, 对各国经济发展、社会进步、人民生活带来重大而深远的影响②. 面对突如其来的新冠肺炎疫情, 习近平总书记多次强调要鼓励运用大数据、人工智能、云计算等数字技术, 在疫情监测分析、病毒溯源、防控救治、资源调配等方面更好发挥支撑作用. 在疫情防控中, 大数据表现 “亮眼”, 不仅助力政府科学决策、资源优化配置, 也能让公众及时了解疫情发展情况, 积极科学防疫.

一般认为数据挖掘 (data mining) 是数据库知识发现 (knowledge discovery in databases, KDD) 中的一个步骤. 数据挖掘一般是指从大量的数据中通过算法搜索隐藏于信息中的知识的过程. 这些数据可能是不完备的、含噪声的、模糊的、随机的. 数据的这些复杂性, 使得数据挖掘要融合数据库技术、机器学习、人工智能、统计学、高性能计算、知识工程等最新技术的研究成果, 提取隐含在其中、人们事先不知道而潜在有用的信息.

可以根据处理问题的类型将数据挖掘的常用方法分为以下三种类型.

第一类: 分类算法.

比较常见的急切 (eager) 学习算法有: C4.5[154] 和分类与回归树 (classification and regression trees, CART)[11]. 这两种方法都是在新的待分类任务到来之前, 先建立决策树, 分类任务到来之后, 从根结点开始遍历, 直到叶子结点, 叶子结点的标签就是该对象所属的类. 两者的不同之处在于度量信息增益的方式不同: 前者利用 Shannon 信息熵, 后者采用 Gini 指数. 与急切学习相对的是懒惰 (lazy) 学习方法, k 近邻 (k nearest neighbor, kNN) 算法是比较经典的懒惰学习方法. 算法思想为: 在分类对象 x 到来之后, 找出与 x 距离 (可以为 Euclidean 距离, 也可以是 Hamming 距离) 最接近的 k (一般取 3 或 5) 个样本, 则 x 被划分为这些样本中出现频率最高的类.

第二类: 聚类算法.

K 均值 (K-means) 是一种比较常用的聚类方法. 思想如下: 要将数据集中的

① 习近平: 实施国家大数据战略加快建设数字中国. [2017-12-09] http://www.xinhuanet.com/politics/2017-12/09/c_1122084706.htm.

② 习近平向 2019 中国国际大数据产业博览会致贺信. [2019-05-26] http://www.xinhuanet.com/politics/leaders/2019-05/26/c_1124542854.htm.

对象分为 K 组, 首先随机选择 K 个中心点, 然后将每个对象与它最近的中心点分为一组, 待所有的对象都分组完成之后, 再重新计算各组的中心点, 然后继续按照距离分组, 直到连续两轮中心点全部不发生变化, 则分组结束.

第三类: 统计学习.

支持向量机 (support vector machine, SVM)[26] 最初针对二分类问题, 现已推广到处理多分类问题的多分类支持向量机算法. 对于线性可分问题, 找出距离所有的样本都较远的超平面, 这样可以应对数据的扰动性. 如果样本不是线性可分的, 可以选择合适的核函数将样本从低维向高维空间做映射, 就可以找到一个超平面将两者切分. 朴素 Bayes (Naïve Bayes)[69] 主要使用概率论中的 Bayes 公式, 并假设所有变量是相互独立的. 线性判别分析 (linear discriminant analysis, LDA, 又称 Fisher 判别分析) 设法将样本投影到一条直线上, 使得同类样本投影的距离尽可能近, 而不同类样本投影的距离尽可能远.

当然, 还有很多其他的数据挖掘方法, 比如 Apriori 方法是一种常见的关联分析方法, PageRank 是一种著名的链接分析方法. 在此不多做介绍, 有兴趣的读者可以参考这方面的专著, 如文献 [70, 185, 198].

1.2 粗糙集理论和属性约简

粗糙集理论 (rough set theory, RST)[133] 是数据挖掘的一种方法, 该理论既可以处理分类问题也可以处理聚类问题. 与概率论 (需要指定概率分布)、模糊集 (需要知道隶属函数)、证据理论 (需要给出质量函数) 不同, 粗糙集理论处理问题不需要任何先验知识或附加信息. 主要思想是利用已知的不完全信息或知识去近似刻画不精确概念, 或者依据观察、度量到的结果去处理不确定的现象和问题. 该理论在数据的决策与分析、医疗诊断、模式识别、知识发现、专家系统、经济预测等方面取得了成功的应用[2, 131, 134, 156].

1982 年, Pawlak 发表了论文 *Rough sets*, 标志着粗糙集理论的诞生. 1991 年, 随着 Pawlak 专著 *Rough Sets: Theoretical Aspects of Reasoning about Data* 的出版, 该理论引起了各国学者的广泛关注. 然而, 经典粗糙集理论仅局限于论域上的等价关系, 这极大限制了该理论的应用, 为了解决这个问题, 该理论被推广到了基于一般二元关系的粗糙集理论[1, 97, 168, 226, 251], 包括基于优势关系的优势粗糙集理论[55, 56]. 由一般关系诱导的知识粒不再构成论域的划分而是覆盖, 形成了基于覆盖的粗糙集[210, 222, 252, 253]. 利用一般二元关系中前继和后继的概念, 形成了基于邻域的粗糙集[196, 227]. 另外, 单论域上的二元关系推广到了双论域[111, 112, 139, 172, 200].

法国学者 Dubois 和 Prade 将被近似的集合推广到模糊集, 提出了粗糙模糊集和模糊粗糙集的概念[40, 41]. 西安交通大学张文修团队从构造性方法与公理化方法系统研究了粗糙模糊集和模糊粗糙集[194, 197]. 在初始的模糊粗糙集理论中, 上、下近似通过 max 与 min 算子进行计算, 而模糊集的运算十分丰富, 常见的模糊粗糙集的推广有: 基于 t-模和 t-余模算子的模糊粗糙集[126]、基于 (剩余) 蕴涵及其对偶算子的模糊粗糙集[45, 128, 151, 152, 183]、基于剩余蕴涵及对应 t-模算子的模糊粗糙集[130, 155, 233]、基于一般蕴涵算子及 t-模算子的模糊粗糙集[155].

在经典粗糙集理论中, 完全按照集合间的包含关系和交集非空的条件来定义上、下近似. 当信息系统具有较严重的不一致性时, 集合的近似精度较低. 借助粗糙隶属度的概念, Ziarko 提出了变精度粗糙集模型[255]. 考虑到粗糙隶属度是均匀分布时的条件概率, 该模型发展成了概率粗糙集模型[217, 228, 229, 256]. 另外, 粗糙隶属函数和条件概率均为特殊的包含度, 该模型进一步发展为基于包含度的粗糙集模型[205, 209, 221]. 在以上模型中均考虑集合重叠部分的相对程度, 从绝对数量的角度出发, Yao 提出了程度粗糙集模型[229].

概率粗糙集中参数的确定很难用统一方法或程序化方法获得, 主要通过决策者的主观偏好、专家的经验或者对实际问题进行反复实验来确定, 并且参数缺乏语义解释. 为了解决这些问题, 根据 Bayes 决策理论中的最小风险原则, Yao 利用决策风险代价提出了决策粗糙集模型[223, 231]. 在该模型中, 参数可以直接由风险代价计算得出, 并且符合 Bayes 最小决策风险下的语义解释, 后来该模型逐渐发展为三支决策理论[73–75, 218, 219]. 另一种求解概率粗糙集中最优参数的是博弈粗糙集模型[72], 该模型在接受、拒绝和延迟决策中寻求各方满意的平衡点, 找出一对合理的阈值.

经典粗糙集理论应用于含有符号型属性值的信息系统, 现已推广到集值信息系统[27, 65]、区间值信息系统[49, 78, 105]、直觉模糊信息系统[24, 249, 250]、犹豫模糊信息系统[212] 和二型模糊信息系统[182, 186, 246] 等. 对于更为复杂的信息系统, 例如, 多源信息系统[12, 95, 116]、多尺度信息系统[190, 191]、多模态信息系统[83] 和多标签信息系统[107, 118], 粗糙集及其扩展模型提供了研究思路和解决方案, 利用 “求同存异” 和 “求同排异” 策略, Qian 等提出了乐观型和悲观型多粒度粗糙集[142, 144, 148]. 多粒度粗糙集已成功地处理了多源信息系统[116, 117], 解决了多尺度信息系统中的最优尺度选择[62, 89] 以及多标签信息系统中的最优粒度选择[115] 等问题.

在粗糙集理论诞生的十年后, 1992 年在波兰召开了关于粗糙集理论的第一届国际会议, 并出版论文集 *Intelligent Decision Support: Handbook of Applications and Advances of the Rough Sets Theory*. 从此每年都召开以粗糙集为主题的国际研讨会. 后来逐渐形成了有重要影响力的国际会议: *Rough Sets and Current Trends in Computing*; *Rough Sets, Fuzzy Sets, Data Mining, and Granular Computing*; *Rough Sets and Knowledge Technology* 等. 自 2015 年起正式举办粗糙集领域联合会议 *International Joint Conference on Rough Sets*. 为了促进粗糙集理论和相关领域的学术交流与发展, 2005 年成立了非营利性国际学术组织 —— 国际粗糙集学会

(International Rough Set Society, IRSS). 实际上, 早在 2003 年, 我国就成立了专门学术组织: 粗糙集与软计算专业委员会, 隶属于中国人工智能学会. 2018 年, 为了扩大该领域在人工智能方面的影响力, 专业委员会更名为粒计算与知识发现专业委员会. 2001 年召开了第一届中国 Rough 集与软计算学术会议, 自 2018 年开始举办与中国粒计算学术会议以及三支决策学术会议的联合学术会议 —— 中国粒计算与知识发现学术会议.

过拟合 (overfitting) 是现在数据爆炸时代容易出现的现象. 学习方法根据训练集 (training set) 寻找适用于所有 "潜在样本" 的普遍规律. 过拟合是指学习器过度依赖训练集, 得到的结果可能在训练集上效果很好, 然而对于测试集 (test set) 效果不好, 降低了学习器的泛化能力. 进行特征选择 (feature selection) 可以改善机器学习模型的泛化能力.

特征选择的目的是从原始属性集中挑选出一部分属性而不丢失太多信息. 特征选择的过程需要一个搜索策略, 该策略需要一种评价属性集质量的度量. 最简单的方法是测试属性集的所有子集, 但是这种方法计算量太大. 为了减少计算复杂度, 提出了其他的特征选择方法. 从属性集评价函数的角度来说, 这些方法大致分为三类: 封装式 (wrapper) 方法[96]、过滤式 (filter) 方法[104]、嵌入式 (embedded) 方法[179]. 封装式方法根据所用分类器对属性集进行打分, 而过滤式方法利用独立于分类器的标准评价属性的相关性. 不同于前面两种方法, 嵌入式方法在建立模型的过程中进行特征选择. 因为频繁地使用分类器, 封装式方法的计算量巨大. 对于嵌入式方法, 则需要知道关于选取属性的先验知识, 这点限制了该方法的发展. 因为过滤式方法可以平衡分类精度和时间复杂性, 现在很多研究关注过滤式特征选择方法[82, 106]. 在这些方法中, 应用相关度对特征或特征集进行排序. 这些相关度大致可以分为以下四类[30]: 距离、依赖度、一致度、信息量. Relief 和它的一些扩展模型是基于距离的特征选择方法的代表. 而对于其余的三种度量, 基于粗糙集的方法提供了一个系统的理论框架[79, 93, 123, 125, 176].

特征选择在粗糙集领域又称为属性约简, 在粗糙集理论框架下, 属性约简是指寻找与所有条件属性集具有相同分类能力的极小集的过程. 辨识矩阵方法和启发式方法是两种常用的属性约简方法. 属性约简的一个最直接的应用为规则提取, 但是提取的规则不一定满足极小性, 类似于辨识矩阵求解属性约简的方法, 用某个对象的辨识属性可以求解此对象生成的极小规则, 得到的规则可以树形表示, 利用决策规则可以对待分类对象进行分类.

1.3　优势粗糙集理论及其研究概况

粗糙集理论的出发点是将具有相同属性值的对象划分为等价类, 而不考虑属性值间的序关系. 在现实生活中, 如学生成绩、产品质量、投资风险等, 要考虑决策者的偏好关系, 即优势关系 (满足自反性、传递性). 意大利学者 Greco, Matarazzo 和波兰学者 Slowinski[53, 55, 56] 提出了优势粗糙集理论 (dominance-based rough set approach, DRSA).

优势粗糙集理论是经典粗糙集理论的一个重要拓展. 正如 Greco 等在文献 [56] 中指出的, 优势粗糙集理论相比于经典粗糙集理论的优点总结如下:

(1) 优势粗糙集理论可以发现而经典粗糙集理论不能发现的目标信息系统中可能存在的一种不一致情况. 例如, 现有两位考生 A 和 B, 已知 A 的各门功课成绩均优于 B, 而某专家给出的评论是 B 的综合成绩优于 A. 在优势粗糙集理论中可以得到此序决策系统不一致, 而在经典粗糙集理论中则把 A 与 B 看作不同的等价类, 从而评论不同, 这是可以接受的, 但与常识不符.

(2) 优势粗糙集理论不要求信息系统必须离散化, 而离散化则是经典粗糙集理论必要且精细的一项工作, 因为离散化的标准不同, 得出的约简可能不同.

(3) 由优势粗糙集理论得出的决策规则比经典粗糙集理论得出的决策规则更容易理解, 而且在实际中也有更好的应用.

(4) 使用优势粗糙集理论可以得到比经典粗糙集理论更少的约简个数而又具有更多数目的核, 从而使约简效果更好.

自优势粗糙集理论提出以来, 很多的研究人员投入到相关课题研究工作中. 接下来从文献计量学的角度分析该理论的研究进展情况. 以 “dominance-based rough” 为检索主题词, 在 Google Scholar 中有 3000 多条记录, 其中包含了期刊论文、会议论文、书的章节等形式. 为精炼检索结果, 我们采用的科学技术文献检索系统是 Thomson Reuters 公司开发的 ISI Web of Science 中的核心合集 (含 SCIE、SSCI、CPCI-S), 时间跨度为 1950—2019 年, 数据抓取时间为 2020 年 3 月 1 日, 共有 319 条记录. 在选定文献类型为 article 和 review 后, 共获得了 180 条检索结果.

图 1.1 描绘了 21 世纪以来优势粗糙集方向每年发表的论文数量. 第一篇期刊论文为 Greco, Matarazzo 和 Slowinski 于 2002 年合著的经典文献 *Rough approximation by dominance relations*. 这篇文章提出了优势粗糙集理论的基本概念 —— 上、下近似及其基本性质, 以及由其生成的决策规则. 自 2013 年后, 每年有 18 篇左右的 SCIE 收录期刊论文出版.

据统计, 有超过 80 种 SCIE 检索期刊发表优势粗糙集相关论文. *Information Sciences* 是发表数量最多的期刊, 累计发表了 23 篇本领域论文. 紧随其后的为 *Knowledge-Based Systems* 和 *European Journal of Operational Research*, 均发表了 11 篇相关论文, 是发表数量为数不多的超过 10 篇的期刊. 表 1.1 列出了发表优势粗糙集相关论文数量前 10 位期刊及具体期刊信息, 若发表数量相同则按照期刊影响因子排序, 其中影响因子和 JCR 分区为 2019 年发布.

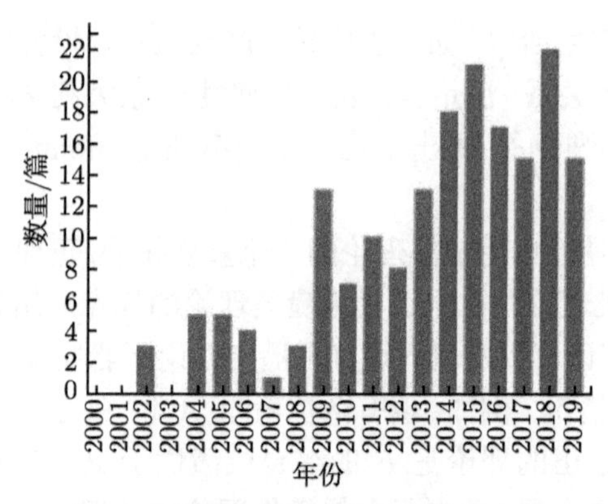

图 1.1 2000—2019 年发表的论文数

表 1.1 发表优势粗糙集相关论文数量前 10 位期刊

排名	期刊	篇数	影响因子	JCR 分区	所占比例
1	Information Sciences	23	5.524	Q1	12.778%
2	Knowledge-Based Systems	11	5.101	Q1	6.111%
3	European Journal of Operational Research	11	3.806	Q1	6.111%
4	Journal of Intelligent and Fuzzy Systems	8	1.637	Q3	4.444%
5	Expert Systems with Applications	5	4.292	Q1	2.778%
6	International Journal of Approximate Reasoning	5	1.982	Q3	2.778%
7	Fundamenta Informaticae	5	1.204	Q2, Q3	2.778%
8	International Journal of Intelligent Systems	4	7.229	Q1	2.222%
9	Applied Soft Computing	4	4.873	Q1	2.222%
10	International Journal of Fuzzy Systems	4	3.085	Q2	2.222%

发表优势粗糙集理论相关论文的学者超过 150 名, 其中发文量最多的是该理论创始人之一 Slowinski, 他发表了 42 篇相关论文. 发文量第二的是该理论的另一创始人 Greco, 他发表了 30 篇相关论文. 发表优势粗糙集论文数量最高的 10 位作者在表 1.2 中列出, 若发文量相同则按照文章的引用数量排序. 从表 1.2 可以看出, 发表论文数量前十的作者集中在波兰 (粗糙集理论发源地)、意大利 (优势粗糙集理论发源地) 以及中国.

优势粗糙集理论的相关研究方向并不局限于计算机科学或数学学科, 而是覆盖了 70 多个学科. 研究方向在 Web of Science 中所属的学科如表 1.3 所示. 排在第三位的学科方向为商业与经济, 这说明该理论在很多领域, 尤其是经管领域中取得了许多成功应用, 是多准则决策的一种常用方法.

图 1.2 描绘了优势粗糙集方向的论文每年的引用数量. 自 2015 年以来保持每年 500 次以上的引用, 自 2017 年以来保持每年 600 次以上的引用. 表 1.4 给出了此领域引用前 10, 同时也是引用超过 100 次的论文详细信息, 其中引用排名第 2 的

论文为高被引论文.

表 1.2 发表优势粗糙集论文数量最高的 10 位作者

排名	作者	文章数量	工作单位	总被引次数
1	Slowinski R	42	Poznan University of Technology, Poland	1418
2	Greco S	30	University of Catania, Italy	1216
3	Błaszczyński J	17	Poznan University of Technology, Poland	488
4	Tzeng G H	14	台北大学	274
5	Li T R	10	西南交通大学	360
6	Shen K Y	10	中国文化大学	135
7	Matarazzo B	9	University of Catania, Italy	545
8	Fujita H	7	Iwate Prefectural University, Japan	122
9	Dembczyński K	6	Poznan University of Technology, Poland	214
10	Liou J J H	6	香港理工大学	210

表 1.3 优势粗糙集论文研究方向的主要学科分布

排名	Web of Science 中的学科门类	学科门类	数量	份额
1	Computer Science	计算机科学	139	77.222%
2	Mathematics	数学	125	69.444%
3	Business & Economics	商业与经济	68	37.778%
4	Automation & Control Systems	自动化与控制系统	53	29.444%
5	Robotics	机器人学	47	26.111%
6	Engineering	工程技术	43	23.889%
7	Telecommunications	电信学	26	14.444%
8	Operations Research & Management Science	运筹学与管理科学	25	13.889%
9	Environmental Sciences & Ecology	环境科学与生态学	15	8.333%
10	Science Technology and Other Topics	科学技术及相关主题	9	5.000%

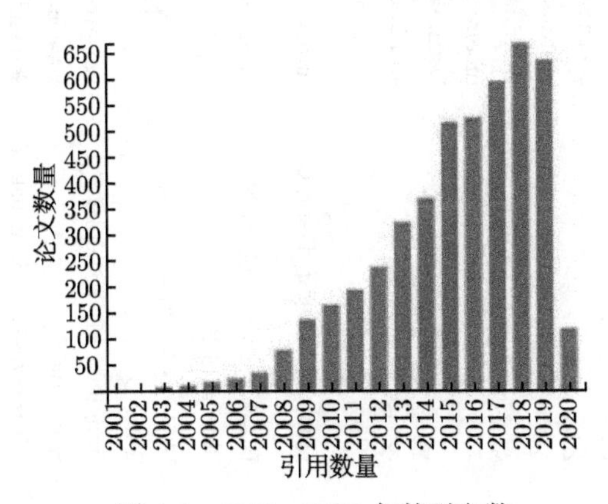

图 1.2 2001—2020 年的引文数

表 1.4 优势粗糙集领域引用最高的 10 篇论文

排名	作者	标题	发表期刊	出版年份	被引次数
1	Greco S, Matarazzo B, Slowinski R	Rough approximation by dominance relations	International Journal of Intelligent Systems	2002	341
2	Cinelli M, Coles S R, Kirwan K	Analysis of the potentials of multi criteria decision analysis methods to conduct sustainability assessment	Ecological Indicators	2014	249
3	Shao M W, Zhang W X	Dominance relation and rules in an incomplete ordered information system	International Journal of Intelligent Systems	2005	179
4	Yang X, Yang J, Wu C, Yu D	Dominance-based rough set approach and knowledge reductions in incomplete ordered information system	Information Sciences	2008	171
5	Qian Y, Liang J, Dang C	Interval ordered information systems	Computers and Mathematics with Applications	2008	140
6	Błaszczyński J, Greco S, Słowiński R	Multi-criteria classification — A new scheme for application of dominance-based decision rules	European Journal of Operational Research	2007	131
7	Qian Y, Dang C, Liang J, Tang D	Set-valued ordered information systems	Information Sciences	2009	124
8	Inuiguchi M, Yoshioka Y, Kusunoki Y	Variable-precision dominance-based rough set approach and attribute reduction	International Journal of Approximate Reasoning	2009	121
9	Błaszczyński J, Słowinski R, Szelag M	Sequential covering rule induction algorithm for variable consistency rough set approaches	Information Sciences	2011	120
10	Yang X, Yu D, Yang J, Wei L	Dominance-based rough set approach to incomplete interval-valued information system	Data & Knowledge Engineering	2009	112

180 篇学术论文的总引用次数超过 4600 次, h 指数为 35, 施引文献超过 2500 篇. 表 1.5 列出了引用优势粗糙集相关论文的前 10 位期刊. 与表 1.1 相比, 仅有两个期刊不在发表相关文章数量前十期刊之列, 其中引用排名前 4 的期刊与发表期刊排名一致, 符合学术论文期刊发表规律.

表 1.5 引用优势粗糙集相关论文前 10 位期刊

排名	期刊	引用次数	影响因子	所占比例
1	Information Sciences	157	5.524	6.123%
2	Knowledge-Based Systems	109	5.101	4.251%
3	European Journal of Operational Research	63	3.806	2.457%
4	Journal of Intelligent and Fuzzy Systems	55	1.637	2.145%
5	Sustainability	50	2.592	1.950%
6	International Journal of Approximate Reasoning	46	1.982	1.794%
7	Applied Soft Computing	39	4.873	1.521%
8	Expert Systems with Applications	38	4.292	1.482%
9	International Journal of Machine Learning and Cybernetics	36	3.844	1.400%
10	Fundamenta Informaticae	35	1.204	1.365%

1.4 创新点及组织结构

本书对序决策系统的属性约简方法进行了系统研究, 建立了优势粗糙集理论框架下属性约简的具体方法, 给出了基于辨识矩阵和启发式的属性约简方法; 将优势粗糙集理论与 D-S 证据理论相结合, 提出了序决策系统的两种新的相对约简: 相对信任约简和相对似然约简; 研究了带有 "丢失" 和 "暂缺" 两种语义的不完备序信息系统的属性约简方法; 提出了不一致区间值序决策系统的近似分布约简, 并从其他研究角度给出了其等价定义; 提出了直觉模糊序信息系统的约简和直觉模糊序决策系统的相对约简; 对优势粗糙模糊集理论进行初步探索研究, 考察了序模糊决策系统的属性约简和规则提取.

本书的主要创新点在于:

(1) 给出了序决策系统辨识矩阵的构造方法和直接求解极小元的方法.

(2) 给出了求解序决策系统约简的启发式方法并提出了其加速算法.

(3) 从证据理论角度引入了序决策系统的相对信任约简和相对似然约简.

(4) 研究了带有 "丢失" 和 "暂缺" 两种语义的不完备序决策系统的属性约简问题.

(5) 引入了不一致区间值序决策系统的近似分布约简并指出了该约简的两种等价形式.

(6) 提出了直觉模糊序信息系统和直觉模糊序决策系统不同形式的约简.

(7) 考察了序模糊决策系统的优势粗糙模糊集并利用约简简化决策规则.

以后各章的主要内容如下.

第 2 章 基本概念

本章主要介绍优势粗糙集理论中的基本概念, 包括上下近似、分类质量、约简等, 并通过广义决策给出了上、下近似的等价形式, 另外给出优势粗糙集的两种推广模型: 变一致优势粗糙集和变精度优势粗糙集.

第 3 章 基于辨识矩阵的属性约简

本章主要考虑基于辨识矩阵的序决策系统属性约简问题. 首先, 建立一致和不一致序决策系统的辨识矩阵. 为了降低求解复杂性, 在辨识矩阵中只列出不能被其他元素吸收的极小元. 由于极小元由具体的样本对决定, 利用相对辨识关系提出寻找所有极小元的算法.

第 4 章 基于启发式的属性约简

本章提出序决策系统的启发式属性约简算法, 通过逐渐加入准则来构造约简. 但是这些算法尤其是处理大型数据集时非常耗时, 为了降低复杂度, 对这些算法引入加速器. 利用加速器, 对象的数量和准则的维数在每次循环时都会减少. 因此, 加速算法比原来算法效率更高, 而排名保持原理保证两者得到的约简结果相同.

第 5 章 基于证据理论的属性约简

证据理论也是一种处理不确定信息的方法. 本章从证据理论的角度研究序决策系统的属性约简问题. 用信任函数和似然函数定义序决策系统的相对信任约简和相对似然约简, 并考察一致和不一致情况下这两种约简和相对约简的关系. 利用准则的内、外重要度搜索序决策系统的相对信任约简和相对似然约简.

第 6 章 不完备序决策系统

本章主要处理带有 "丢失" 和 "暂缺" 两种语义的不完备序决策系统的属性约简问题. 通过将刻画优势关系引入不完备序决策系统, 扩大了优势粗糙集理论的应用范围. 为了删除冗余属性, 需要对不完备序决策系统进行属性约简. 利用辨识矩阵和辨识函数计算不完备序信息系统和一致不完备序决策系统的全部约简. 另外, 利用内、外重要度, 提出寻找一个约简的启发式算法.

第 7 章 区间值序决策系统

通过在区间值序决策系统中引入区间数的序关系, 本章研究不一致区间值序决策系统的近似分布约简. 应用判定定理构造辨识矩阵以此求解区间值序决策系统的所有约简, 同时给出利用属性重要度求解一个约简的具体方法. 并且给出近似分布约简的两个等价定义: 近似约简和 $l(u)$-约简.

第 8 章 直觉模糊序信息系统

本章研究的对象为直觉模糊序信息系统和直觉模糊序决策系统, 引入了直觉模糊序信息系统的约简. 对一致的直觉模糊序决策系统, 提出了系统的相对约简. 对不一致的直觉模糊序决策系统, 提出了系统的 (最大) 分布约简、部分一致约简以及可能约简. 并利用辨识矩阵和辨识函数求解所有种类的约简.

第 9 章　优势粗糙模糊集理论

本章将优势粗糙集理论和模糊集相结合, 提出优势粗糙模糊集理论. 该理论可以处理序模糊决策系统, 其中决策准则既带有序关系又是模糊的. 首先, 给出序模糊决策系统中上、下累积模糊集的优势粗糙模糊近似. 其次, 提出相对某一累积模糊集的上、下约简. 再次, 介绍求解这些约简的两种方法: 辨识矩阵方法和约简构造技术, 并且介绍提取和化简决策规则的方法. 最后, 用公司破产分析案例说明方法的具体流程.

第 2 章 基本概念

为了计算方便, 信息系统经常以表格的形式出现, 其中每行表示一个对象 (object), 每列代表一个属性 (attribute), 每个元素为所在位置的描述 (descriptor). 根据用属性描述对象时是否有偏好关系, 分类问题可以粗略地划分为: 多属性决策分析 (multiple attribute decision analysis, MADA)[180] 和多准则决策分析 (multiple criteria decision analysis, MCDA)[7,50]. 现有很多方法可以解决这些问题, 例如 TOPSIS、ELECTRE 和 VIKOR. 除了这些方法, 基于粗糙集的数据分析方法提供了研究此类问题的一个系统框架, 所得到的结果为 "if-then" 决策规则[55,138]. 本章主要介绍解决多准则决策问题的优势粗糙集理论中的基本概念, 为以后各章作基础.

2.1 经典粗糙集理论

粗糙集理论由波兰数学家 Pawlak (1926—2006) 于 1982 年提出[133], 作为软计算工具可以处理带有不精确、不一致、不完备信息的系统[135–137,242,243]. 该理论的出发点是将具有相同描述的对象看作等价类而不加以区分. 该理论的优点是其完全为数据驱动型的, 即不需要除了信息系统 (information system) 以外的任何先验知识.

首先, 给出信息系统的概念.

定义 2.1.1[133] 称四元组 $S = \langle U, \mathrm{AT}, V, f\rangle$ 是一个信息系统, 其中 U 是有限非空对象集, AT 是有限非空属性集, $V = \prod_{a\in \mathrm{AT}} V_a$, V_a 是属性 a 的值域, 且 $f: U \times \mathrm{AT} \to V$ 是对象属性值映射, 使得对任意 $a \in \mathrm{AT}$, $x \in U$ 有 $f(x,a) \in V_a$.

设 $\langle U, \mathrm{AT}, V, f\rangle$ 是信息系统, $A \subseteq \mathrm{AT}$, 则可以定义 U 上的关系

$$R_A = \{(x,y) \in U^2 : f(x,a) = f(y,a), \forall a \in A\}. \tag{2.1}$$

显然 R_A 满足自反性、对称性、传递性, 即 R_A 为 U 上的等价关系 (equivalence relation). 商集 (quotient set) $U/R_A = \{[x]_A : x \in U\}$ 构成 U 的一个划分 (partition), 其中

$$[x]_A = \{y \in U : (x,y) \in R_A\} = \{y \in U : f(x,a) = f(y,a), \forall a \in A\} \tag{2.2}$$

为包含 x 关于 R_A 的等价类.

定义 2.1.2[133] 设 $S=\langle U,\mathrm{AT},V,f\rangle$ 为信息系统, $X\subseteq U$, $A\subseteq\mathrm{AT}$, 则 X 关于 A 的上、下近似分别为

$$\overline{A}(X)=\{x\in U:[x]_A\cap X\neq\varnothing\}=\bigcup_{[x]_A\cap X\neq\varnothing}[x]_A=\bigcup_{x\in X}[x]_A, \tag{2.3}$$

$$\underline{A}(X)=\{x\in U:[x]_A\subseteq X\}=\bigcup_{[x]_A\subseteq X}[x]_A. \tag{2.4}$$

集合 X 关于 A 的近似精度为

$$\alpha_A(X)=\frac{|\underline{A}(X)|}{|\overline{A}(X)|}, \tag{2.5}$$

其中 $|\cdot|$ 表示集合的势, 即集合中的元素个数.

集合 X 上关于 A 的粗糙隶属函数为: $\forall x\in U$,

$$\pi_A^X(x)=\frac{|[x]_A\cap X|}{|[x]_A|}, \tag{2.6}$$

利用粗糙隶属函数, 上、下近似可以改写为

$$\overline{A}(X)=\{x\in U:\pi_A^X(x)>0\}, \tag{2.7}$$

$$\underline{A}(X)=\{x\in U:\pi_A^X(x)=1\}. \tag{2.8}$$

集合 X 关于 A 的正域 $\mathrm{POS}_A(X)$、负域 $\mathrm{NEG}_A(X)$、边界域 $\mathrm{BND}_A(X)$ 分别为

$$\mathrm{POS}_A(X)=\underline{A}(X),$$

$$\mathrm{NEG}_A(X)=U-\overline{A}(X),$$

$$\mathrm{BND}_A(X)=\overline{A}(X)-\underline{A}(X).$$

定理 2.1.1[133, 134] 集合的上、下近似满足下面的性质:

(1) $\underline{A}(X)\subseteq X\subseteq\overline{A}(X)$;

(2) 若 $X\subseteq Y\subseteq U$, 则 $\underline{A}(X)\subseteq\underline{A}(Y)$, $\overline{A}(X)\subseteq\overline{A}(Y)$;

(3) 若 $B\subseteq A\subseteq\mathrm{AT}$, 则 $\underline{B}(X)\subseteq\underline{A}(X)$, $\overline{B}(X)\supseteq\overline{A}(X)$;

(4) $\underline{A}(X^c)=(\overline{A}(X))^c$, $\overline{A}(X^c)=(\underline{A}(X))^c$;

(5) $\underline{A}(X\cap Y)=\underline{A}(X)\cap\underline{A}(Y)$, $\overline{A}(X\cup Y)=\overline{A}(X)\cup\overline{A}(Y)$.

决策系统 $S=\langle U,C\cup D,V,f\rangle$ 是一类特殊的信息系统 ($C\cup D=\mathrm{AT}$, $C\cap D=\varnothing$), 其中 C 为条件属性, D 为决策属性. 设 $A\subseteq C$, 则 A 相对 D 的正域 $\mathrm{POS}_A(D)$ 为

$$\mathrm{POS}_A(D)=\bigcup_{X\in U/D}\underline{A}(X). \tag{2.9}$$

决策属性 D 对 A 的依赖度或近似质量 $\gamma_A(D)$ 为

$$\gamma_A(D) = \frac{|\mathrm{POS}_A(D)|}{|U|}. \tag{2.10}$$

2.2 序决策系统和优势规则

《论语》中, 孔子指出 “不患寡而患不均, 不患贫而患不安”. 这里反映出孔子认为 “不均” 比 “寡” “不安” 比 “贫” 对社会的危害更大. 在殷夫 (白莽) 所译《自由与爱情》中, 指出 “生命诚可贵, 爱情价更高. 若为自由故, 两者皆可抛”. 它表达了作者对待 “生命” “爱情” “自由” 三者的态度. 在实际决策分析中, 我们经常考虑系统中元素之间关于对象集的优势关系 (dominance relation). 一般来说, 决策者 (decision maker) 会考虑递增偏好 (即属性值越大越好) 和递减偏好 (即属性值越小越好), 如学生成绩、产品质量、投资风险等. 对两名学生 A 和 B, 若 A 的成绩为 90 分, B 的成绩为 80 分, 我们一般不说 A 和 B 的成绩不同, 而是说 A 的学习成绩优于 B. 如果属性值间偏好是递增的或递减的, 则称该属性为一个准则 (criterion). 如果信息系统的所有属性均为准则, 则称其为序信息系统 (ordered information system)[53, 159].

由于准则 $a \in \mathrm{AT}$ 的值域是带有序关系的 (preferentially ordered), 则可以定义 U 上的一个全序关系 $\succeq_a$: $x \succeq_a y \iff f(x,a) \geqslant f(y,a)$ (按照递增偏好) 或者 $x \succeq_a y \iff f(x,a) \leqslant f(y,a)$ (按照递减偏好), 其中 $x, y \in U$. 表达式 $x \succeq_a y$ 意味着 “x 关于准则 a 至少要比 y 好”. 我们称 x 关于准则集 $A \subseteq \mathrm{AT}$ 占优 y, 简称为 x A-占优 y, 记为 $x \succeq_A y$, 如果 $x \succeq_a y, \forall a \in A$. 也就是说, “$x$ 关于集合 A 中的所有准则至少要比 y 好”. 因为若干个全序的交集为偏序, 所以优势关系 $\succeq_A$ 只是一个偏序关系. 为了简化而又不失一般性, 在之后的分析讨论中我们只考虑带有递增偏好的准则. 另外, 在没有特殊声明的情况下总是假定 AT 的子集 A 非空.

序决策系统 (ordered decision system) $S = \langle U, C \cup \{d\}, V, f\rangle$ 是一种特殊的序决策系统: 集合 AT 分为条件准则集 C 和决策准则 d, 即 $C \cup \{d\} = \mathrm{AT}$ 且 $d \notin C$. 另外, 假设决策准则 d 将 U 划分成若干个互不相交的决策类. 例如, 决策准则 “产品等级” 的变量值为特等品、一等品、二等品、三等品、次品等; 田忌赛马故事中的上等马、中等马、下等马. 用符号 $\mathbf{Cl} = \{Cl_t : t \in T\}$, $T = \{1, 2, \cdots, n\}$ $(n \geqslant 2)$ 表示这些带有序关系的类, 即, 对所有的 $t, s \in T$, 如果 $t < s$, 则 Cl_s 中的对象优于 Cl_t 中的对象, 反之不成立. 这里的 “优于” 我们采用其语义解释. 例如, 准则 “学生评价” 的变量值有优秀、良好、中等、合格、不合格, 我们一般认为 “优秀 $>$ 良好 $>$ 中等 $>$ 合格 $>$ 不合格”. 基于此, 我们可以对这些变量值进行编码: 优秀 (5)、良好 (4)、中等 (3)、合格 (2)、不合格 (1).

在多准则决策问题中, 对象要满足如下的优势规则 (dominance principle): 一

个描述更好 (差) 的对象不应该被赋予一个更差 (好) 的决策类, 即满足现实生活中我们对公平的理解、对完美结局的期望. 例如, 一个公司的负债率越低, 它破产的危机就越小; 一个求职者的教育层次越高, 他/她就职的职位期望就越高.

2.3 上、下近似和边界

优势粗糙集理论是经典粗糙集理论由现实问题驱动的推广, 其主要创新点在于将粗糙集理论中的等价关系或不可区分关系替换为优势关系.

定义 2.3.1[55, 56] 设 $S=\langle U, C\cup\{d\}, V, f\rangle$ 为序决策系统且 $A\subseteq C$, 则关于 A 的优势关系为

$$D_A=\{(x,y)\in U^2: x\succeq_A y\}=\bigcap_{a\in A}\{(x,y)\in U^2: x\succeq_a y\}. \tag{2.11}$$

如果 $(x,y)\in D_A$ 成立, 则称 x A-占优 y 或者 y 被 x A-占优. 我们经常用 xD_Ay 来表示 $(x,y)\in D_A$. 根据优势关系 D_A, 可以定义如下的两个集合: 对给定 $x\in U$,

$$D_A^+(x)=\{y\in U: yD_Ax\} \tag{2.12}$$

和

$$D_A^-(x)=\{y\in U: xD_Ay\} \tag{2.13}$$

分别表示 x 的 A-占优集 (A-dominating set) 和 A-被占优集 (A-dominated set). 在优势粗糙集理论中, $D_A^+(x)$ 和 $D_A^-(x)$ 是关于 A 的知识粒 (granule of knowledge). 一般情况下, 它们构成 U 上的覆盖 (covering) 而不是 U 上的划分.

命题 2.3.1 设 $S=\langle U, C\cup\{d\}, V, f\rangle$ 为序决策系统且 $A\subseteq C$, 则下列成立: $\forall x,y\in U$,

(1) $D_A^+(x)=\bigcap_{a\in A}D_a^+(x)$, $D_A^-(x)=\bigcap_{a\in A}D_a^-(x)$;

(2) 若 $B\subseteq A\subseteq C$, 则 $D_A^+(x)\subseteq D_B^+(x)$ 且 $D_A^-(x)\subseteq D_B^-(x)$;

(3) $x\in D_A^+(y)\iff y\in D_A^-(x)\iff D_A^+(x)\subseteq D_A^+(y)\iff D_A^-(y)\subseteq D_A^-(x)$.

另外, 被近似的集合是上并集 $Cl_t^{\geqslant}$ 和下并集 $Cl_t^{\leqslant}$: $\forall t\in T$,

$$Cl_t^{\geqslant}=\bigcup_{s\geqslant t}Cl_s,\quad Cl_t^{\leqslant}=\bigcup_{s\leqslant t}Cl_s. \tag{2.14}$$

表达式 $x\in Cl_t^{\geqslant}$ 表示 "x 至少属于类 Cl_t", 而 $x\in Cl_t^{\leqslant}$ 表示 "x 至多属于类 Cl_t". 同时, 需要指出 $Cl_1^{\geqslant}=Cl_n^{\leqslant}=U$, $Cl_n^{\geqslant}=Cl_n$, $Cl_1^{\leqslant}=Cl_1$, 并且对 $t=2,3,\cdots,n$, $Cl_t^{\geqslant}$ 和 $Cl_{t-1}^{\leqslant}$ 互补.

定义 2.3.2[55,56]　设 $S=\langle U,C\cup\{d\},V,f\rangle$ 为序决策系统并且 $A\subseteq C$, 则 $Cl_t^{\geqslant}$ 关于 A 的上、下近似分别为: $\forall t\in T$,

$$\overline{A}(Cl_t^{\geqslant})=\{x\in U: D_A^-(x)\cap Cl_t^{\geqslant}\neq\varnothing\}, \tag{2.15}$$

$$\underline{A}(Cl_t^{\geqslant})=\{x\in U: D_A^+(x)\subseteq Cl_t^{\geqslant}\}. \tag{2.16}$$

$Cl_t^{\leqslant}$ 关于 A 的上、下近似分别为: $\forall t\in T$,

$$\overline{A}(Cl_t^{\leqslant})=\{x\in U: D_A^+(x)\cap Cl_t^{\leqslant}\neq\varnothing\}, \tag{2.17}$$

$$\underline{A}(Cl_t^{\leqslant})=\{x\in U: D_A^-(x)\subseteq Cl_t^{\leqslant}\}. \tag{2.18}$$

上、下近似的差称为边界, 边界 $Bn_A(Cl_t^{\geqslant})$ 和 $Bn_A(Cl_t^{\leqslant})$, $1\leqslant t\leqslant n$ 分别为

$$Bn_A(Cl_t^{\geqslant})=\overline{A}(Cl_t^{\geqslant})-\underline{A}(Cl_t^{\geqslant}), \tag{2.19}$$

$$Bn_A(Cl_t^{\leqslant})=\overline{A}(Cl_t^{\leqslant})-\underline{A}(Cl_t^{\leqslant}). \tag{2.20}$$

定理 2.3.1[56]　$Cl_t^{\geqslant}$ 和 $Cl_t^{\leqslant}$ 的上近似可以用知识粒的方式表示:

$$\overline{A}(Cl_t^{\geqslant})=\bigcup_{x\in Cl_t^{\geqslant}} D_A^+(x), \tag{2.21}$$

$$\overline{A}(Cl_t^{\leqslant})=\bigcup_{x\in Cl_t^{\leqslant}} D_A^-(x). \tag{2.22}$$

证明　对任意 $x\in\overline{A}(Cl_t^{\geqslant})$, 即 $D_A^-(x)\cap Cl_t^{\geqslant}\neq\varnothing$, 则存在 $y\in U$ 使得 $y\in Cl_t^{\geqslant}$ 且 $y\in D_A^-(x)$, 即 $x\in D_A^+(y)$. 因此, $x\in\bigcup_{y\in Cl_t^{\geqslant}} D_A^+(y)$, 进而, $\overline{A}(Cl_t^{\geqslant})\subseteq\bigcup_{x\in Cl_t^{\geqslant}} D_A^+(x)$.

反之, 对任意 $y\in\bigcup_{x\in Cl_t^{\geqslant}} D_A^+(x)$, 则存在 $x\in Cl_t^{\geqslant}$ 且 $y\in D_A^+(x)$, 即 $x\in D_A^-(y)$. 因此, $D_A^-(y)\cap Cl_t^{\geqslant}\neq\varnothing$, 即, $y\in\overline{A}(Cl_t^{\geqslant})$. 因此, $\bigcup_{x\in Cl_t^{\geqslant}} D_A^+(x)\subseteq\overline{A}(Cl_t^{\geqslant})$.

综上, 有 $\overline{A}(Cl_t^{\geqslant})=\bigcup_{x\in Cl_t^{\geqslant}} D_A^+(x)$ 成立. 式 (2.22) 类似可证.　□

定理 2.3.2[37,55,56,103]　粗糙近似 $\underline{A}(Cl_t^{\geqslant})$, $\underline{A}(Cl_t^{\leqslant})$, $\overline{A}(Cl_t^{\geqslant})$ 和 $\overline{A}(Cl_t^{\leqslant})$ 满足下面的性质: (注意 $Cl_0^{\leqslant}=Cl_{n+1}^{\geqslant}=\varnothing$)

(1) (粗包含) 对任意 $Cl_t^{\geqslant}$ 和 $Cl_t^{\leqslant}$, $t\in T$:

$$\underline{A}(Cl_t^{\geqslant})\subseteq Cl_t^{\geqslant}\subseteq\overline{A}(Cl_t^{\geqslant}),\quad \underline{A}(Cl_t^{\leqslant})\subseteq Cl_t^{\leqslant}\subseteq\overline{A}(Cl_t^{\leqslant}).$$

(2) (互补律) 对任意 $Cl_t^{\geqslant}$ 和 $Cl_t^{\leqslant}$, $t\in T$:

$$\underline{A}(Cl_t^{\geqslant})=U-\overline{A}(Cl_{t-1}^{\leqslant}),\quad \underline{A}(Cl_t^{\leqslant})=U-\overline{A}(Cl_{t+1}^{\geqslant}).$$

(3) (近似和边界的单调性) 对任意 $Cl_t^{\geqslant}$ 和 $Cl_t^{\leqslant}$, $t\in T$, $B\subseteq A\subseteq C$:

$$\underline{B}(Cl_t^{\geqslant})\subseteq\underline{A}(Cl_t^{\geqslant}),\qquad \overline{B}(Cl_t^{\geqslant})\supseteq\overline{A}(Cl_t^{\geqslant}).$$

$$\underline{B}(Cl_t^{\leqslant}) \subseteq \underline{A}(Cl_t^{\leqslant}), \qquad \overline{B}(Cl_t^{\leqslant}) \supseteq \overline{A}(Cl_t^{\leqslant}).$$

$$Bn_B(Cl_t^{\geqslant}) \supseteq Bn_A(Cl_t^{\geqslant}), \quad Bn_B(Cl_t^{\leqslant}) \supseteq Bn_A(Cl_t^{\leqslant}).$$

(4) (边界重合) 对任意 $Cl_t^{\geqslant}$ 和 $Cl_t^{\leqslant}$, $t \in T$:

$$Bn_A(Cl_t^{\geqslant}) = Bn_A(Cl_{t-1}^{\leqslant}).$$

(5) (近似的表示) 对任意 $Cl_t^{\geqslant}$ 和 $Cl_t^{\leqslant}$, $t \in T$:

$$\overline{A}(Cl_t^{\geqslant}) = Cl_t^{\geqslant} \cup Bn_A(Cl_t^{\geqslant}), \quad \underline{A}(Cl_t^{\geqslant}) = Cl_t^{\geqslant} - Bn_A(Cl_t^{\geqslant}).$$

$$\overline{A}(Cl_t^{\leqslant}) = Cl_t^{\leqslant} \cup Bn_A(Cl_t^{\leqslant}), \quad \underline{A}(Cl_t^{\leqslant}) = Cl_t^{\leqslant} - Bn_A(Cl_t^{\leqslant}).$$

2.4 分类质量和约简

在优势粗糙集理论中, 对 C 的子集 A, A-正确分类对象集不属于任何并集 $Cl_t^{\geqslant}$ 或 $Cl_t^{\leqslant}$ $(1 \leqslant t \leqslant n)$ 的 A-边界. 准则集 A 的分类质量, 记为 $\gamma_A(\mathbf{Cl})$, 定义为 A-正确分类对象的个数和论域元素个数的商[56], 即

$$\gamma_A(\mathbf{Cl}) = \frac{\left| U - \bigcup_{t=1}^{n} Bn_A(Cl_t^{\leqslant}) \right|}{|U|} = \frac{\left| U - \bigcup_{t=1}^{n} Bn_A(Cl_t^{\geqslant}) \right|}{|U|}. \tag{2.23}$$

注意到 A-正确分类对象关于优势规则与所有上、下并集 A-一致. 事实上, 首先由归纳法, 可以证明

$$\bigcup_{t=1}^{n} \left(\underline{A}(Cl_t^{\geqslant}) \cap \underline{A}(Cl_t^{\leqslant}) \right) = \bigcap_{t=1}^{n} \left(\underline{A}(Cl_{t+1}^{\geqslant}) \cup \underline{A}(Cl_t^{\leqslant}) \right). \tag{2.24}$$

其次

$$\begin{aligned} U - \bigcup_{t=1}^{n} \left(\underline{A}(Cl_t^{\geqslant}) \cap \underline{A}(Cl_t^{\leqslant}) \right) &= U - \bigcap_{t=1}^{n} \left(\underline{A}(Cl_{t+1}^{\geqslant}) \cup \underline{A}(Cl_t^{\leqslant}) \right) \\ = \bigcup_{t=1}^{n} \left(U - \left(\underline{A}(Cl_{t+1}^{\geqslant}) \cup \underline{A}(Cl_t^{\leqslant}) \right) \right) &= \bigcup_{t=1}^{n} \left(\left(U - \underline{A}(Cl_{t+1}^{\geqslant}) \right) - \underline{A}(Cl_t^{\leqslant}) \right) \\ = \bigcup_{t=1}^{n} \left(\overline{A}(Cl_t^{\leqslant}) - \underline{A}(Cl_t^{\leqslant}) \right) &= \bigcup_{t=1}^{n} Bn_A(Cl_t^{\leqslant}). \end{aligned}$$

最后由边界重合性质, 有

$$\bigcup_{t=1}^{n} Bn_A(Cl_t^{\leqslant}) = \bigcup_{t=1}^{n} Bn_A(Cl_t^{\geqslant}).$$

因此, $\gamma_A(\mathbf{Cl})$ 可以记为[39]

$$\gamma_A(\mathbf{Cl})=\frac{\left|\bigcup_{t=1}^{n}\left(\underline{A}(Cl_t^{\geqslant})\cap\underline{A}(Cl_t^{\leqslant})\right)\right|}{|U|}=\frac{\sum_{t=1}^{n}\left|\underline{A}(Cl_t^{\geqslant})\cap\underline{A}(Cl_t^{\leqslant})\right|}{|U|}. \tag{2.25}$$

分类质量 $\gamma_A(\mathbf{Cl})$ 可以度量知识 A 识别系统的能力. 对 $B\subseteq A\subseteq C$, 有 $\gamma_B(\mathbf{Cl})\leqslant\gamma_A(\mathbf{Cl})$, 即, 分类质量关于准则集是单调的. 另外, 若 $A=\varnothing$, 我们定义 $\gamma_{\varnothing}(\mathbf{Cl})=0$.

定义 2.4.1[55, 56, 103]　设 $S=\langle U,C\cup\{d\},V,f\rangle$ 为序决策系统且 $A\subseteq C$, 则 A 称为系统 S 的约简 (reduct, 记为 red), 若 A 满足:

(Q1) $\gamma_A(\mathbf{Cl})=\gamma_C(\mathbf{Cl})$,

(Q2) $\forall B\subsetneq A$, $\gamma_B(\mathbf{Cl})<\gamma_C(\mathbf{Cl})$.

约简是保持系统的近似质量 (Q1) 同时保持关于集合包含关系的极小集 (Q2). 注意序决策系统可能有多个约简, 所有约简的交集称为核, 记为 core. 为了保持分类质量, 不能将 core 中的准则从数据集中删除, 这就意味着 C 中的准则可以分为三类[56]:

(1) 必要元 (indispensable criteria), 即包含在核中的准则;

(2) 可替代元 (exchangeable criteria), 即包含在某些约简但不在核中的准则;

(3) 冗余元 (redundant criteria), 即不包含在任何约简中的准则.

在经典粗糙集理论中, 属性集也有类似的分类 (详见参考文献, 例如, [17,79]).

2.5　广义决策

对象 $x\in U$ 的 A-广义决策[31] 为 $\delta_A(x)=[l_A(x),u_A(x)]$, 其中

$$l_A(x)=\min\{t\in T:D_A^{+}(x)\cap Cl_t\neq\varnothing\}, \tag{2.26}$$

$$u_A(x)=\max\{t\in T:D_A^{-}(x)\cap Cl_t\neq\varnothing\}. \tag{2.27}$$

A-广义决策 $\delta_A(x)$ 反映了关于准则集 A 对象 x 根据优势规则可能所在的决策区间. $u_A(x)$ 和 $l_A(x)$ 分别为该区间的上、下界. 显然, 对任意 $A\subseteq C$ 有 $l_A(x)\leqslant f(x,d)\leqslant u_A(x)$. 若 $l_A(x)=u_A(x)$, 则对象 x 为 A-一致的; 否则, 为 A-不一致的.

$l_A(x)$ 和 $u_A(x)$ 关于准则集为单调的, 具体地, 对 $B\subseteq A\subseteq C$:

$$l_B(x)\leqslant l_A(x),\quad u_B(x)\geqslant u_A(x),\quad \forall x\in U. \tag{2.28}$$

根据广义决策, 可以将 $Cl_t^{\geqslant}$ 和 $Cl_t^{\leqslant}$ 的上、下近似等价表示为

$$\overline{A}(Cl_t^{\geqslant}) = \{x \in U : u_A(x) \geqslant t\}, \tag{2.29}$$

$$\underline{A}(Cl_t^{\geqslant}) = \{x \in U : l_A(x) \geqslant t\}, \tag{2.30}$$

$$\overline{A}(Cl_t^{\leqslant}) = \{x \in U : l_A(x) \leqslant t\}, \tag{2.31}$$

$$\underline{A}(Cl_t^{\leqslant}) = \{x \in U : u_A(x) \leqslant t\}. \tag{2.32}$$

事实上, 对于式 (2.30) 只需要证明 $D_A^+(x) \subseteq Cl_t^{\geqslant} \iff l_A(x) \geqslant t$.

"$\Rightarrow$" 若 $D_A^+(x) \subseteq Cl_t^{\geqslant}$, 则对任意 $i < t$, $D_A^+(x) \cap Cl_i = \varnothing$. 由此 $l_A(x) \geqslant t$.

"$\Leftarrow$" 若存在 $y \in D_A^+(x)$, 但是 $y \notin Cl_t^{\geqslant}$, 则 $y \in Cl_{t-1}^{\leqslant}$. 因此存在 $i \leqslant t-1$ 使得 $D_A^+(x) \cap Cl_i \neq \varnothing$. 因此 $l_A(x) \leqslant i \leqslant t-1$, 这与假设 $l_A(x) \geqslant t$ 矛盾. 因此, 对任意 $y \in D_A^+(x)$ 都有 $y \in Cl_t^{\geqslant}$, 即 $D_A^+(x) \subseteq Cl_t^{\geqslant}$.

由式 (2.29)—(2.32), 可得

$$Bn_A(Cl_t^{\geqslant}) = \{x \in U : l_A(x) < t \leqslant u_A(x)\}, \tag{2.33}$$

$$Bn_A(Cl_t^{\leqslant}) = \{x \in U : l_A(x) \leqslant t < u_A(x)\}. \tag{2.34}$$

由于 $\max\{t \in T : x \in \underline{A}(Cl_t^{\geqslant})\} = \max\{t \in T : t \leqslant l_A(x)\} = l_A(x)$, 因此, 广义决策也可以由上、下近似来表示:

$$l_A(x) = \max\{t \in T : x \in \underline{A}(Cl_t^{\geqslant})\} = \min\{t \in T : x \in \overline{A}(Cl_t^{\leqslant})\}, \tag{2.35}$$

$$u_A(x) = \min\{t \in T : x \in \underline{A}(Cl_t^{\leqslant})\} = \max\{t \in T : x \in \overline{A}(Cl_t^{\geqslant})\}. \tag{2.36}$$

更多关于广义决策的内容, 可以参考文献 [98,103].

2.6 推广模型

2.6.1 变一致优势粗糙集

Greco 等[58] 提出了优势粗糙集的变一致推广模型 —— 变一致优势粗糙集 (variable consistency dominance-based rough set approach, VC-DRSA).

论域 U 中的元素 x 关于 A 属于 $Cl_t^{\geqslant}$ 和 $Cl_t^{\leqslant}$ 的一致度 (consistency) 分别为

$$\theta(x, Cl_t^{\geqslant}) = \frac{|D_A^+(x) \cap Cl_t^{\geqslant}|}{|D_A^+(x)|}, \tag{2.37}$$

$$\vartheta(x, Cl_t^{\leqslant}) = \frac{|D_A^-(x) \cap Cl_t^{\leqslant}|}{|D_A^-(x)|}. \tag{2.38}$$

一致度类似粗糙集理论中的粗糙隶属度的概念.

对给定的一致水平 (consistency level) $l \in (0.5, 1]$, $Cl_t^{\geqslant}$ 和 $Cl_t^{\leqslant}$ 的 A-下近似定义为分别属于 $Cl_t^{\geqslant}$ 和 $Cl_t^{\leqslant}$ 的一致度不小于 l 的元素的集合, 即

$$\underline{A}^l(Cl_t^{\geqslant}) = \left\{x \in Cl_t^{\geqslant} : \frac{|D_A^+(x) \cap Cl_t^{\geqslant}|}{|D_A^+(x)|} \geqslant l\right\}, \tag{2.39}$$

$$\underline{A}^l(Cl_t^{\leqslant}) = \left\{x \in Cl_t^{\leqslant} : \frac{|D_A^-(x) \cap Cl_t^{\leqslant}|}{|D_A^-(x)|} \geqslant l\right\}. \tag{2.40}$$

$Cl_t^{\geqslant}$ 和 $Cl_t^{\leqslant}$ 的 A-上近似通过互补律定义, 具体地

$$\overline{A}^l(Cl_t^{\geqslant}) = U - \underline{A}^l(Cl_{t-1}^{\leqslant}), \tag{2.41}$$

$$\overline{A}^l(Cl_t^{\leqslant}) = U - \underline{A}^l(Cl_{t+1}^{\geqslant}). \tag{2.42}$$

上近似也可以表达为

$$\overline{A}^l(Cl_t^{\geqslant}) = Cl_t^{\geqslant} \cup \left\{x \in Cl_{t-1}^{\leqslant} : \frac{|D_A^-(x) \cap Cl_t^{\geqslant}|}{|D_A^-(x)|} > 1 - l\right\}, \tag{2.43}$$

$$\overline{A}^l(Cl_t^{\leqslant}) = Cl_t^{\leqslant} \cup \left\{x \in Cl_{t+1}^{\geqslant} : \frac{|D_A^+(x) \cap Cl_t^{\leqslant}|}{|D_A^+(x)|} > 1 - l\right\}. \tag{2.44}$$

变一致优势粗糙集模型在实际问题中有很广泛的应用[94, 120, 121]. 最近, Kusunoki 等用非对称损失函数从统计学角度阐释变一致优势粗糙集[102].

2.6.2 变精度优势粗糙集

经典粗糙集理论对集合包含关系要求过于严格, 处理含噪声数据时会使上、下近似差别很大. 为了解决这个问题, Ziarko[255] 利用集合之间的包含度提出变精度粗糙集模型. 日本学者 Inuiguchi 等[92] 将变精度粗糙集和优势粗糙集相结合, 提出了变精度优势粗糙集 (variable-precision dominance-based rough set approach, VP-DRSA) 模型.

论域 U 中的元素 x 关于 A 属于 $Cl_t^{\geqslant}$ 和 $Cl_t^{\leqslant}$ 的精度 (precision) 分别为

$$\nu(x, Cl_t^{\geqslant}) = \frac{|D_A^-(x) \cap Cl_t^{\geqslant}|}{|D_A^-(x) \cap Cl_t^{\geqslant}| + |D_A^+(x) \cap Cl_{t-1}^{\leqslant}|}, \tag{2.45}$$

$$\upsilon(x, Cl_t^{\leqslant}) = \frac{|D_A^+(x) \cap Cl_t^{\leqslant}|}{|D_A^+(x) \cap Cl_t^{\leqslant}| + |D_A^-(x) \cap Cl_{t+1}^{\geqslant}|}. \tag{2.46}$$

对给定的精度水平 (precision level) $l \in (0.5, 1]$, $Cl_t^{\geqslant}$ 和 $Cl_t^{\leqslant}$ 的 A-下近似定义为分别属于 $Cl_t^{\geqslant}$ 和 $Cl_t^{\leqslant}$ 的精度不小于 l 的元素的集合, 即

$$\underline{A}^l(Cl_t^{\geqslant}) = \left\{x \in U : \frac{|D_A^-(x) \cap Cl_t^{\geqslant}|}{|D_A^-(x) \cap Cl_t^{\geqslant}| + |D_A^+(x) \cap Cl_{t-1}^{\leqslant}|} \geqslant l\right\}, \tag{2.47}$$

$$\underline{A}^l(Cl_t^{\leqslant}) = \left\{x \in U : \frac{|D_A^+(x) \cap Cl_t^{\leqslant}|}{|D_A^+(x) \cap Cl_t^{\leqslant}| + |D_A^-(x) \cap Cl_{t+1}^{\geqslant}|} \geqslant l\right\}. \tag{2.48}$$

$Cl_t^{\geqslant}$ 和 $Cl_t^{\leqslant}$ 的 A-上近似通过互补律定义, 具体地

$$\overline{A}^l(Cl_t^{\geqslant}) = U - \underline{A}^l(Cl_{t-1}^{\leqslant}), \tag{2.49}$$

$$\overline{A}^l(Cl_t^{\leqslant}) = U - \underline{A}^l(Cl_{t+1}^{\geqslant}). \tag{2.50}$$

上近似也可以表达为

$$\overline{A}^l(Cl_t^{\geqslant}) = \left\{x \in U : \frac{|D_A^-(x) \cap Cl_t^{\geqslant}|}{|D_A^-(x) \cap Cl_t^{\geqslant}| + |D_A^+(x) \cap Cl_{t-1}^{\leqslant}|} > 1 - l\right\}, \tag{2.51}$$

$$\overline{A}^l(Cl_t^{\leqslant}) = \left\{x \in U : \frac{|D_A^+(x) \cap Cl_t^{\leqslant}|}{|D_A^+(x) \cap Cl_t^{\leqslant}| + |D_A^-(x) \cap Cl_{t+1}^{\geqslant}|} > 1 - l\right\}. \tag{2.52}$$

变精度优势粗糙集已经推广到模糊优势粗糙集模型[44] 和区间值序信息系统[235].

第3章　基于辨识矩阵的属性约简

在粗糙集理论中, 属性约简 (attribute reduction, 在机器学习领域又称为特征选择或维度约简) 是指在保持系统分类能力不变的条件下删除冗余属性. 属性约简可以带来很多好处[67]: 更容易理解数据、减少存储空间、减少训练时间、避免过拟合等. 辨识矩阵 (discernibility matrix) 方法[167] 提供了一个求解所有约简的理论基础. 在该方法中, 需要构造辨识矩阵, 其中每个元素为区别对应样本对的属性集. 由此可以构建辨识函数, 并通过计算它的极小析取范式求解所有约简或者通过启发式策略或其他策略选择一个约简, 即与辨识矩阵所有非空元素交集非空的极小集. 虽然此方法为 NP-难问题, 但是它提供了研究粗糙集理论属性约简的一个完备的数学基础, 有助于更加清楚地认识各条件属性在区别样本对时的作用. 目前, 辨识矩阵方法已经扩展到 Pawlak 粗糙集的很多推广模型[14, 43, 99, 127, 175, 181].

Yao 和 Zhao[224] 提出了一种辨识矩阵的简化方法来构造极小辨识矩阵 (该方法类似求解线性方程组的 Gauss 消去法), 使得极小辨识矩阵中的元素或为空集或为单点集, 且它们的并集构成约简. 需要指出, 对于大型数据集, 构造辨识矩阵本身就已经非常困难, 那么它的简化就更为困难. 为了解决这个问题, Chen 等[17] 指出: 并不是辨识矩阵中的所有元素, 而是极小元 (minimal element) 就足够找出所有的约简. 这样一来, 可以减少计算量、节省存储空间、压缩搜索空间. 寻找极小元的方法称为样本对选择 (sample pair selection). 最近, 这个思想已经成功应用于模糊粗糙集[16]、变精度粗糙集[214] 和覆盖粗糙集[34]. Zhuang 和 Chen[254] 将利用极小元寻找约简的思想应用到求解最小顶点覆盖问题.

Susmaga 等[175] 提出了基于辨识矩阵的由两个相互独立的步骤构成的约简生成算法 (reduct generation algorithm, RGA). 步骤 I 建立和处理辨识矩阵; 步骤 II 从计算量角度来讲是更为复杂的步骤, 执行真正的属性约简过程. 但是, 对于步骤 I, 在构造辨识矩阵时, 文献 [175] 中仅给出语言描述并没有给出具体理论证明. 本章的内容之一是完成这项工作: 对一致或不一致序决策系统都构造了其辨识矩阵. 需要指出的是, 本章中的构造方法不同于 Kusunoki 和 Inuiguchi 在文献 [103] 中提出的方法, 该方法需要构造两个与广义决策相关的辨识矩阵来计算约简, 而处理辨识矩阵主要用到吸收律, 可以在保持约简结果不变的前提下提高计算约简的效率. 另一方面, 正如前文所指出的, 构造辨识矩阵非常耗时和占用大量存储空间, 本章的另一个内容是将利用相对辨识关系 (relative discernibility relation) 直接寻找极小元的方法推广到优势粗糙集理论.

本章的组织结构如下: 3.1 节和 3.2 节分别给出一致和不一致序决策系统的属性约简的判定定理, 并构造相应的辨识矩阵, 需要指出, 3.1 节的结论可以看作 3.2 节结论的特例. 3.3 节给出利用极小元直接寻找所有约简和一个约简的方法. 3.4 节用希腊工业开发银行数据集验证本章介绍的方法的正确性. 3.5 节对本章内容做了小结并指出之后的研究方向.

3.1 一致序决策系统的属性约简

首先, 我们给出判定序决策系统是否为一致的标准.

定义 3.1.1 设 $S = \langle U, C \cup \{d\}, V, f \rangle$ 为序决策系统. 记

$$D_d = \{(x, y) \in U^2 : f(x, d) \geqslant f(y, d)\}. \tag{3.1}$$

若 $D_C \subseteq D_d$ 成立, 则 S 称为一致的; 否则, 称为不一致的.

为了简洁表示序决策系统 S, 在之后的分析讨论中如果不强调 V 和 f, 四元组 $\langle U, C \cup \{d\}, V, f \rangle$ 简记为序对形式 $\langle U, C \cup \{d\} \rangle$.

根据上述定义, 若 $D_C^+(x) \subseteq D_d^+(x)$ 或者 $D_C^-(x) \subseteq D_d^-(x)$ 对所有 $x \in U$ 成立, 则 S 是一致的. 在序决策系统 $S = \langle U, C \cup \{d\} \rangle$ 中, 如果存在 $x, y \in U$ 使得 x 关于 C 至少比 y 好, 同时 x 的决策比 y 差, 则 S 是不一致的.

接下来我们针对一致序决策系统给出如下刻画.

定理 3.1.1 设 $S = \langle U, C \cup \{d\} \rangle$ 为序决策系统且 $A \subseteq C$, 则 $D_A \subseteq D_d \iff \underline{A}(Cl_t^{\geqslant}) \cap \underline{A}(Cl_t^{\leqslant}) = Cl_t, \forall t \in T$.

证明 "$\Rightarrow$" 根据假设 $D_A \subseteq D_d$, 对任意 $x \in U$, 有 $D_A^+(x) \subseteq D_d^+(x)$ 和 $D_A^-(x) \subseteq D_d^-(x)$. 对所有 $t \in T$, 若 $x \in Cl_t$, 则 $D_A^+(x) \subseteq D_d^+(x) = Cl_t^{\geqslant}$ 和 $D_A^-(x) \subseteq D_d^-(x) = Cl_t^{\leqslant}$. 由定义 2.3.2, 有 $x \in \underline{A}(Cl_t^{\geqslant}) \cap \underline{A}(Cl_t^{\leqslant})$ 成立, 由此 $\underline{A}(Cl_t^{\geqslant}) \cap \underline{A}(Cl_t^{\leqslant}) \supseteq Cl_t$. 另一方面, $\underline{A}(Cl_t^{\geqslant}) \cap \underline{A}(Cl_t^{\leqslant}) \subseteq Cl_t^{\geqslant} \cap Cl_t^{\leqslant} = Cl_t$. 综上可得 $\underline{A}(Cl_t^{\geqslant}) \cap \underline{A}(Cl_t^{\leqslant}) = Cl_t$.

"$\Leftarrow$" 如果存在 $x \in U$ 使得 $D_A^+(x) \nsubseteq D_d^+(x)$, 则存在 $y \in U$ 使得 $y \in D_A^+(x)$ 但是 $y \notin D_d^+(x)$. 因为 $\mathbf{Cl}$ 是 U 的一个划分, 所以存在 $t \in T$ 使得 $x \in Cl_t$. 根据条件 $Cl_t \subseteq \underline{A}(Cl_t^{\geqslant})$, 就有 $x \in \underline{A}(Cl_t^{\geqslant})$, 即 $D_A^+(x) \subseteq Cl_t^{\geqslant}$ 成立. 这样就得到 $y \in Cl_t^{\geqslant}$, 而这与 $y \notin D_d^+(x) = Cl_t^{\geqslant}$ 矛盾. 因此, 对任意 $x \in U$, 有 $D_A^+(x) \subseteq D_d^+(x)$, 即 $D_A \subseteq D_d$. □

根据定理 3.1.1, 我们得出结论: 序决策系统为一致的充要条件是 $\gamma_C(\mathbf{Cl}) = 1$. 对一致序决策系统, 由定理 3.1.1, 其约简 A 就是满足 $D_A \subseteq D_d$ 的极小集.

下面我们通过构造辨识矩阵对一致序决策系统进行属性约简.

对序决策系统来讲, 若 $D_A \subseteq D_d$, 则对 $y \in U$, $y \in D_A^+(x) \Rightarrow y \in D_d^+(x)$ 或等价地, $(y \notin D_d^+(x) \Rightarrow y \notin D_A^+(x))$ 对所有 $x \in U$ 成立, 反之亦然. 基于此, 对一致序决

策系统可以构造如下的 m 阶辨识矩阵 (这里 $m=|U|$).

定义 3.1.2　设 $S=\langle U, C\cup\{d\}\rangle$ 为一致序决策系统. 记

$$m(x,y)=\begin{cases}\{a\in C: y\notin D_a^+(x)\}, & y\notin D_d^+(x),\\ C, & \text{其他},\end{cases} \tag{3.2}$$

则称 $m(x,y)$ 为相对 d 对象 x 和 y 之间的 (占优) 辨识属性集, 称

$$\boldsymbol{M}=(m(x,y))_{x,y\in U} \tag{3.3}$$

为系统 S 的 (占优) 辨识矩阵.

定理 3.1.2(第一属性约简判定定理)　设 $S=\langle U, C\cup\{d\}\rangle$ 为一致序决策系统, $\boldsymbol{M}$ 为其辨识矩阵且 $A\subseteq C$, 则 $D_A\subseteq D_d \iff A\cap m(x,y)\neq\varnothing, \forall x,y\in U$.

证明　若对任意 $x,y\in U$, $A\cap m(x,y)\neq\varnothing$, 则对任意 $x\in U$, $y\notin D_d^+(x)$, 存在 $a\in A$ 使得 $a\in m(x,y)$. 由 $m(x,y)$ 的定义, 就有 $y\notin D_a^+(x)$, 进一步有 $y\notin D_A^+(x)$. 这样就可以得到: 若 $y\notin D_d^+(x)$, 则 $y\notin D_A^+(x)$, 由此可得 $D_A\subseteq D_d$.

反过来, 证明可分为两种情形.

(1) 若 $y\in D_d^+(x)$, 则 $m(x,y)=C$, 这样显然有 $A\cap m(x,y)\neq\varnothing$.

(2) 若 $y\notin D_d^+(x)$, 再由假设 $D_A\subseteq D_d$, 就有 $y\notin D_A^+(x)$ 成立. 这样存在 $a\in A$ 使得 $y\notin D_a^+(x)$, 从而有 $a\in m(x,y)$, 因此 $A\cap m(x,y)\neq\varnothing$ 成立. □

对于一致序决策系统 $S=\langle U, C\cup\{d\}\rangle$, 由定理 3.1.2, A 是 S 的约简的充要条件是它是满足 $A\cap m(x,y)\neq\varnothing, \forall x,y\in U$ 的极小集.

类似地, 若 $D_A\subseteq D_d$, 则对 $y\in U$, $y\notin D_d^-(x)\Rightarrow y\notin D_A^-(x)$ 对所有 $x\in U$ 成立, 这样我们可以用另外一种方式构造辨识矩阵:

$$m'(x,y)=\begin{cases}\{a\in C: y\notin D_a^-(x)\}, & y\notin D_d^-(x),\\ C, & \text{其他}.\end{cases} \tag{3.4}$$

$m'(x,y)$ 称为相对 d 对象 x 和 y 之间的被占优辨识属性集,

$$\boldsymbol{M}'=(m'(x,y))_{x,y\in U} \tag{3.5}$$

称为系统 S 的被占优辨识矩阵. 根据 $\boldsymbol{M}$ 和 $\boldsymbol{M}'$ 的构造方式, 有 $\boldsymbol{M}^{\mathrm{T}}=\boldsymbol{M}'$, 其中 $\boldsymbol{M}^{\mathrm{T}}$ 表示矩阵 $\boldsymbol{M}$ 的转置. 事实上, 由于 $y\notin D_a^+(x) \iff x\notin D_a^-(y), \forall a\in C\cup\{d\}$, 因此 $m(x,y)=m'(y,x), \forall x,y\in U$.

在参考文献 [175] 中, 构造了一致序决策系统的辨识矩阵 $\boldsymbol{M}''$, 其中元素 $m''(x,y)$ 为

$$m''(x,y)=\begin{cases}\{a\in C: y\notin D_a^+(x)\}, & y\notin D_d^+(x),\\ \{a\in C: y\notin D_a^-(x)\}, & y\notin D_d^-(x),\\ C, & \text{其他}.\end{cases} \tag{3.6}$$

显然 M'' 是对称的, 并且 $m''(x,y)=m(x,y)\cap m'(x,y), \forall x,y\in U$. 根据以上分析, 我们仅需要确定 M 或者 M' 就可以得到其他两种辨识矩阵, 而根据这三种辨识矩阵的任意一种, 所得到的约简都是相同的.

通过辨识矩阵 M 计算约简需要转化其所对应的辨识函数. 已经证明求解约简可以通过将辨识函数的合取范式形式转化为极小析取范式来解决[167]. 为了改进转化效率, 可以先利用吸收律 $[a\vee(a\wedge b)=a, a\wedge(a\vee b)=a]$. 利用吸收律的目的是删去真子集为辨识矩阵中其他元素的元素. 通过利用吸收律, 只留下了 M 中的极小元, 被吸收后的结果存储在矩阵 M_A 中. 设

$$\mathbf{C}=\{C_1,C_2,\cdots,C_k\}$$

为 M_A 的所有极小元构成的集合, 则

$$\begin{aligned}&\cup\{C_i\in\mathbf{C}:|C_i|=1\},\\&\cup\{C_i\in\mathbf{C}:|C_i|\geqslant 2\},\\&C-\cup\{C_i\in\mathbf{C}\}\end{aligned}$$

分别是核元素、可替代元、冗余元组成的集合. 直接计算 M_A 的方法将在 3.3 节介绍.

根据 M_A, 可以用 Boolean 逻辑算子析取 $\vee$ 和合取 $\wedge$ 构造辨识函数 (discernibility function):

$$F=\bigwedge_{m(x,y)\in M_A}\vee\{a:a\in m(x,y)\}. \tag{3.7}$$

利用辨识函数计算系统的所有约简实际是通过将辨识函数 F 转化为极小析取范式形式来完成. 该问题等价于求解下述极小分配问题: M_A 中每项表示一项任务, $m(x,y)$ 中的元素代表可以单独完成此项任务的工人, 则每个约简可以解释为一个可以用极少人来完成所有任务的提议.

Susmaga 等[175] 提出了用广度优先搜索算法查找与所有辨识矩阵中非空元素有非空交集的极小集的方法. 具体地, 设 $C_1,C_2,\cdots,C_k$ 为辨识矩阵 M 的所有极小元, 用 Red_i 表示第 i 轮的结果, 当 $i=0$ 时仅包含空集 $\varnothing$. 在第 i 轮, Red_{i-1} 中的集合根据与 C_i 的关系, Red_{i-1} 可以分为两部分: S_i 和 S_i^c, 其中前者表示与 C_i 有非空交集的部分, 而后者表示与 C_i 交集为空的部分. S_i^c 中的每项添加 C_i 的一个元素, 这样可以产生一簇集合, 在第 i 轮循环产生的所有簇集合存储在 T_i 中. 在 T_i 中, 通过集合极小性验证的集合 M_i 和 S_i 一起存储于 Red_i. 检验极小性的思想[167,174] 为: 集合 A 是极小的充要条件是 A 中所有元素都是必不可少的, 其中, 如果可以找到 $C_j\in\{C_1,C_2,\cdots,C_i\}$ 使得 $C_j\cap A=\{a\}$, 则属性 $a\in A$ 是必不可少的. 当 $i=k$ 时, 运行程序结束, 此时, 所有约简都存储于 Red_k.

3.2 不一致序决策系统的属性约简

3.1 节讨论了一致序决策系统的属性约简, 本节讨论不一致序决策系统的属性约简问题. 为了计算不一致序决策系统的辨识矩阵, 首先给出正确分类对象的刻画.

引理 3.2.1 设 $S = \langle U, C \cup \{d\}\rangle$ 为序决策系统, $x \in U$ 且 $A \subseteq C$, 则对 $x \in Cl_t$, 有 $x \in \underline{A}(Cl_t^{\geqslant}) \cap \underline{A}(Cl_t^{\leqslant}) \iff D_A^+(x) \subseteq D_d^+(x)$ 并且 $D_A^-(x) \subseteq D_d^-(x)$.

证明 对 $x \in Cl_t$, 有 $D_d^+(x) = Cl_t^{\geqslant}$, $D_d^-(x) = Cl_t^{\leqslant}$, 则

$$\begin{aligned}
& x \in \underline{A}(Cl_t^{\geqslant}) \cap \underline{A}(Cl_t^{\leqslant}) \\
\iff & D_A^+(x) \subseteq Cl_t^{\geqslant} \text{ 且 } D_A^-(x) \subseteq Cl_t^{\leqslant} \\
\iff & D_A^+(x) \subseteq D_d^+(x) \text{ 且 } D_A^-(x) \subseteq D_d^-(x).
\end{aligned}$$

□

由引理 3.2.1, A-正确分类集 $\bigcup_{t=1}^n \left(\underline{A}(Cl_t^{\geqslant}) \cap \underline{A}(Cl_t^{\leqslant})\right)$, 记作 U_A, 可以表示为

$$U_A = \{x \in U : D_A^+(x) \subseteq D_d^+(x), D_A^-(x) \subseteq D_d^-(x)\}, \tag{3.8}$$

它与 $\bigcup_{t=1}^n Bn_A(Cl_t^{\geqslant})$ 或 $\bigcup_{t=1}^n Bn_A(Cl_t^{\leqslant})$ 互补. 对一致序决策系统 $S = \langle U, C \cup \{d\}\rangle$, 有 $U = U_C$. 对序决策系统 $S = \langle U, C \cup \{d\}\rangle$, 其子系统 $S' = \langle U_C, C \cup \{d\}\rangle$ 总是一致的.

基于以上分析, 约简 A 是保持系统所有正确分类集 (即 $U_A = U_C$) 的极小集. 为了找出约简, 则一定要让 U_C 中的所有元素遵守优势规则. 对 $x \in U_C$, 有 $y \notin D_d^+(x) \Rightarrow y \notin D_A^+(x)$ 且 $y \notin D_d^-(x) \Rightarrow y \notin D_A^-(x)$. 这样就可以构造不一致序决策系统的辨识矩阵.

定义 3.2.1 设 $S = \langle U, C \cup \{d\}\rangle$ 为不一致序决策系统. 记

$$m(x,y) = \begin{cases} \{a \in C : y \notin D_a^+(x)\}, & x \in U_C,\ y \notin D_d^+(x), \\ \{a \in C : y \notin D_a^-(x)\}, & x \in U_C,\ y \notin D_d^-(x), \\ C, & \text{其他}, \end{cases} \tag{3.9}$$

则称 $m(x,y)$ 为相对 d 对象 x 和 y 之间的辨识属性集, 称

$$\boldsymbol{M} = (m(x,y))_{x,y \in U} \tag{3.10}$$

为 S 的辨识矩阵.

根据 $\boldsymbol{M}$ 的构造, 对任意 $x, y \in U$, 若 $m(x,y) \neq C$ 且 $m(y,x) \neq C$, 则 $m(x,y) = m(y,x)$, 但 $\boldsymbol{M}$ 不一定是对称的.

定理 3.2.1 (第二属性约简判定定理) 设 $S=\langle U, C\cup\{d\}\rangle$ 为不一致序决策系统, $\boldsymbol{M}$ 为其辨识矩阵且 $A\subseteq C$, 则 $U_A=U_C \iff A\cap m(x,y)\neq\varnothing, \forall x\in U_C, y\in U$.

证明 "$\Leftarrow$" 由下近似的单调性, 有 $U_A\subseteq U_C$ 成立. 另一方面, 对任意 $x\in U_C$, 有 $D_C^+(x)\subseteq D_d^+(x)$ 和 $D_C^-(x)\subseteq D_d^-(x)$. 若 $D_A^+(x)\nsubseteq D_d^+(x)$, 则存在 $y\in D_A^+(x)$ 使得 $y\notin D_d^+(x)$. 由 $m(x,y)$ 的定义, 对任意 $a\in A$, 有 $a\notin m(x,y)$, 即 $A\cap m(x,y)=\varnothing$. 这样就产生了矛盾, 因此 $D_A^+(x)\subseteq D_d^+(x), \forall x\in U_C$. 类似地, 有 $D_A^-(x)\subseteq D_d^-(x), \forall x\in U_C$. 综上可得 $x\in U_A$, 从而有 $U_C\subseteq U_A$.

"$\Rightarrow$" 对 $x\in U_C$, 由假设 $U_A=U_C$, 有 $x\in U_A$, 即 $D_A^+(x)\subseteq D_d^+(x)$ 且 $D_A^-(x)\subseteq D_d^-(x)$. 证明分下面三种情形:

(1) 若 $y\notin D_d^+(x)$, 则 $y\notin D_A^+(x)$. 因此, 存在 $a\in A$ 使得 $y\notin D_a^+(x)$. 这样有 $a\in m(x,y)$, 从而有 $A\cap m(x,y)\neq\varnothing$.

(2) 若 $y\notin D_d^-(x)$, 则 $y\notin D_A^-(x)$. 因此, 存在 $a\in A$ 使得 $y\notin D_a^-(x)$. 这样有 $a\in m(x,y)$, 从而有 $A\cap m(x,y)\neq\varnothing$.

(3) 若 $y\in Cl_t$, 这里 $t=f(x,d)$, 由 $m(x,y)$ 的定义, 就有 $m(x,y)=C$. 因此 $A\cap m(x,y)\neq\varnothing$. □

在一致序决策系统中, 每个元素关于优势规则都是一致的. 因此 (3.9) 式就转化为 (3.6) 式. 从这个角度来讲, 一致序决策系统的辨识矩阵 $\boldsymbol{M}''$ 是不一致序决策系统辨识矩阵的特殊情形. 这说明没有必要区分一致和不一致序信息系统, 我们总可以用定义 3.2.1 中的辨识矩阵 $\boldsymbol{M}$ 求解任意序决策系统的所有约简. 一旦构造了辨识矩阵 $\boldsymbol{M}$, 就可以用上节介绍的方法对序决策系统进行属性约简, 因此属性约简分为两个步骤: 构造辨识矩阵和计算约简. 这两个步骤分别由算法 3.1 和算法 3.2 给出具体的流程.

算法 3.1 序决策系统辨识矩阵的构造

输入: 序决策系统 $S=\langle U, C\cup\{d\}, V, f\rangle$.
输出: 系统 S 的辨识矩阵 $\boldsymbol{M}$.

1: 初始化 $\boldsymbol{M}$: 将其所有元素初始化为 C;
2: **for** $x\in U_C$ **do**
3: **for** $y\in U$ **do**
4: $m(x,y)\leftarrow\{a\in C: f(x,a)>f(y,a)\}$ if $f(x,d)>f(y,d)$;
5: $m(x,y)\leftarrow\{a\in C: f(x,a)<f(y,a)\}$ if $f(x,d)<f(y,d)$;
6: **end for**
7: **end for**
8: 输出$\boldsymbol{M}$;

算法 3.2 广度优先搜索序决策系统的所有约简

输入: 系统 S 的 (简化的) 辨识矩阵 $\boldsymbol{M}$ ($\boldsymbol{M}_A$), 其元素为 $C_1, C_2, \cdots, C_k$.
输出: 系统 S 的所有约简.

1: $\mathrm{Red}_0 \leftarrow \{\varnothing\}$;
2: **for** $C_i \in \{C_1, C_2, \cdots, C_k\}$ **do**
3: $\quad S_i \leftarrow \{A \in \mathrm{Red}_{i-1} : A \cap C_i \neq \varnothing\}$;
4: $\quad T_i \leftarrow \bigcup_{A \in \mathrm{Red}_{i-1} - S_i} \bigcup_{a \in C_i} \{A \cup \{a\}\}$;
5: $\quad M_i \leftarrow \{A \in T_i : \forall a \in A, \exists j \leqslant i \text{ s.t. } C_j \cap A = \{a\}\}$;
6: $\quad \mathrm{Red}_i \leftarrow S_i \cup M_i$;
7: **end for**
8: **输出**Red_k;

用下面的例子来说明此方法在求解约简时的具体步骤.

例 3.2.1 考虑如表 3.1 所示的序决策系统 S, 其中 $U = \{x_1, x_2, \cdots, x_8\}$, $C = \{a_1, a_2, \cdots, a_5\}$ 且 $\mathbf{Cl} = \{Cl_1, Cl_2, Cl_3\}$. 通过计算 S 的辨识函数列出其所有约简.

表 3.1 序决策系统

U	a_1	a_2	a_3	a_4	a_5	d
x_1	2	3	1	2	1	2
x_2	3	3	2	3	3	3
x_3	1	2	2	2	2	2
x_4	1	3	1	1	3	1
x_5	3	2	1	2	1	3
x_6	2	2	3	3	2	2
x_7	3	1	2	1	2	1
x_8	2	1	3	3	1	3

根据 (被) 占优集的定义, 可以计算任意元素的 C/d-(被) 占优集, 所得结果总结在表 3.2 中.

因此 $U_C = \{x_1, x_2, x_3, x_4, x_5, x_7\} \neq U$, 从而 S 是不一致的且 $\gamma_C(\mathbf{Cl}) = \dfrac{6}{8}$.

由定义 3.2.1, 可以求解系统 S 的辨识矩阵, 结果在表 3.3 中展示, 其每个元素 $m(x, y)$ 对应于 U^2 中的样本对 (x, y). 正如我们所看到的, 此辨识矩阵并不对称, 例如, $m(x_1, x_8) \neq m(x_8, x_1)$.

应用吸收律, 辨识矩阵中的某些元素可以被吸收掉. 在利用吸收律之后, 留下了 $\{a_1\}$, $\{a_2, a_4\}$ 和 $\{a_3, a_4\}$, 即 $\mathbf{C} = \big\{\{a_1\}, \{a_2, a_4\}, \{a_3, a_4\}\big\}$. 因此, a_1 为核元素, a_2, a_3, a_4 为可替代元, a_5 为冗余元. 进一步, 可计算得

$$F = a_1 \wedge (a_2 \vee a_4) \wedge (a_3 \vee a_4) = (a_1 \wedge a_2 \wedge a_3) \vee (a_1 \wedge a_4).$$

因此, 系统 S 有两个约简: $\{a_1, a_2, a_3\}$ 和 $\{a_1, a_4\}$. 广度优先搜索此序决策系统约简的过程可用图 3.1 来描述, 其中在虚框内检验了结果的极小性. 由此可见, 这两种方法的结果是相同的.

表 3.2 C-(被) 占优集和 d-(被) 占优集

U	$D_C^+(x)$	$D_C^-(x)$	$D_d^+(x)$	$D_d^-(x)$
x_1	$\{x_1, x_2\}$	$\{x_1\}$	$\{x_1, x_2, x_3, x_5, x_6, x_8\}$	$\{x_1, x_3, x_4, x_6, x_7\}$
x_2	$\{x_2\}$	$\{x_1, x_2, x_3, x_4, x_5, x_7\}$	$\{x_2, x_5, x_8\}$	U
x_3	$\{x_2, x_3, x_6\}$	$\{x_3\}$	$\{x_1, x_2, x_3, x_5, x_6, x_8\}$	$\{x_1, x_3, x_4, x_6, x_7\}$
x_4	$\{x_2, x_4\}$	$\{x_4\}$	U	$\{x_4, x_7\}$
x_5	$\{x_2, x_5\}$	$\{x_5\}$	$\{x_2, x_5, x_8\}$	U
x_6	$\{x_6\}$	$\{x_3, x_6, x_8\}$	$\{x_1, x_2, x_3, x_5, x_6, x_8\}$	$\{x_1, x_3, x_4, x_6, x_7\}$
x_7	$\{x_2, x_7\}$	$\{x_7\}$	U	$\{x_4, x_7\}$
x_8	$\{x_6, x_8\}$	$\{x_8\}$	$\{x_2, x_5, x_8\}$	U

表 3.3 系统 S 的辨识矩阵

U	x_1	x_2	x_3	x_4	x_5	x_6	x_7	x_8
x_1	C	a_1, a_3, a_4, a_5	C	a_1, a_4	a_1	C	a_2, a_4	a_3, a_4
x_2	a_1, a_3, a_4, a_5	C	a_1, a_2, a_4, a_5	a_1, a_3, a_4	C	a_1, a_2, a_5	a_2, a_4, a_5	C
x_3	C	a_1, a_2, a_4, a_5	C	a_3, a_4	a_1	C	a_2, a_4	a_1, a_3, a_4
x_4	a_1, a_4	a_1, a_3, a_4	a_3, a_4	C	a_1, a_4	a_1, a_3, a_4	C	a_1, a_3, a_4
x_5	a_1	C	a_1	a_1, a_4	C	a_1	a_2, a_4	C
x_6	C	C	C	C	C	C	C	C
x_7	a_2, a_4	a_2, a_4, a_5	a_2, a_4	C	a_2, a_4	a_2, a_3, a_4	C	a_3, a_4
x_8	C	C	C	C	C	C	C	C

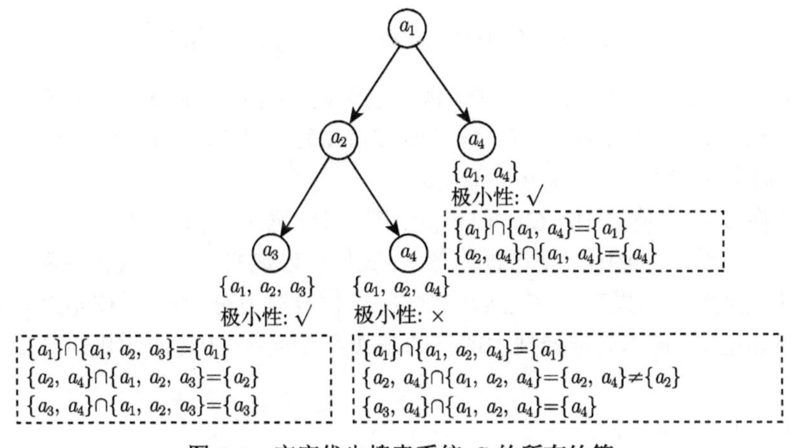

图 3.1 广度优先搜索系统 S 的所有约简

3.3 基于极小元的属性约简

用辨识矩阵方法在搜索约简前需要先找出极小元, 本节在不计算辨识矩阵的前提下直接寻找极小元.

在例 3.2.1 中, 显然 $\{a_1\}$, $\{a_2, a_4\}$ 和 $\{a_3, a_4\}$ 是极小元, 在简化辨识矩阵时, 其他元素可以被三者其一所吸收. 注意到约简只由极小元确定, 这样启发我们直接寻找极小元而不是辨识矩阵的所有元素. 而每个极小元又由某些样本对确定, 例如, $\{a_3, a_4\}$ 是样本对 (x_1, x_8), (x_3, x_4), (x_4, x_3) 和 (x_7, x_8) 的辨识属性集. 因此, 我们只需要知道如何确定对应极小元的样本对. 接下来给出利用样本对选择技术寻找极小元的方法.

定义 3.3.1 设 $S = \langle U, C \cup \{d\} \rangle$ 为序决策系统且 $a \in C$, 定义映射 Dis: $\mathcal{P}(C) \to U^2$:

$$\mathrm{Dis}(a) = \begin{cases} \{(x, y) \in U^2 : (y, x) \notin D_a\}, & x \in U_C,\ y \notin D_d^+(x), \\ \{(x, y) \in U^2 : (x, y) \notin D_a\}, & x \in U_C,\ y \notin D_d^-(x), \end{cases} \tag{3.11}$$

其中 $\mathcal{P}(C)$ 为 C 的幂集, 则 $\mathrm{Dis}(a)$ 称为相对 d 准则 a 的相对辨识关系. 对任意 $A \subseteq C$, 记

$$\mathrm{Dis}(A) = \bigcup_{a \in A} \mathrm{Dis}(a). \tag{3.12}$$

$\mathrm{Dis}(C)$ 中的每个元素在辨识矩阵中对应一个其值不为 C 的位置.

为了简化以下式子中的条件部分, 将 U 上的所有合适对 (appropriate pair) 记为 $\mathrm{AP}(U^2)$:

$$(x, y) \in \mathrm{AP}(U^2) \iff x \in U_C, y \notin Cl_t, \tag{3.13}$$

其中 $t = f(x, d)$. 由 (3.9) 式, 对任意 $(x, y) \in \mathrm{AP}(U^2)$, 有 $m(x, y) \neq \varnothing$. 由此 $(x, y) \in \mathrm{Dis}(C)$. 进一步, 有 $\mathrm{AP}(U^2) = \mathrm{Dis}(C)$. 由定义 3.3.1, 对任意 $(x, y) \in \mathrm{Dis}(C)$, $a \in m(x, y)$ 的充要条件是 $(x, y) \in \mathrm{Dis}(a)$.

若存在 $a \in C$ 使得 $\mathrm{Dis}(C) = \mathrm{Dis}(a)$, 即, 对任意 $m(x, y) \neq C$, 有 $a \in m(x, y)$, 则 a 本身为系统 S 的约简. 在这种情形下, 我们可以选取 a 作为最优约简而停止搜索 S 的其他约简 (如果有). 在之后的讨论中, 假设对所有 $a \in C$, $\mathrm{Dis}(C) \neq \mathrm{Dis}(a)$. 在粗糙集理论中, 样本对选择技术的目的是找到 $\mathrm{Dis}(C)$ 中对应辨识矩阵极小元的样本对.

对 $(x, y) \in \mathrm{Dis}(C)$, 记

$$N(x, y) = |\{a \in C : (x, y) \in \mathrm{Dis}(a)\}|, \tag{3.14}$$

$$P(x,y) = \cap\{\mathrm{Dis}(a) : (x,y) \in \mathrm{Dis}(a)\} = \bigcap_{a \in m(x,y)} \mathrm{Dis}(a). \tag{3.15}$$

则对任意 $(x,y) \in \mathrm{Dis}(C)$, 有 $N(x,y) = |m(x,y)|$, 且 $P(x,y)$ 为 $\boldsymbol{M}$ 中元素包含 $m(x,y)$ 的合适对的集合.

注意到极小元为辨识矩阵中其他元素均不为其子集的元素. 若 $m(x,y)$ 含有最少个数的属性, 则它不可能包含辨识矩阵中其他元素, 即 $m(x,y)$ 一定为极小元. 然而, $N(x,y)$ 的极小性是 $m(x,y)$ 为极小元的充分但不必要条件. 一种非常可能出现的情况是 $m(x,y)$ 为极小元而 $N(x,y)$ 不是最小的. 例如, 在例 3.2.1 中, $m(x_1,x_8) = \{a_3,a_4\}$ 是极小元, 但是 $N(x_1,x_8) = 2$ 不是最小的. 问题的关键是怎么确定所对应 $N(x,y)$ 不是最小的极小元 $m(x,y)$ 的位置. 根据之前引入的符号, 有下面的定理.

定理 3.3.1 设 $S = \langle U, C \cup \{d\} \rangle$ 为序决策系统, $a \in C$ 且 $\mathrm{Dis}(a)$ 为相对 d 准则 a 的相对辨识关系, 则对任意 $(x,y),(x',y') \in \mathrm{Dis}(C)$, 下面表述成立:

(1) $(x',y') \in P(x,y) \iff m(x,y) \subseteq m(x',y') \iff P(x',y') \subseteq P(x,y)$;

(2) $\cup\{P(x,y) : m(x,y)\text{为极小元}\} = \mathrm{Dis}(C)$.

证明 (1) 对任意 $(x,y),(x',y') \in \mathrm{Dis}(C)$,

$$\begin{aligned}(x',y') \in P(x,y) &\iff (x',y') \in \mathrm{Dis}(a), \forall a \in m(x,y)\\ &\iff a \in m(x',y'), \forall a \in m(x,y)\\ &\iff m(x,y) \subseteq m(x',y').\end{aligned}$$

若 $m(x,y) \subseteq m(x',y')$, 由 (3.15) 式, 有 $P(x',y') \subseteq P(x,y)$. 反之, 若 $P(x',y') \subseteq P(x,y)$, 又因为 $(x',y') \in P(x',y')$, 所以 $m(x,y) \subseteq m(x',y')$.

(2) 对任意 $(x',y') \in \mathrm{Dis}(C)$, 存在极小元 $m(x,y)$ 使得 $m(x,y) \subseteq m(x',y')$. 由定理 3.3.1(1), 有 $(x',y') \in P(x,y)$, 由此可得 $\cup\{P(x,y) : m(x,y)\text{为极小元}\} = \mathrm{Dis}(C)$. □

定理 3.3.1(1) 表明, 对 $(x,y),(x',y') \in \mathrm{Dis}(C)$,

(1) $m(x,y)$ 为极小元的充要条件是 $P(x,y)$ 关于集合的包含关系是极大的.

(2) 若 $m(x,y)$ 和 $m(x',y')$ 为两个不同极小元, 则 $(x',y') \in P(x,y)$ 和 $(x,y) \in P(x',y')$ 均不成立.

(3) 若 $(x',y') \in P(x,y)$, 则 $N(x,y) \leqslant N(x',y')$. 我们可以根据 $N(x,y)$ 的大小将 $(x,y) \in \mathrm{Dis}(C)$ 按升序排列.

定理 3.3.1(2) 表明所有极小元对应的 $P(x,y)$ 的并集等于 $\mathrm{Dis}(C)$.

由定理 3.3.1(1), $\mathrm{Dis}(C)$ 中带有最小 $N(x,y)$ 样本对 (x,y) 对应于辨识矩阵的一个极小元 $m(x,y)$. 如果我们选取极小元 $m(x,y)$, 则从 $\mathrm{Dis}(C)$ 中删除 $P(x,y)$, 即删

除辨识矩阵中所有以 $m(x,y)$ 为子集的样本对, 但是对应其他极小元的样本对继续保留下来. 在余下的样本对 $\mathrm{Dis}(C)-P(x,y)$ 中, 最小的 $N(x',y')$ 仍然对应极小元 $m(x',y')$. 这是因为对满足 $N(x',y')=N(x'',y'')$ 的样本对 (x'',y''), 若 $m(x'',y'')$ 不是极小元, 则它一定以 $m(x,y)$ 为子集, 继而 (x'',y'') 在上一步已经被删除了. 因此可以取 $m(x',y')$ 作为第二个极小元, 进一步就从 $\mathrm{Dis}(C)-P(x,y)$ 中删除 $P(x',y')$. 这个删除过程一直持续到 $\mathrm{Dis}(C)=\varnothing$ 为止, 根据定理 3.3.1(2), 我们就找到了所有的极小元.

基于上述分析, 下述算法 3.3 可以确定辨识矩阵中的所有极小元.

算法 3.3 寻找所有极小元

输入: 序决策系统 $S=\langle U, C\cup\{d\}\rangle$.
输出: 系统 S 辨识矩阵的所有极小元.
1: $\mathbf{C}\leftarrow\{\varnothing\}$; // $\mathbf{C}$ 为所有极小元的集合.
2: 对每个 $a\in C$ 计算 $\mathrm{Dis}(a)$ 和 $\mathrm{Dis}(C)$;
3: 对每个 $(x,y)\in\mathrm{Dis}(C)$ 计算 $N(x,y)$;
4: **repeat**
5: 　在 $\mathrm{Dis}(C)$ 中选择对应最小的 $N(x,y)$ 的样本对 (x,y);
6: 　$\mathbf{C}\leftarrow\mathbf{C}\cup\{m(x,y)\}$; // $m(x,y)$ 由 (3.9) 式计算.
7: 　$\mathrm{Dis}(C)\leftarrow\mathrm{Dis}(C)-P(x,y)$; // $P(x,y)$ 由 (3.15) 式计算.
8: **until** $\mathrm{Dis}(C)=\varnothing$
9: **输出**$\mathbf{C}$;

为了更清楚理解此算法的运行机理, 下面的例子用来说明算法 3.3.

例 3.3.1 (续例 3.2.1) 在不计算整个辨识矩阵的条件下寻找系统 S 的所有极小元.

根据计算, 有

$$
\begin{aligned}
\mathrm{Dis}(a_1)=\big\{&(x_1,x_2),(x_1,x_4),(x_1,x_5),(x_2,x_1),(x_2,x_3),(x_2,x_4),(x_2,x_6),(x_3,x_2),\\
&(x_3,x_5),(x_3,x_8),(x_4,x_1),(x_4,x_2),(x_4,x_5),(x_4,x_6),(x_4,x_8),(x_5,x_1),\\
&(x_5,x_3),(x_5,x_4),(x_5,x_6)\big\},\\
\mathrm{Dis}(a_2)=\big\{&(x_1,x_7),(x_2,x_3),(x_2,x_6),(x_2,x_7),(x_3,x_2),(x_3,x_7),(x_5,x_7),(x_7,x_1),\\
&(x_7,x_2),(x_7,x_3),(x_7,x_5),(x_7,x_6)\big\},\\
\mathrm{Dis}(a_3)=\big\{&(x_1,x_2),(x_1,x_8),(x_2,x_1),(x_2,x_4),(x_3,x_4),(x_3,x_8),(x_4,x_2),(x_4,x_3),\\
&(x_4,x_6),(x_4,x_8),(x_7,x_6),(x_7,x_8)\big\},\\
\mathrm{Dis}(a_4)=\big\{&(x_1,x_2),(x_1,x_4),(x_1,x_7),(x_1,x_8),(x_2,x_1),(x_2,x_3),(x_2,x_4),(x_2,x_7),
\end{aligned}
$$

$(x_3,x_2),(x_3,x_4),(x_3,x_7),(x_3,x_8),(x_4,x_1),(x_4,x_2),(x_4,x_3),(x_4,x_5),$
$(x_4,x_6),(x_4,x_8),(x_5,x_4),(x_5,x_7),(x_7,x_1),(x_7,x_2),(x_7,x_3),(x_7,x_5),$
$(x_7,x_6),(x_7,x_8)\big\},$

$\text{Dis}(a_5)=\big\{(x_1,x_2),(x_2,x_1),(x_2,x_3),(x_2,x_6),(x_2,x_7),(x_3,x_2),(x_7,x_2)\big\}$

且

$$\text{Dis}(C)=\bigcup_{i=1}^{5}\text{Dis}(a_i).$$

由 (3.14) 式, 可以对任意的 $(x,y)\in\text{Dis}(C)$ 计算 $N(x,y)$, 其结果列在表 3.4.

之后执行如下的过程.

表 3.4 Dis(C) 中样本对 (x,y) 对应的 $N(x,y)$

U	x_1	x_2	x_3	x_4	x_5	x_6	x_7	x_8
x_1	–	4	–	2	1	–	2	2
x_2	4	–	4	3	–	3	3	–
x_3	–	4	–	2	1	–	2	3
x_4	2	3	2	–	2	3	–	3
x_5	1	–	1	2	–	1	2	–
x_6	–	–	–	–	–	–	–	–
x_7	2	3	2	–	2	3	–	2
x_8	–	–	–	–	–	–	–	–

注: 符号 "–" 表示对此样本对没有定义 $N(x,y)$.

(1) 由 $N(x_1,x_5)=\min\limits_{(x,y)\in\text{Dis}(C)}N(x,y)=1$ 和 $m(x_1,x_5)=\{a_1\}$, 我们取 $\mathbf{C}=\big\{\{a_1\}\big\}$, 此时 $P(x_1,x_5)=\text{Dis}(a_1)$. 那么可以更新 Dis($C$) 为 $\text{Dis}(C)=\big\{(x_1,x_7),(x_1,x_8),(x_2,x_7),(x_3,x_4),(x_3,x_7),(x_4,x_3),(x_5,x_7),(x_7,x_1),(x_7,x_2),(x_7,x_3),(x_7,x_5),(x_7,x_6),(x_7,x_8)\big\}$.

(2) 由 $N(x_1,x_7)=\min\limits_{(x,y)\in\text{Dis}(C)}N(x,y)=2$ 和 $m(x_1,x_7)=\{a_2,a_4\}$, 我们取 $\mathbf{C}=\big\{\{a_1\},\{a_2,a_4\}\big\}$. 此时 $P(x_1,x_7)=\big\{(x_1,x_7),(x_2,x_7),(x_3,x_7),(x_5,x_7),(x_7,x_1),(x_7,x_2),(x_7,x_3),(x_7,x_5),(x_7,x_6)\big\}$, 那么可以更新 Dis($C$) 为 $\text{Dis}(C)=\big\{(x_1,x_8),(x_3,x_4),(x_4,x_3),(x_7,x_8)\big\}$.

(3) 由 $N(x_1,x_8)=\min\limits_{(x,y)\in\text{Dis}(C)}N(x,y)=2$ 和 $m(x_1,x_8)=\{a_3,a_4\}$, 我们取 $\mathbf{C}=\big\{\{a_1\},\{a_2,a_4\},\{a_3,a_4\}\big\}$. 此时 $P(x_1,x_8)=\big\{(x_1,x_8),(x_3,x_4),(x_4,x_3),(x_7,x_8)\big\}$, 那么可以更新 Dis($C$) 为 $\text{Dis}(C)=\varnothing$.

这样就得到了所有的极小元 $\{a_1\},\{a_2,a_4\},\{a_3,a_4\}$, 此结果与例 3.2.1 中的中间结果相同.

一旦确定所有极小元, 由算法 3.2, 我们可以得到系统的全部约简.

在例 3.3.1 中, 可以验证 $\mathrm{Dis}(a_1) \cup \mathrm{Dis}(a_2) \cup \mathrm{Dis}(a_3) = \mathrm{Dis}(C)$ 且 $\mathrm{Dis}(a_1) \cup \mathrm{Dis}(a_4) = \mathrm{Dis}(C)$. 由例 3.2.1, $\{a_1, a_2, a_3\}$ 和 $\{a_1, a_4\}$ 是此系统的约简. 那么, 很自然的一个问题是约简和 d-相对辨识关系是否具有某种联系呢. 下面的定理表明约简可直接由 d-相对辨识关系刻画, 这样就对此问题给出了肯定答案.

定理 3.3.2　设 $S = \langle U, C \cup \{d\} \rangle$ 为序决策系统, $a \in C$ 且 $\mathrm{Dis}(a)$ 为相对 d 准则 a 的相对辨识关系, 则对 $A \subseteq C$, 下面两种表述是等价的:

(1) 对任意极小元 $m(x, y)$, 有 $A \cap m(x, y) \neq \varnothing$;

(2) $\mathrm{Dis}(A) = \mathrm{Dis}(C)$.

证明　(1) $\Rightarrow$ (2)　只需要证明 $\mathrm{Dis}(C) \subseteq \mathrm{Dis}(A)$. 对任意 $(x, y) \in \mathrm{Dis}(C)$, 由定理 3.3.1(2), 存在极小元 $m(x', y')$ 使得 $(x, y) \in P(x', y')$. 由假设 (1), 存在 $a \in A$ 使得 $a \in m(x', y')$. 由 (3.15) 式, 有 $P(x', y') \subseteq \mathrm{Dis}(a)$, 这样就得到 $(x, y) \in \mathrm{Dis}(a)$. 进一步, 由 (3.12) 式, 有 $\mathrm{Dis}(C) \subseteq \bigcup_{a \in A} \mathrm{Dis}(a) = \mathrm{Dis}(A)$.

(2) $\Rightarrow$ (1)　若存在极小元 $m(x, y)$ 使得 $A \cap m(x, y) = \varnothing$, 即, 对任意 $a \in A$, $a \notin m(x, y)$, 则 $(x, y) \notin \mathrm{Dis}(a)$. 因此有 $(x, y) \notin \mathrm{Dis}(A)$, 这与假设 (2) 矛盾. 因此 (1) 成立. □

定理 3.3.3　设 $S = \langle U, C \cup \{d\} \rangle$ 为序决策系统, $a \in C$ 且 $\mathrm{Dis}(a)$ 为相对 d 准则 a 的相对辨识关系, 则对 $A \subseteq C$, A 是系统 S 的约简的充要条件是

(1) $\mathrm{Dis}(A) = \mathrm{Dis}(C)$;

(2) $\forall B \subsetneq A$, $\mathrm{Dis}(B) \subsetneq \mathrm{Dis}(C)$.

证明　直接由定义 2.4.1、定理 3.2.1 和定理 3.3.2 得证. □

由定理 3.3.3, 我们可以设计一个寻找约简但不需要计算所有极小元的算法. 算法 3.4 介绍了基于 "增加–减少" 策略构造约简的具体过程. 它的基本思想是: 若选取 a (当然属于某个极小元) 加入约简 red 中, 则可以从 $\mathrm{Dis}(C)$ 中删除 $\mathrm{Dis}(a)$. 增加的过程 (从 red 准则的角度) 持续进行直到 $\mathrm{Dis}(C) = \varnothing$. 注意此时 red 可能不是一个真正意义的约简, 因此有必要检验 red 的极小性.

在第 6 步, 准则 a 是从极小元 $m(x, y)$ 中随机选取的, 这说明此算法包含有不确定因素. 因此, 为了减少约简的不确定性, 可以优先选取 $a = \arg\max\limits_{b \in m(x,y)} |\mathrm{Dis}(b)|$ 加入到约简中. 这样一来, $\mathrm{Dis}(C)$ 在当前步骤减少得最快.

下例为例 3.2.1 和例 3.3.1 的继续, 用来说明算法 3.4 的具体流程.

例 3.3.2 (续例 3.2.1)　不计算系统 S 的辨识矩阵的所有极小元, 找出 S 的一个约简.

在例 3.3.1 中已经计算了相对 d 条件 C 中每个准则的相对辨识关系. 之后执行如下的过程:

算法 3.4　寻找序决策系统的一个约简的算法

输入: 序决策系统 $S=\langle U, C\cup\{d\}\rangle$.
输出: 系统 S 的一个约简.

1: red $\leftarrow \varnothing$;
2: 对每个 $a\in C$ 计算 $\mathrm{Dis}(a)$ 和 $\mathrm{Dis}(C)$;
3: 对每个 $(x,y)\in \mathrm{Dis}(C)$ 计算 $N(x,y)$;
4: **repeat**
5: 　在 $\mathrm{Dis}(C)$ 中选择对应最小的 $N(x,y)$ 的样本对 (x,y);
6: 　red $\leftarrow$ red $\cup\{a\}$, 其中 $a\in m(x,y)$;
7: 　$\mathrm{Dis}(C)\leftarrow \mathrm{Dis}(C)-\mathrm{Dis}(a)$;
8: **until** $\mathrm{Dis}(C)=\varnothing$
9: 更新 red 通过从 red 中删除 a 若 $\mathrm{Dis}(\mathrm{red}-\{a\})=\mathrm{Dis}(C)$;
10: **输出**red;

(1) 由 $N(x_1,x_5)=\min\limits_{(x,y)\in\mathrm{Dis}(C)} N(x,y)=1$ 和 $m(x_1,x_5)=\{a_1\}$, 取 $\mathrm{red}=\{a_1\}$, 则 $\mathrm{Dis}(C)$ 可以更新为 $\mathrm{Dis}(C)=\{(x_1,x_7),(x_1,x_8),(x_2,x_7),(x_3,x_4),(x_3,x_7),(x_4,x_3),(x_5,x_7),(x_7,x_1),(x_7,x_2),(x_7,x_3),(x_7,x_5),(x_7,x_6),(x_7,x_8)\}$.

(2) 由 $N(x_1,x_7)=\min\limits_{(x,y)\in\mathrm{Dis}(C)} N(x,y)=2$ 和 $m(x_1,x_7)=\{a_2,a_4\}$ $(13=|\mathrm{Dis}(a_4)|>|\mathrm{Dis}(a_2)|=9)$, 取 $\mathrm{red}=\{a_1,a_4\}$, 则 $\mathrm{Dis}(C)$ 可以更新为 $\mathrm{Dis}(C)=\varnothing$.

这样我们找到了系统 S 的一个约简: $\{a_1,a_4\}$, 此结果包含在例 3.2.1 中.

3.4 实例分析

表 3.5 收集的数据来自资助工商企业的某希腊工业开发银行[56, 169].

论域 $U=\{x_1,x_2,\cdots,x_{39}\}$ 是由 39 家企业构成的样本空间, 条件属性 $C=\{a_1,a_2,\cdots,a_{12}\}$ 由 12 个用来评价公司的准则构成: a_1 = 息前收益/总资产, a_2 = 净利润/资产净值, a_3 = 负债总额/总资产, a_4 = 负债总额/现金流, a_5 = 利息开支/销售额, a_6 = 总务及管理费用/销售额, a_7 = 管理者工作经验, a_8 = 企业利基市场/地位, a_9 = 技术设施结构, a_{10} = 组织人员, a_{11} = 企业特殊竞争优势, a_{12} = 市场灵活性, 且三种决策类 Cl_1, Cl_2, Cl_3 分别代表不可接受公司、不确定公司和可接受公司. 条件准则的取值为: 1 (劣), 2 (差), 3 (中), 4 (良), 5 (优), 则根据这些取值代表的意义, 所有准则的值域都按照升序排列.

表 3.5　某希腊工业开发银行对公司破产风险的评价

公司	a_1	a_2	a_3	a_4	a_5	a_6	a_7	a_8	a_9	a_{10}	a_{11}	a_{12}	d
x_1	2	2	2	2	1	3	5	3	5	4	2	4	3
x_2	4	5	2	3	3	3	5	4	5	5	4	5	3
x_3	3	5	1	1	2	2	5	3	5	5	3	5	3
x_4	2	3	2	1	2	4	5	2	5	4	3	4	3
x_5	3	4	3	2	2	2	5	3	5	5	3	5	3
x_6	3	5	3	3	3	2	5	3	4	4	3	4	3
x_7	3	5	2	3	4	4	5	4	4	5	3	5	3
x_8	1	1	4	1	2	3	5	2	4	4	1	4	3
x_9	3	4	3	3	2	4	4	2	4	3	1	3	3
x_{10}	3	4	2	1	2	2	4	2	4	4	1	4	3
x_{11}	2	5	1	1	3	4	4	3	4	4	3	4	3
x_{12}	3	3	4	4	3	4	4	2	4	4	1	3	3
x_{13}	1	1	2	1	1	3	4	2	4	4	1	4	3
x_{14}	2	1	1	1	4	3	4	2	4	4	3	3	3
x_{15}	2	3	2	1	1	2	4	4	4	4	2	5	3
x_{16}	2	3	4	3	1	5	4	2	4	3	2	3	3
x_{17}	2	2	2	1	1	4	4	4	4	4	2	4	3
x_{18}	2	1	3	1	1	3	5	2	4	2	1	3	3
x_{19}	2	1	2	1	1	3	4	2	4	4	2	4	3
x_{20}	2	1	2	1	1	5	4	2	4	4	2	4	3
x_{21}	2	1	1	1	1	3	2	2	4	4	2	3	2
x_{22}	1	1	3	1	2	1	3	4	4	4	3	4	2
x_{23}	2	1	2	1	1	2	4	3	3	2	1	2	2
x_{24}	1	1	1	1	1	1	3	2	4	4	2	3	2
x_{25}	2	2	2	1	1	3	3	2	4	4	2	3	2
x_{26}	2	2	1	1	1	3	2	2	4	4	2	3	2
x_{27}	2	1	2	1	1	3	2	2	4	4	2	4	2
x_{28}	1	1	4	1	3	1	2	2	3	3	1	2	2
x_{29}	3	4	4	3	2	3	3	4	4	4	3	4	2
x_{30}	3	1	3	3	1	2	2	3	4	4	2	3	2
x_{31}	1	1	2	1	1	1	3	3	4	4	2	3	1
x_{32}	3	5	2	1	1	1	3	2	3	4	1	3	1
x_{33}	2	2	1	1	1	1	3	3	3	4	3	4	1
x_{34}	2	1	1	1	1	1	2	2	3	4	3	4	1
x_{35}	1	1	2	1	1	1	2	1	4	3	1	2	1
x_{36}	1	1	3	1	2	1	2	1	3	3	2	3	1
x_{37}	1	1	1	1	1	1	2	2	4	4	2	3	1
x_{38}	1	1	3	1	1	1	1	1	4	3	1	3	1
x_{39}	2	1	1	1	1	1	1	1	2	1	1	2	1

通过计算可得

$$\bigcup_{t=1}^{3} Bn_C(Cl_t^{\leqslant}) = Bn_C(Cl_1^{\leqslant}) = Bn_C(Cl_2^{\geqslant}) = \bigcup_{t=1}^{3} Bn_C(Cl_t^{\geqslant}) = \{x_{24}, x_{31}\},$$

$$U_C = U - \{x_{24}, x_{31}\}.$$

因此, 关于条件 C 的分类质量 $\gamma_C(\mathbf{Cl}) = \dfrac{37}{39}$, 系统为不一致序决策系统.

根据定义 3.2.1, 可以计算系统 S 的辨识矩阵 (为一个 39 阶矩阵, 我们在此略去). 应用吸收律, 辨识矩阵中元素仅剩下 4 个极小元: $\{a_7\}$, $\{a_9\}$, $\{a_1, a_6\}$ 和 $\{a_3, a_5\}$. 对应的样本对分别为

$\{a_7\}$: $(x_8, x_{29}), (x_{10}, x_{29}), (x_{13}, x_{27}), (x_{13}, x_{29}), (x_{18}, x_{29}), (x_{19}, x_{27}), (x_{19}, x_{29}),$
$(x_{27}, x_{13}), (x_{27}, x_{19}), (x_{29}, x_8), (x_{29}, x_{10}), (x_{29}, x_{13}), (x_{29}, x_{18}), (x_{29}, x_{19}),$
(x_{37}, x_{24});

$\{a_9\}$: (x_{33}, x_{24});

$\{a_1, a_6\}$: $(x_{21}, x_{31}), (x_{21}, x_{37}), (x_{37}, x_{21})$;

$\{a_3, a_5\}$: $(x_{28}, x_{31}), (x_{28}, x_{32}), (x_{28}, x_{33}), (x_{28}, x_{34}), (x_{28}, x_{37}), (x_{32}, x_{28}),$
$(x_{33}, x_{28}), (x_{34}, x_{28}), (x_{37}, x_{28})$.

由此, 可以构造并简化辨识函数

$$\begin{aligned} F &= a_7 \wedge a_9 \wedge (a_1 \vee a_6) \wedge (a_3 \vee a_5) \\ &= (a_1 \wedge a_3 \wedge a_7 \wedge a_9) \vee (a_1 \wedge a_5 \wedge a_7 \wedge a_9) \vee (a_3 \wedge a_6 \wedge a_7 \wedge a_9) \\ &\quad \vee (a_5 \wedge a_6 \wedge a_7 \wedge a_9). \end{aligned}$$

因此, 系统 S 有四个约简, 分别为: $\{a_1, a_3, a_7, a_9\}$, $\{a_1, a_5, a_7, a_9\}$, $\{a_3, a_6, a_7, a_9\}$ 和 $\{a_5, a_6, a_7, a_9\}$, 其中 $\{a_7\}$ 和 $\{a_9\}$ 为核元素.

3.5 本 章 小 结

在粗糙集理论中, 辨识矩阵是计算所有约简的理论基础. 本章介绍了一致和不一致序决策系统的属性约简判定定理. 之后引入优势粗糙集理论中辨识矩阵的构造方法, 该方法引入方式自然, 建立了用辨识矩阵求解全部约简的完备化理论. 然而, 构造和处理辨识矩阵需要大量的时间和空间. 为了解决此问题, 基于样本对的选择技术, 给出了在辨识矩阵中只计算极小元而非所有元素的方法, 提高了计算约简算法的效率. 首先, 引入了序决策系统的相对辨识关系, 这与辨识矩阵中的元素相对应. 其次, 证明了用极小元足以刻画所有合适对. 由此提出了一个求解所有极小元的算法, 并可以利用广度优先搜索策略求解所有约简. 另外, 给出了一个无须计

算所有极小元而直接求解一个约简的算法. 本章的所有理论都有具体的例子加以佐证.

需要注意的是本章提出的所有方法只适用于没有数据变化的情况, 而现实世界中数据是动态变化的. 根据数据的具体变化可以分为三种情形: 条件准则集、属性值和样本集. Li 等[108–110] 考察了这三种情况下近似的更新理论. Yang 等[15, 215, 216] 考察了粗糙集理论中约简的更新理论. 在优势粗糙集理论中如何更新约简, 即动态属性约简理论是一个需要进一步研究的方向.

第4章 基于启发式的属性约简

粗糙集理论的一个重要应用是寻找系统的约简, 约简为与条件属性具有相同分类能力的 (关于集合包含关系的) 极小子集. 另外, 需要注意到数据集可能有不止一个约简, 且所有约简的交集为核 (可能为空集). 近年来, 提出了很多求解各种信息系统的属性约简方法. 根据属性约简结果的个数可以将这些方法大致分为两类: 寻找所有约简 (或者最优约简, optimal reduct, 即所有约简中属性个数最少的约简) 和寻找一个约简.

辨识矩阵方法为常用的寻找所有约简的方法. 然而, 已经证明了寻找系统的所有约简为 NP-难问题[167]. 另外, 一个约简已经可以满足现实生活中的需要. 为了减少属性约简的计算压力, 提出了很多基于启发式的属性约简方法来寻找一个约简. 需要指出, 这些方法中很多是基于爬山搜索策略的, 例如基于属性重要度的向前搜索算法[21, 79, 84, 93, 106]. 这种方法生成约简的基本模式是: 首先计算属性重要度, 然后按照属性重要度排名, 选择排名第一的属性加入准约简中. Hu 和 Cercone[84] 提出了计算保持决策类正域的约简. Shen 和 Chouchoulas[160, 161] 提出了寻找保持分类质量的快速约简 (quickreduct) 算法, 分类质量关于属性集的单调性保证了此算法的有效性. 与这些算法相对应, 本章对序决策系统提出了基于优势粗糙集的快速约简算法, 给出了计算和不计算核的启发式属性约简方法, 并且分析了两者的复杂性, 复杂性的比较结果可以用以指导在具体环境下应该选择何种使用方法.

虽然启发式属性约简的计算复杂性大为降低, 但是当处理大型数据集时依然具有相当的难度. 为了解决这个困难, Qian 等[146] 为基于正域的属性约简算法提出了加速方法. 加速后的属性约简方法使耗时大大减少, 同时得到的结果与原始算法相同. 在参考文献 [147, 149, 162, 163] 中, 这种加速的思想推广到了不完备数据集和混合数据集, 该加速方法将属性约简和样本约简相结合. 另一方面, Ge 等[48] 提出了一种删除冗余属性的双向属性约简的机制. 为了进一步提高属性约简的效率, Liang 等[114] 提出了一种逐渐减少系统大小的方法. 本章我们通过逐渐减少对象和准则, 提高之前提到的针对序决策系统属性约简方法的效率, 给启发式属性约简算法引入加速器, 使得属性约简过程在逐渐减少的对象集和准则集上运行. 属性重要度的排名保持原理 (rank preservation principle) 保证了加速后的方法与原始方法得到的结果相同, 提高了求解效率.

本章的组织结构如下: 4.1 节提出序决策系统的两种不同启发式属性约简算法,

并且比较两种算法的复杂性; 4.2 节提出这些算法的加速形式, 并且分析用加速方法和原始算法所得约简结果的关系; 4.3 节用希腊工业开发银行数据集来验证方法的有效性; 4.4 节总结本章内容并指出之后的研究方向.

4.1 启发式属性约简

首先, 回顾约简的定义 (定义 2.4.1): 序决策系统 $S=\langle U, C\cup\{d\}\rangle$ 的约简 A 满足:
(Q1) $\gamma_A(\mathbf{Cl})=\gamma_C(\mathbf{Cl})$,
(Q2) $\forall B\subsetneq A$, $\gamma_B(\mathbf{Cl})<\gamma_C(\mathbf{Cl})$.

由约简的要求 (Q1) 可引出准则 $a(a\in A)$ 在 A 中的重要度 (significance):

$$\operatorname{sig}(a, A, d)=\gamma_A(\mathbf{Cl})-\gamma_{A-\{a\}}(\mathbf{Cl}). \tag{4.1}$$

$\operatorname{sig}(a, A, d)$ 为条件 A 与从 A 中删除准则 a 所得的分类质量的变化. 变化越大, 说明准则 a 在 A 中越重要. 若 $\operatorname{sig}(a, A, d)=0$, 称准则 a 在 A 中关于 d 是冗余的.

下面提出基于优势粗糙集理论的快速约简 (dominance-based rough set based quickreduct, DRSQR) 算法, 该方法用爬山搜索算法计算系统的一个满足条件 (Q1) 的准则集. 因为在产生此准则集的过程中, 并未考虑其极小性, 它当然是某个约简的超集. 因此, 此准则集称为超约简 (super-reduct). DRSQR 算法具体见算法 4.1, 它的工作程序如下: 一个准超约简 A 从空集开始, 每次循环增加一个可以得到 $\max\operatorname{sig}(b, A\cup\{b\}, d)$ 的准则 a (当然不含在 A 中), 其中 $\operatorname{sig}(b, A\cup\{b\}, d)=\gamma_{A\cup\{b\}}(\mathbf{Cl})-\gamma_A(\mathbf{Cl})$, 这与 ID3 方法中属性 b 的信息增益[153] 非常相似. 根据 $\operatorname{sig}(b, A\cup\{b\}, d)$ 值的大小, 可以对不在 A 中的所有准则进行排序, 并且选取排在第一位的准则加入 A. 需要指出, 如果有不止一个准则达到最大值, 我们选择第一个达到最大值的准则. 这个过程一直持续直到满足停机准则 $\gamma_A(\mathbf{Cl})=\gamma_C(\mathbf{Cl})$.

计算 $\operatorname{sig}(a, A, d)$ 是算法 4.1 的关键之处, 它的计算量与 $|A||U|^2$ 成正比. 因为在第 i 次循环有 $|C|-i+1$ 个候补, 而计算每一个候补所需要的计算量为 $i|U|^2$, 所以在最坏的情况下, 算法 4.1 的计算量为 $\sum\limits_{i=1}^{|C|} i(|C|-i+1)|U|^2$.

但是这并不能保证由 DRSQR 算法获得的超约简是一个真正意义的约简, 因为在产生过程中只要求满足条件 (Q1) 而忽略了保证约简极小性的条件 (Q2). 另外, 根据 DRSQR 算法选取准则的条件, 我们会发现得到的超约简结果对准则在系统中所处的位置十分依赖, 特别是在属性约简过程的开端就有多个准则同时满足最优条件的情况下. 另外, 在约简的结构里, DRSQR 算法也没有考虑那些可能提高算法效率的不可缺少准则. 因此, 我们可以优先选取核元素. 这样一来, 从某种程度上可以减少准则的位置对约简结果不确定性的影响.

算法 4.1 寻找系统的一个超约简算法 DRSQR

输入: 序决策系统 $S = \langle U, C \cup \{d\} \rangle$.
输出: 系统 S 的超约简 A.

1: 置 $A \leftarrow \varnothing$;
2: **repeat**
3:   **for** each $a \in C - A$ **do**
4:     **if** $\gamma_{A\cup\{a\}}(\mathbf{Cl}) > \gamma_A(\mathbf{Cl})$ **then**
5:       $A \leftarrow A \cup \{a\}$, 其中 $a = \arg\max_{b\in C-A} \text{sig}(b, A\cup\{b\}, d)$;
6:     **end if**
7:   **end for**
8: **until** $\gamma_A(\mathbf{Cl}) = \gamma_C(\mathbf{Cl})$
9: **输出**A;

基于以上考虑, 下面的算法给出了可以计算核元素的启发式属性约简方法 (heuristic attribute reduction with computing core, HARCC). 需要说明的是算法 4.2 的思想在文献 [52] 中有相关的文字描述.

算法 4.2 寻找系统的一个约简算法 HARCC

输入: 序决策系统 $S = \langle U, C \cup \{d\} \rangle$.
输出: 系统 S 的约简 A.

1: 置 $A \leftarrow \varnothing$; // 初始化系统 S 的约简 A
2: 对每个 $a \in C$ 计算 $\text{sig}(a, C, d)$; // $\text{sig}(a, C, d) = \gamma_C(\mathbf{Cl}) - \gamma_{C-\{a\}}(\mathbf{Cl})$
3: 若 $\text{sig}(a, C, d) > 0$, 则将 a 选入 A;
4: core $\leftarrow A$;
5: **while** $\gamma_A(\mathbf{Cl}) \neq \gamma_C(\mathbf{Cl})$ **do**
6:   将 a 选入 A, 其中 a 满足 $\text{sig}(a, A\cup\{a\}, d) = \max_{b\in C-A} \text{sig}(b, A\cup\{b\}, d)$;
    // $\text{sig}(b, A\cup\{b\}, d) = \gamma_{A\cup\{b\}}(\mathbf{Cl}) - \gamma_A(\mathbf{Cl})$
7: **end while**
8: 更新 A 通过从 A 中删除 a 若 $\text{sig}(a, A, d) = 0$;
9: **输出**A;

HARCC 算法是通过利用核元素基于 "增加–减少" 策略[220] 设计的. 通过步骤 2 — 步骤 3, 我们可以计算所有的核元素. 具体地, 通过计算 C 中每个准则的重要度来验证 C 中每个准则的必要性 (indispensability). 在步骤 5 — 步骤 7 实现 "增加属性": 以 core 为起点, 之后在 while 的每个循环中, 根据由 $\text{sig}(b, A\cup\{b\}, d)$ 提供的启发 (heuristics) 选取一个最合适的准则, 直到满足停机条件. 类似于算法 4.1, 算法 4.2 后半段的计算量为 $O\left(\sum\limits_{i=|\text{core}|+1}^{|C|} i(|C| - i + 1)|U|^2\right)$. 步骤 8 通过检验 A

中准则的冗余性实现"减少属性".

类似算法 4.1, 算法 4.2 在"增加属性"阶段的后半段也是不确定的, 而在计算 core 的时候是确定的. 注意到算法 4.2 步骤 6 主要用到贪婪思想, 这种思想只考虑当前步骤而不考虑对之后的影响. 实际上, 这种贪婪选择的思想在大量数学问题中经常用到, 特别是运筹学方向, 比如线性规划中的单纯形法、非线性规划中的最速下降法、旅行商问题中的最近邻算法.

计算 core 也需要较大的计算量, 尤其是当处理维数较大的数据集时. 因此, 可以设计不计算核元素的启发式属性约简 (heuristic attribute reduction without computing core, HARNC) 算法. 通过改进算法 4.2, HARNC 算法很容易实现, 因此此处略去其具体过程. 另外可以看出, DRSQR 算法实际上为 HARNC 算法的简化版本 (前者忽略了验证结果的极小性).

接下来我们讨论计算 core 对搜索约简计算量的影响. 为了简化说理过程, 假设无论计算 core 与否, 两种方法得到的约简相同. 因为在整个属性约简过程中论域 U 保持不变, 所以不用考虑 $|U|$. 为了叙述方便, 分别记 k, p, q ($q \leqslant p \leqslant k$, $k \geqslant 2$) 为所有条件准则的个数、约简中准则的个数和 core 中准则的个数. 针对 HARNC 算法, 在第 i 轮, 有 $(k-i+1)$ 个候选准则验证且每个候选准则均需要与 i 成正比的计算量. 因此在"增加属性"阶段总共需要 $\sum\limits_{i=1}^{p} i(k-i+1)$ 的计算量. 针对 HARCC 算法, 为了计算 core, 需要计算 k 次近似质量且每次需要与 $(k-1)$ 成正比的计算量. 之后, 加入准则的方式与 HARNC 算法相同. 相应的计算量为 $k(k-1)+\sum\limits_{i=q+1}^{p} i(k-i+1)$. 两个算法在"减少属性"阶段的计算量近似相等. 表 4.1 给出了两个算法在计算量方面的比较.

表 4.1 HARCC 算法和 HARNC 算法在计算量方面的比较

阶段	HARCC 算法		HARNC 算法
	计算 core	其他	
"增加属性"	$k(k-1)$	$\sum\limits_{i=q+1}^{p} i(k-i+1)$	$\sum\limits_{i=1}^{p} i(k-i+1)$
"减少属性"	$p(p-1)$		$p(p-1)$

为了比较两者的计算量, 考虑临界情况: $\sum\limits_{i=1}^{p} i(k-i+1) = k(k-1)+\sum\limits_{i=q+1}^{p} i(k-i+1)$. 这样我们需要考察

$$\sum_{i=1}^{q} i(k-i+1) - k(k-1) = 0, \tag{4.2}$$

此式与 p 无关. 事实上, 在每次循环时计算量只与当前准约简与剩余的准则有关. 因此, 我们可以假设两种算法都是先找出核元素, 则两者的区别只在求解核元素时

计算量不同. 对于 HARCC 算法, 需要与 $k(k-1)$ 成正比的计算量, 而对于 HARNC 算法, 需要与 $\sum_{i=1}^{q} i(k-i+1)$ 成正比的计算量.

上式可以简化为 $(k+1)\sum_{i=1}^{q} i-\sum_{i=1}^{q} i^2-k(k-1)=0$. 在进一步的计算之后, 只需要考察三次函数 $g(q):=-2q^3+3kq^2+(3k+2)q-6k(k-1)$. 此函数在某些特定处的符号如表 4.2.

表 4.2 函数 $g(q):=-2q^3+3kq^2+(3k+2)q-6k(k-1)$ 在某些取值的符号

q	$-k$	0	k	$2k$
$g(q)$	$k(k-1)(5k-4)$	$-6k(k-1)$	$k(k^2-3k+8)$	$k(10-4k^2)$
符号	$+$	$-$	$+$	$-$

由 Bolzano-Cauchy 介值性定理, 三次方程 $g(q)=0$ 在 $\mathbb{R}$ 上有 3 个根, 但是只有一个根介于 0 和 k 之间:

$$q^*=\frac{1}{6}\left(3k-2\sqrt{A}\sin\left(\frac{\pi}{6}-\frac{\theta}{3}\right)\right), \tag{4.3}$$

其中 $A=9k^2+18k+12$, $\theta=\arccos\left(\frac{27k(k-2)(k-7)}{\sqrt{A^3}}\right)$. q^* 和 q^*/k 的值随着 k 的改变而改变, 但是变化趋势不同 (图 4.1).

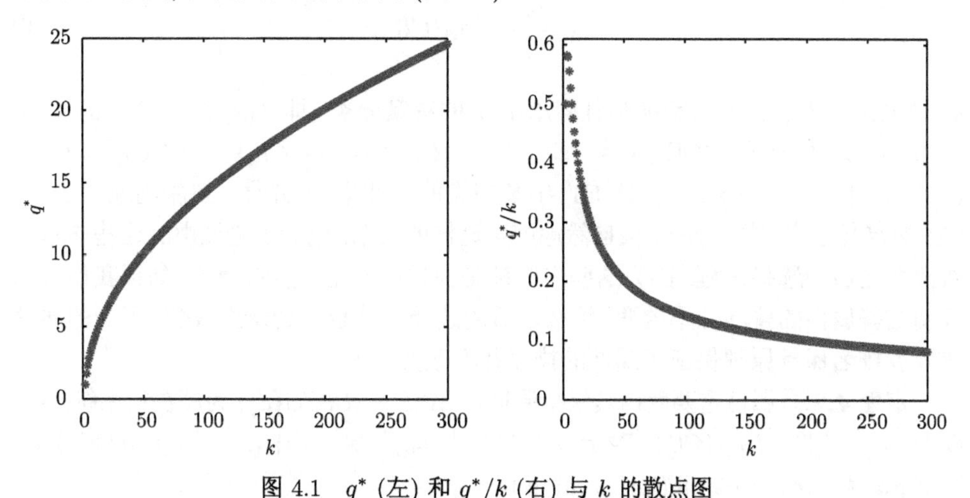

图 4.1 q^* (左) 和 q^*/k (右) 与 k 的散点图

从计算量的角度来说, 如果 core 中准则的个数大于等于 $\lceil q^*\rceil$, 则 HARCC 算法优于 HARNC 算法, 其中 $\lceil q^*\rceil$ 表示大于或等于 q^* 的最小整数. 然而, 对很多高维现实数据, core 经常为空集. 因此, 我们应该优先选用 HARNC 算法而非 HARCC 算法.

4.2 启发式属性约简的加速算法

现在我们重新考虑约简 A 的条件 (Q1): $\gamma_A(\mathbf{Cl})=\gamma_C(\mathbf{Cl})$, 即 $\dfrac{|U-\bigcup_{t=1}^n Bn_A(Cl_t^\star)|}{|U|}$ $=\dfrac{|U-\bigcup_{t=1}^n Bn_C(Cl_t^\star)|}{|U|}$, 其中 $\star$ 代表 $\leqslant$ 或 $\geqslant$, 则只需要满足

$$\left|\bigcup_{t=1}^n Bn_A(Cl_t^\star)\right| = \left|\bigcup_{t=1}^n Bn_C(Cl_t^\star)\right|, \tag{4.4}$$

或者, (由边界的单调性) 等价地,

$$\bigcup_{t=1}^n Bn_A(Cl_t^\star) = \bigcup_{t=1}^n Bn_C(Cl_t^\star). \tag{4.5}$$

这样就得到约简是保持边界的并集 (或其势) 不变的关于集合包含关系的极小集.

对于不是约简的准约简 (reduct candidate) A, 对任意 $a \notin A$, 有 $\bigcup_{t=1}^n Bn_{A\cup\{a\}}\cdot(Cl_t^\star) \subseteq \bigcup_{t=1}^n Bn_A(Cl_t^\star)$. 为了计算 $\bigcup_{t=1}^n Bn_{A\cup\{a\}}(Cl_t^\star)$, 实际上只需要验证 $\bigcup_{t=1}^n Bn_A(Cl_t^\star)$ 中的元素. 这样一来可以减少论域中元素的个数. 设

$$U'_A = \bigcup_{t=1}^n Bn_A(Cl_t^\star), \tag{4.6}$$

d' 是定义在 U'_A 上的决策准则且继承了 d 的决策分类 (即 $f(x,d') = f(x,d), \forall x \in U'_A$), $\mathbf{Cl}'$ 是由 d' 生成的决策类 (即 $\mathbf{Cl}' = \{Cl'_1, Cl'_2, \cdots, Cl'_n\}$, 其中 $Cl'_i = Cl_i \cap U'_A, \forall i \in \{1,2,\cdots,n\}$), Cl_t^* 是 $\mathbf{Cl}'$ 中某些类的上并集/下并集. 更精确地, Cl_t^* 与 $Cl_t^\star$ 的定义方式相同. 那么, 很自然地产生这样的问题: 删除了论域中的这些样本是否改变之后的选择过程. 因为这些准则都是根据属性重要度选择的, 如果我们可以证明这些属性的排序并不改变, 那么之后的选择当然也不会发生改变. 下面的属性重要度排名保持原理保证了属性的排序并不改变.

定理 4.2.1(属性重要度排名保持原理) 设 $S = \langle U, C\cup\{d\}\rangle$ 为序决策系统, $A \subseteq C$ 且 $U'_A = \bigcup_{t=1}^n Bn_A(Cl_t^\star)$. 对于 $a, b \notin A$, 若 $\mathrm{sig}(a, A\cup\{a\}, d) \geqslant \mathrm{sig}(b, A\cup\{b\}, d)$, 则 $\mathrm{sig}(a, A\cup\{a\}, d') \geqslant \mathrm{sig}(b, A\cup\{b\}, d')$.

证明 显然有 $\bigcup_{t=1}^n Bn_A(Cl_t^*) = U'_A$, 这样就有 $\gamma_A(\mathbf{Cl}') = 0$. U (U'_A) 中可被 $A\cup\{a\}$ 正确分类但不能被 A 正确分类的对象可以表示为 $\bigcup_{t=1}^n Bn_A(Cl_t^\star) - \bigcup_{t=1}^n Bn_{A\cup\{a\}}(Cl_t^\star)$ 或者 $\bigcup_{t=1}^n Bn_A(Cl_t^*) - \bigcup_{t=1}^n Bn_{A\cup\{a\}}(Cl_t^*)$, 则

$$\frac{\mathrm{sig}(a, A\cup\{a\}, d)}{\mathrm{sig}(a, A\cup\{a\}, d')} = \frac{\gamma_{A\cup\{a\}}(\mathbf{Cl}) - \gamma_A(\mathbf{Cl})}{\gamma_{A\cup\{a\}}(\mathbf{Cl}') - \gamma_A(\mathbf{Cl}')}$$

$$
\begin{aligned}
&=\frac{|U'_A|}{|U|}\cdot\frac{\left|U-\bigcup_{t=1}^{n}Bn_{A\cup\{a\}}(Cl_t^\star)\right|-\left|U-\bigcup_{t=1}^{n}Bn_A(Cl_t^\star)\right|}{\left|U'_A-\bigcup_{t=1}^{n}Bn_{A\cup\{a\}}(Cl_t^*)\right|}\\
&=\frac{|U'_A|}{|U|}\cdot\frac{\left|\bigcup_{t=1}^{n}Bn_A(Cl_t^\star)-\bigcup_{t=1}^{n}Bn_{A\cup\{a\}}(Cl_t^\star)\right|}{\left|\bigcup_{t=1}^{n}Bn_A(Cl_t^*)-\bigcup_{t=1}^{n}Bn_{A\cup\{a\}}(Cl_t^*)\right|}\\
&=\frac{|U'_A|}{|U|}.
\end{aligned}
$$

因此, $\dfrac{\mathrm{sig}(a,A\cup\{a\},d)}{\mathrm{sig}(a,A\cup\{a\},d')}=\dfrac{\mathrm{sig}(b,A\cup\{a\},d)}{\mathrm{sig}(b,A\cup\{a\},d')},\forall a,b\notin A$. 若 $\mathrm{sig}(a,A\cup\{a\},d)\geqslant \mathrm{sig}(b,A\cup\{b\},d)$, 则 $\mathrm{sig}(a,A\cup\{a\},d')\geqslant \mathrm{sig}(b,A\cup\{b\},d')$. □

根据此定理, 我们可以看出: 在属性约简的过程中, 即使从论域中删除了已经正确分类的对象, 准则的排名依然保持不变. 这种机制可以从减小 $|U|$ 的角度提高启发式算法的计算效率, 而且保证在每次循环时, 仍然选择与不改变论域的启发式算法相同的属性.

另一方面, 无论是在粗糙集理论中还是在优势粗糙集理论中, 只有当产生约简时才进行删除属性的操作, 也就是说, 属性的个数在整个属性约简过程中并未改变. 然而, 如果 $U/D_B=U/D_{B\cup\{a\}}$, 即 $D_B^-(x)=D_{B\cup\{a\}}^-(x)$, $\forall x\in U$, 则 $\forall A\supseteq B$, $D_{A\cup\{a\}}^-(x)=D_{A-B}^-(x)\cap D_{B\cup\{a\}}^-(x)=D_{A-B}^-(x)\cap D_B^-(x)=D_A^-(x)$ 成立. 进一步, 根据定义 2.3.2 和 (2.23) 式, $Bn_A(Cl_t^\star)=Bn_{A\cup\{a\}}(Cl_t^\star)$ 和 $\gamma_A(\mathbf{Cl})=\gamma_{A\cup\{a\}}(\mathbf{Cl})$ 成立. 这样就表明准则 a 在之后的选取过程中不可能被选到, 因此可以在当前过程中删除 a. 这样一来, 就可以减少条件准则的个数. 综上, 对于准约简 A, 这些不必要的准则可以从 C 中删除, 这些删除的准则记为 C_A^d:

$$
C_A^d=\left\{a\in C-A:U/D_A=U/D_{A\cup\{a\}}\right\}. \tag{4.7}
$$

每次循环当更新 A 后, 会产生新的不必要的准则. 而确定这些不必要的准则并不会增加计算量, 这是因为每次循环计算近似时需要先计算知识粒, 这样一来, 我们可以首先判断该准则是否为不必要的. 如果为不必要的, 就可以直接删除此准则而不需要继续计算近似. 这样, 在约简的过程中就已经应用了属性约简的思想. 这种机制可以从减少 $|C|$ 的角度提高启发式算法的计算效率.

当然, 我们希望有这样的结论成立: 对于 $a\notin B$ 和 $B\subseteq A$, 若 $\mathrm{sig}(a,B\cup\{a\},d)=0$, 则 $\mathrm{sig}(a,A\cup\{a\},d)=0$. 然而, 这个论述并不成立. 这点可以从下节的例子中看出. 因此, (4.7) 式不能放松为 $C_A^d=\{a\in C-A:\mathrm{sig}(a,A\cup\{a\},d)=0\}$.

下面我们从减小搜索属性和样本的角度对之前介绍的启发式属性约简算法打造加速版本. 为了节省版面, 只给出加速的计算核元素的启发式属性约简 (accelerated heuristic attribute reduction with computing core, AHARCC) 算法, 具体由算法 4.3 描述. 至于其他两种启发式属性约简算法的加速形式, 即加速的基于优势粗糙集理论的快速约简 (accelerated dominance-based rough set based quickreduct, ADRSQR) 算法和加速的不计算核元素的启发式属性约简 (accelerated heuristic attribute reduction without computing core, AHARCC) 算法, 读者用类似的思想对原始方法改进就可以得到.

算法 4.3　寻找系统的一个约简 AHARCC 算法

输入: 序决策系统 $S = \langle U, C \cup \{d\} \rangle$.

输出: 系统 S 的约简 A.

1: 置 $A \leftarrow \varnothing$; // 初始化系统 S 的约简 A

2: 对每个 $a \in C$ 计算 $\mathrm{sig}(a, C, d)$; // $\mathrm{sig}(a, C, d) = \gamma_C(\mathbf{Cl}) - \gamma_{C-\{a\}}(\mathbf{Cl})$

3: 若 $\mathrm{sig}(a, C, d) > 0$, 则将 a 选入 A;

4: 置 $i \leftarrow 0$; $U_0 \leftarrow U$; $C_0 \leftarrow C$; $\mathrm{core} \leftarrow A$;

5: **while** $\gamma_A(\mathbf{Cl}') \neq \gamma_C(\mathbf{Cl}')$ **do**

6: $\quad U_{i+1} \leftarrow \bigcup_{t=1}^{n} Bn_A(Cl_t^*)$;

7: $\quad C_{i+1} \leftarrow C_i - {C_i}_A^d$, 其中 ${C_i}_A^d = \{a \in C_i - A : U_{i+1}/D_A = U_{i+1}/D_{A\cup\{a\}}\}$;

8: $\quad i \leftarrow i + 1$;

9: $\quad$将 a 选入 A, 其中 a 是满足 $\mathrm{sig}(a, A\cup\{a\}, d') = \max\limits_{b \in C_i - A} \mathrm{sig}(b, A\cup\{b\}, d')$ 的准则; // $\mathrm{sig}(b, A\cup\{b\}, d') = \gamma_{A\cup\{b\}}(\mathbf{Cl}') - \gamma_A(\mathbf{Cl}')$

10: **end while**

11: 更新 A 通过从 A 中删除 a 若 $\mathrm{sig}(a, A, d) = 0$;

12: 输出A;

与算法 4.2 相比, 算法 4.3 增加了步骤 6 — 步骤 8, 因此改变了论域和条件准则集, 随之带来的是停机条件和步骤 9 的改变. 由步骤 6 和步骤 7, 样本和条件中准则的数量减少了. 与算法 4.1 类似, 算法 4.3 的 "增加属性" 阶段算法复杂度减小到 $O\left(\sum\limits_{i=|\mathrm{core}|+1}^{|C|-|\cup {C_i}_A^d|} i(|C_i| - i + 1)|U_i|^2\right)$. 由于系统的大小在约简过程中变得越来越小, 每个加速后算法的复杂度都较其原始版本有了较大幅度的减小. 该加速思想的影响有下面三个方面:

(1) 计算准则的属性重要度的计算量减小了;

(2) 验证停机条件需要的计算量减小了;

(3) 加速后的算法与其原始算法所得结果相同.

对于加速的算法 AHARCC 和 AHARNC, 关于临界值 q^* (4.1 节) 的讨论不再成立. 这是因为搜索空间的大小依赖于当前准约简, 而随着准约简的变化, 搜索空间每轮都会发生改变.

4.3 实例分析

本节用 3.4 节中的数据集说明本章提出算法的运行机理.

由计算可得 $\gamma_C(\mathbf{Cl})=\dfrac{37}{39}$.

1) 如果采用 DRSQR/HARNC 算法, 则

(1) 由 $\gamma_{\{a_7\}}(\mathbf{Cl})=\max\limits_{a\in C}\gamma_{\{a\}}(\mathbf{Cl})=\dfrac{11}{39}$, 我们取 $\mathrm{red}=\{a_7\}$;

(2) 由 $\gamma_{\{a_7,a_6\}}(\mathbf{Cl})=\max\limits_{a\notin \mathrm{red}}\gamma_{\mathrm{red}\cup\{a\}}(\mathbf{Cl})=\dfrac{26}{39}$, 我们取 $\mathrm{red}=\{a_7,a_6\}$;

(3) 由 $\gamma_{\{a_7,a_6,a_5\}}(\mathbf{Cl})=\max\limits_{a\notin \mathrm{red}}\gamma_{\mathrm{red}\cup\{a\}}(\mathbf{Cl})=\dfrac{33}{39}$, 我们取 $\mathrm{red}=\{a_7,a_6,a_5\}$;

(4) 由 $\gamma_{\{a_7,a_6,a_5,a_9\}}(\mathbf{Cl})=\max\limits_{a\notin \mathrm{red}}\gamma_{\mathrm{red}\cup\{a\}}(\mathbf{Cl})=\dfrac{37}{39}=\gamma_C(\mathbf{Cl})$, 我们取 $\mathrm{red}=\{a_7,a_6,a_5,a_9\}$.

2) 如果采用 HARCC 算法, 由计算, 有 $\gamma_{C-\{a_7\}}(\mathbf{Cl})=\dfrac{29}{39}$, $\gamma_{C-\{a_9\}}(\mathbf{Cl})=\dfrac{36}{39}$, $\gamma_{C-\{a_i\}}(\mathbf{Cl})=\dfrac{37}{39}$, $i\neq 7,9$. 我们得到 $\mathrm{core}=\{a_7,a_9\}$, 取 $\mathrm{red}=\{a_7,a_9\}$, 则

(1) 由$\gamma_{\{a_7,a_9,a_3\}}(\mathbf{Cl})=\max\limits_{a\notin \mathrm{red}}\gamma_{\mathrm{red}\cup\{a\}}(\mathbf{Cl})=\dfrac{31}{39}$, 我们取 $\mathrm{red}=\{a_7,a_9,a_3\}$;

(2) 由 $\gamma_{\{a_7,a_9,a_3,a_1\}}(\mathbf{Cl})=\max\limits_{a\notin \mathrm{red}}\gamma_{\mathrm{red}\cup\{a\}}(\mathbf{Cl})=\dfrac{37}{39}=\gamma_C(\mathbf{Cl})$, 我们取 $\mathrm{red}=\{a_7,a_9,a_3,a_1\}$.

我们可以得到此系统的两个约简 $\{a_5,a_6,a_7,a_9\}$ 和 $\{a_1,a_3,a_7,a_9\}$. 如果 C 中准则位置发生改变, 由 HARCC 算法, 可以得到另外的约简 $\{a_3,a_6,a_7,a_9\}$. 另外, 由 (4.3) 式, 可得阈值 $q^*=4.8055$. 而此系统中 $q=2$, 这表明从计算量的角度, 对于此系统, DRSQR/HARNC 算法比 HARCC 算法更有效.

针对此系统, 有 $\mathrm{sig}(a_{10},\{a_7,a_9,a_{10}\},d)=0$, 但是 $\mathrm{sig}(a_{10},\{a_3,a_7,a_9,a_{10}\},d)>0$. 若将 C_A^d 取为 $C_A^d=\{a\in C-A:\mathrm{sig}(a,A\cup\{a\},d)=0\}$, 由 $\mathrm{sig}(a_{10},\{a_7,a_9,a_{10}\},d)=0$, 可将准则 a_{10} 删除, 但由 $\mathrm{sig}(a_{10},\{a_3,a_7,a_9,a_{10}\},d)>0$, 则又有可能选取准则 a_{10}. 如果准则 a_{10} 在之前就删除了, 那么就不能选取到, 这样就产生了矛盾.

接下来通过此算例讨论加速与非加速的启发式属性约简之间的差异.

1) 如果采用 ADRSQR/AHARNC 算法, 之后程序如下执行:

(1) 由$\gamma_{\{a_7\}}(\mathbf{Cl})=\max\limits_{a\in C}\gamma_{\{a\}}(\mathbf{Cl})=\dfrac{11}{39}$, 我们取 $\mathrm{red}=\{a_7\}$, $U_1=\bigcup_{t=1}^{3}Bn_{\mathrm{red}}(Cl_t^{\star})$

$(|U_1|=28)$ (此时 $C^d_{\text{red}}=\varnothing$).

(2) 由 $\gamma_{\{a_7,a_6\}}(\mathbf{Cl}')=\max\limits_{a\notin\text{red}}\gamma_{\text{red}\cup\{a\}}(\mathbf{Cl}')=\dfrac{15}{28}$, 我们取 red $=\{a_7,a_6\}$, $U_2=\bigcup_{t=1}^{3}Bn_{\text{red}}(Cl_t^*)$ $(|U_2|=13)$. 由计算, 有 $C^d_{\text{red}}=\{a_4\}$. 因此, 准则 a_4 可以从系统中删除.

(3) 由 $\gamma_{\{a_7,a_6,a_5\}}(\mathbf{Cl}')=\max\limits_{a\notin\text{red}}\gamma_{\text{red}\cup\{a\}}(\mathbf{Cl}')=\dfrac{7}{13}$, 我们取 red $=\{a_7,a_6,a_5\}$, $U_3=\bigcup_{t=1}^{3}Bn_{\text{red}}(Cl_t^*)$ $(|U_3|=6)$ (此时 $C^d_{\text{red}}=\varnothing$).

(4) 由 $\gamma_{\{a_7,a_6,a_5,a_9\}}(\mathbf{Cl})=\max\limits_{a\notin\text{red}}\gamma_{\text{red}\cup\{a\}}(\mathbf{Cl})=\dfrac{4}{6}=\gamma_C(\mathbf{Cl}')$, 我们取 red $=\{a_7,a_6,a_5,a_9\}$.

2) 如果采用 AHARCC 算法, 通过计算有 $\gamma_{C-\{a_7\}}(\mathbf{Cl})=\dfrac{29}{39}$, $\gamma_{C-\{a_9\}}(\mathbf{Cl})=\dfrac{36}{39}$, $\gamma_{C-\{a_i\}}(\mathbf{Cl})=\dfrac{37}{39}$, $i\neq 7,9$, 可得 core $=\{a_7,a_9\}$, 可取 red $=\{a_7,a_9\}$. 之后程序如下执行:

(1) 置 $U_1=\bigcup_{t=1}^{3}Bn_{\text{red}}(Cl_t^*)$ $(|U_1|=16)$ (此时 $C^d_{\text{red}}=\varnothing$). 由 $\gamma_{\{a_7,a_9,a_3\}}(\mathbf{Cl}')=\max\limits_{a\notin\text{red}}\gamma_{\text{red}\cup\{a\}}(\mathbf{Cl}')=\dfrac{8}{16}$, 我们取 red $=\{a_7,a_9,a_3\}$.

(2) 置 $U_2=\bigcup_{t=1}^{3}Bn_{\text{red}}(Cl_t^*)$ $(|U_2|=8)$. 通过计算有 $C^d_{\text{red}}=\{a_4,a_5\}$. 因此, a_4,a_5 可以从系统中删除. 由 $\gamma_{\{a_7,a_9,a_3,a_1\}}(\mathbf{Cl}')=\max\limits_{a\notin\text{red}}\gamma_{\text{red}\cup\{a\}}(\mathbf{Cl}')=\dfrac{6}{8}=\gamma_C(\mathbf{Cl}')$, 我们取 red $=\{a_7,a_9,a_3,a_1\}$.

产生的约简与上面的结果相同, 这实际上由排名保持原则保证. 现在我们把注意力转到属性约简的具体过程. 加速算法每轮的搜索空间大小在表 4.3 中给出, 同时将原始算法的搜索空间列出方便作以对比.

表 4.3 每轮迭代搜索空间的变化 (样本 × 属性)

轮数	HARNC 算法	AHARNC 算法	HARCC 算法	AHARCC 算法
–	–	–	39 × 12	39 × 12
1	39 × 12	39 × 12	39 × 10	16 × 10
2	39 × 11	28 × 10	39 × 9	8 × 7
3	39 × 10	13 × 9	–	–
4	39 × 9	6 × 8	–	–

由表 4.3 可以看到, 虽然两种版本在初始时两者的搜索空间相同, 但是每轮过程中, 加速的算法运行在快速减少的对象上, 而非加速的算法一直作用于整个论域. 一些不必要准则的出现进一步加快了搜索空间的减小, 因此加速算法可以减少运算量, 加快了属性约简的过程.

4.4 本章小结

与粗糙集理论的其他推广不同, 从现实问题出发的优势粗糙集理论考虑了数据集中的偏好关系. 序决策系统的其他种类约简总是与通过保持近似质量不变定义的约简在以下方面相比较: 约简长度、约简稳定性、计算时间、分类能力等. 因此, 从实验角度来说, 用更高效率获得此种约简非常必要. 虽然启发式属性约简可以计算序决策系统的约简, 但是当处理大型数据集时算法的高复杂性让它们变得很无力. 本章引入了优势粗糙集理论环境下的加速机制, 这种机制可以让原始算法运行效率更高. 加速的算法在一个逐渐减小的对象集和条件准则集上执行. 因此, 加速方法与原始算法相比计算时间大大减少. 同时, 属性重要度排名保持原理保证两种版本的输出结果相同.

下一步的工作可以将加速方法应用于优势粗糙集理论中其他种类的约简. 注意到 (4.7) 式在某些应用中过于严格, 以致不能找到不必要元, 因此希望找出定义不必要元的其他弱化方式. 另外, 需要进一步研究由启发式属性约简算法找出的约简与那些找不到但又确实是系统的约简 (可以由辨识矩阵算法得到) 的利与弊.

第 5 章　基于证据理论的属性约简

D-S 证据理论 (dempster-shafer theory of evidence), 又称为证据理论或信度函数理论, 是一种处理信息系统中不确定性的重要方法. 该理论起源于 Dempster[33] 提出的上、下概率, 之后由他的学生 Shafer[158] 进一步发展, 是带有主观概率 (subjective probability) 的 Bayes 理论的推广. 该理论的目的是由相关问题的主观概率得到问题的信度; 其基本结构为信度结构, 而该结构由权重之和等于一的集合 (称为焦元, focal element) 构成. 由信度结构产生对偶的信任函数和似然函数来度量上、下概率.

粗糙集理论与 D-S 证据理论密切相关[166, 230]. 集合的上、下近似刻画了其非数值特征而该集合的信任测度和似然测度反映了其数值特征. 现已证明信度结构与很多近似空间相关, 使得由近似空间诱导的不同的对偶上、下近似可以用来解释由对应的信度结构所诱导的信任函数和似然函数[13, 178, 187–189, 192, 195, 204, 239]. 因此, 粗糙集理论中的属性约简问题也可以由信任函数和似然函数刻画, 这样就为属性约简引入了除辨识矩阵方法和约简构造方法之外的另外一种方法.

基于上述分析, 很多学者利用证据理论分析了信息系统的知识提取. 例如, Lingras 和 Yao[119] 用粗糙集的不同推广模型获得不完备数据集的似然规则而非用 Pawlak 粗糙集模型获得完备决策系统的概率规则. Zhang 等[239] 在不完备信息系统中提出了信任约简 (belief reduct) 和似然约简 (plausibility reduct). Wu 等[195] 利用证据理论讨论了随机信息系统的属性约简. Wu[187] 利用证据理论考察了不完备决策系统的属性约简. 进一步, Wu[189] 用信任函数和似然函数讨论了随机决策系统的属性约简.

证据理论当然也可以应用于序信息系统的属性约简. 然而, 这个研究方向得到的关注并不多. 就笔者所知, 只有 Xu 等[204] 做了部分工作, 用证据理论研究了序信息系统的知识约简, 提出了信任约简和似然约简的概念并且讨论了它们与经典约简的关系. 但是, 目前还没有考虑用证据理论考察序决策系统的属性约简问题, 而这正是本章的主要研究内容. 本章将优势粗糙集理论与 D-S 证据理论相结合, 介绍相对信任约简和相对似然约简的概念, 并且提出基于准约简的数值特征寻找一个相对信任约简和相对似然约简的方法, 另外也讨论这两种相对约简与现存的相对约简概念之间的关系, 验证了这两种约简是新型约简, 与现有约简无强弱关系.

本章的组织结构如下: 5.1 节给出 D-S 证据理论的基本概念; 5.2 节讨论用证据理论研究序信息系统的属性约简问题; 5.3 节提出序决策系统的相对信任约简和相对似然约简的概念并且讨论新提出的两种相对约简与现存的相对约简之间的关系; 另外, 5.2 节提出利用内、外属性重要度寻找相对约简的基本框架, 且这种框架对 5.3 节的相对约简同样成立; 5.4 节总结本章内容并指出之后的研究方向.

5.1 D-S 证据理论简介

首先, 我们回顾证据理论中质量函数、信任测度、可能测度以及三者间的转化.

定义 5.1.1[158, 184] 设 U 为有限非空论域. 如果映射 $m:\mathcal{P}(U)\to[0,1]$ 满足公理 (M1) 和 (M2):

(M1) $m(\varnothing)=0$;

(M2) $\sum\limits_{X\subseteq U} m(X)=1$,

则称其为基本概率分配 (basic probability assignment) 或质量函数 (mass function).

$m(X)$ 的值表示 U 中元素属于集合 X 但不属于其任意真子集的信任度. 因此, 质量函数可看作 $\mathcal{P}(U)$ 上的概率分布, 具有非零概率分配的集合 $X\in\mathcal{P}(U)$ 称为 m 的焦元. 记 $\mathcal{M}$ 为 m 的所有焦元, 序对 $(\mathcal{M},m)$ 称为 U 上的信度结构.

由每个信度结构, 可以得到信任函数和似然函数.

定义 5.1.2[158, 184] 设 $(\mathcal{M},m)$ 为 U 上的信度结构. 集映射 $\mathrm{Bel}:\mathcal{P}(U)\to[0,1]$ 称为 U 上的信任函数 (belief function), 若

$$\mathrm{Bel}(X)=\sum_{\substack{Y\subseteq X\\ Y\in\mathcal{M}}} m(Y),\quad \forall X\in\mathcal{P}(U). \tag{5.1}$$

集映射 $\mathrm{Pl}:\mathcal{P}(U)\to[0,1]$ 称为 U 上的似然函数 (plausibility function), 若

$$\mathrm{Pl}(X)=\sum_{\substack{X\cap Y\neq\varnothing\\ Y\in\mathcal{M}}} m(Y),\quad \forall X\in\mathcal{P}(U). \tag{5.2}$$

集合 X 的信任测度和似然测度分别表示确定支持 X 和可能支持 X 的数值, 它们为支持 X 的上、下界概率. 同一信度结构诱导的信任函数和似然函数有下面的对偶性: $\mathrm{Pl}(X)=1-\mathrm{Bel}(X^c)$, 另外 $\mathrm{Bel}(X)\leqslant\mathrm{Pl}(X),\forall X\in\mathcal{P}(U)$. $\mathrm{Bel}(X)$ 和 $\mathrm{Pl}(X)$ 的差表示集合 X 的忽略评估 (ignorance of the assessment).

信任函数可以由定义在 U 上满足如下性质的 k $(k\geqslant 2)$ 阶单调 Choquet 能力等价表示[184]:

(BM1) $\mathrm{Bel}(\varnothing)=0$;

(BM2) $\mathrm{Bel}(U)=1$;

(BM3) 对所有 $X_i \in \mathcal{P}(U)$,

$$\mathrm{Bel}\left(\bigcup_{i=1}^{k} X_i\right) \geqslant \sum_{\varnothing \neq J \subseteq \{1,2,\cdots,k\}} (-1)^{|J|+1}\mathrm{Bel}\left(\bigcap_{j\in J} X_j\right).$$

类似地, 似然函数可以由定义在 U 上满足如下性质的 k ($k \geqslant 2$) 阶的另外的一种 Choquet 能力等价表示:

(PM1) $\mathrm{Pl}(\varnothing)=0$;

(PM2) $\mathrm{Pl}(U)=1$;

(PM3) 对所有 $X_i \in \mathcal{P}(U)$,

$$\mathrm{Pl}\left(\bigcap_{i=1}^{k} X_i\right) \leqslant \sum_{\varnothing \neq J \subseteq \{1,2,\cdots,k\}} (-1)^{|J|+1}\mathrm{Pl}\left(\bigcup_{j\in J} X_j\right).$$

单调 Choquet 能力是信任函数, 对应的基本概率分配可以通过如下的 Möbius 转化得到

$$m(X) = \sum_{\varnothing \neq Y \subseteq X} (-1)^{|X-Y|}\mathrm{Bel}(Y), \quad \forall X \in \mathcal{P}(U).$$

通过上面的讨论, 对于有限论域 U, 我们只需要知道任意一种函数 (质量函数、信任函数、似然函数) 来得到其他两种函数.

例 5.1.1 (谁动了我的奶酪?) 某一天的迷宫里, 嗅嗅的奶酪不见了, 嫌疑人是匆匆、哼哼、唧唧中的某一个. 假设质量函数为: $m(\{匆匆\})=0.3$, $m(\{哼哼, 唧唧\})=0.6$, $m(\{匆匆, 哼哼, 唧唧\})=0.1$. 这里,

(1) $m(\{匆匆\})=0.3$ 表示命题 "嫌疑人是匆匆" 的精确信任度为 0.3;

(2) $m(\{哼哼, 唧唧\})=0.6$ 表示命题 "嫌疑人是哼哼或唧唧" 的精确信任度为 0.6, 但不知道 0.6 分配给 {哼哼}还是 {唧唧};

(3) $m(\{匆匆, 哼哼, 唧唧\})=0.1$ 是信任分配后剩余的部分, 它表示不知道这 0.1 该如何分配.

根据定义可以计算得

$$\begin{aligned}
&\mathrm{Bel}(\varnothing)=\mathrm{Bel}(\{哼哼\})=\mathrm{Bel}(\{唧唧\})=0,\\
&\mathrm{Bel}(\{匆匆\})=\mathrm{Bel}(\{匆匆, 哼哼\})=\mathrm{Bel}(\{匆匆, 唧唧\})=0.3,\\
&\mathrm{Bel}(\{哼哼, 唧唧\})=0.6, \quad \mathrm{Bel}(\{匆匆, 哼哼, 唧唧\})=1.
\end{aligned}$$

其中 $\mathrm{Bel}(\{匆匆, 唧唧\})=0.3$ 表示证据对命题 "嫌疑人是匆匆或唧唧" 为真的完整信任度为 0.3.

另外,

$$\begin{aligned}&\mathrm{Pl}(\varnothing)=0,\quad \mathrm{Pl}(\{\text{匆匆}\})=0.4,\\&\mathrm{Pl}(\{\text{哼哼}\})=\mathrm{Pl}(\{\text{唧唧}\})=\mathrm{Pl}(\{\text{哼哼, 唧唧}\})=0.7,\\&\mathrm{Pl}(\{\text{匆匆, 哼哼}\})=\mathrm{Pl}(\{\text{匆匆, 唧唧}\})=\mathrm{Pl}(\{\text{匆匆, 哼哼, 唧唧}\})=1.\end{aligned}$$

其中 $\mathrm{Pl}(\{\text{匆匆, 唧唧}\})=1$ 表示证据对命题 "嫌疑人是匆匆或唧唧" 为非假的最大信任度为 1, $[0.3,1]$ 表示命题 "嫌疑人是匆匆或唧唧" 的确认程度.

5.2 序信息系统的属性约简

对给定的信息系统, 约简是关于集合包含关系的极小集且与全部属性具有相同的辨识能力. 为了删除序信息系统的冗余准则, 本节提出了基于证据理论的属性约简.

首先, 引入序信息系统的质量函数[204].

定义 5.2.1 设 $S=\langle U,\mathrm{AT},V,f\rangle$ 为序信息系统且 $A\subseteq\mathrm{AT}$. 定义

$$j_A(X)=\{x\in U: D_A^+(x)=X\},\tag{5.3}$$

则系统 S 关于 A 的质量函数可以定义为映射 $m_A:\mathcal{P}(U)\to[0,1]$,

$$m_A(X)=\frac{|j_A(X)|}{|U|}.\tag{5.4}$$

映射 j_A 是通过将对应相同 A-占优集的元素定义的. 很容易验证 j_A 满足下面的性质:

(1) $j_A(\varnothing)=\varnothing$;

(2) $\bigcup_{X\subseteq U} j_A(X)=U$;

(3) $\forall X,Y\in\mathcal{P}(U), X\neq Y\Rightarrow j_A(X)\cap j_A(Y)=\varnothing$.

在一些参考文献中, j_A 称为基本集合分配 (basic set assignment)[113, 232]. 它实际上为 D_A^+ 的逆映射. 若 $j_A(X)\neq\varnothing$, 集合 $X\subseteq U$ 为 j_A 的焦元. j_A 的焦元由关于 A 的基本知识粒组成, 即 $\{D_A^+(x)\in\mathcal{P}(U):x\in U\}$. 这些知识粒由 j_A 映射为支持此知识粒的元素.

数值特征 m_A 由采用了对应于非数值映射 j_A 集合的势来定义. 事实上, 考虑到点到集的映射 D_A^+ 是 U 上的多值映射再加上 U 中的对象独立同分布, 可以推出 m_A 的形式. 另外, 容易验证序信息系统的质量函数 m_A 满足公理 (M1) 和 (M2). 若 $X\notin U/D_A$ 或等价地 $j_A(X)=\varnothing$, 则 $m_A(X)=0$. 基于以上分析, $\mathcal{M}_A=\{D_A^+(x)\in\mathcal{P}(U):x\in U\}=\{X\in\mathcal{P}(U):j_A(X)\neq\varnothing\}$ 是关于 A 质量函

数 m_A 的全部焦元, 即, m_A 只给 U/D_A 中的每个知识粒赋予非零的信任测度. 序对 $(\mathcal{M}_A, m_A)$ 是序信息系统关于 A 的信度结构, 由此满足对偶性的信任函数和似然函数可以通过如下方式构造.

定义 5.2.2[204]　设 $S=\langle U, \mathrm{AT}, V, f\rangle$ 为序信息系统, $A\subseteq \mathrm{AT}$, 且 m_A 为关于 A 质量函数.

(1) 集映射 $\mathrm{Bel}: \mathcal{P}(U)\to[0,1]$ 称为 U 上关于 A 的 (向上) 信任函数, 若

$$\mathrm{Bel}_A^{\geqslant}(X)=\sum_{Y\subseteq X, Y\in U/D_A} m_A(Y), \quad \forall X\in\mathcal{P}(U). \tag{5.5}$$

(2) 集映射 $\mathrm{Pl}: \mathcal{P}(U)\to[0,1]$ 称为 U 上关于 A 的 (向上) 似然函数, 若

$$\mathrm{Pl}_A^{\geqslant}(X)=\sum_{Y\cap X\neq\varnothing, Y\in U/D_A} m_A(Y), \quad \forall X\in\mathcal{P}(U). \tag{5.6}$$

因为对任意 $Y\notin U/D_A^+$, $m_A(Y)=0$, 所以上述信任函数和似然函数可以分别写作 $\mathrm{Bel}_A^{\geqslant}(X)=\sum\limits_{Y\subseteq X} m(Y)$ 和 $\mathrm{Pl}_A^{\geqslant}(X)=\sum\limits_{Y\cap X\neq\varnothing} m(Y)$, $\forall X\in\mathcal{P}(U)$. 定义 5.2.2 中表达式的优点在于实际中计算信任测度和似然测度比较方便而牺牲了简洁性.

接下来, 如果不特殊声明, 信任函数和似然函数对应同一信度结构. 信任函数和似然函数由下面的对偶性质联系:

$$\mathrm{Pl}_A^{\geqslant}(X)=1-\mathrm{Bel}_A^{\geqslant}(X^c), \tag{5.7}$$

且 $\mathrm{Bel}_A^{\geqslant}(X)\leqslant\mathrm{Pl}_A^{\geqslant}(X)$ 对任意 $X\in\mathcal{P}(U)$ 成立. 另外, 信任函数和似然函数关于准则集单调, 即 $\forall X\subseteq U$, 若 $B\subseteq A\subseteq \mathrm{AT}$,

$$\mathrm{Bel}_B^{\geqslant}(X)\leqslant\mathrm{Bel}_A^{\geqslant}(X)\leqslant\mathrm{Pl}_A^{\geqslant}(X)\leqslant\mathrm{Pl}_B^{\geqslant}(X). \tag{5.8}$$

此单调性对算法设计的搜索策略设定非常重要.

类似地, 若记 $j_A(X)=\{x\in U: D_A^-(x)=X\}$, $X\in\mathcal{P}(U)$, 则 $m(X)$ 也是系统 S 关于 A 的质量函数. 紧接着, 可以定义 $\mathrm{Bel}_A^{\leqslant}(X)=\sum\limits_{Y\subseteq X, Y\in U/D_A^-} m(Y)$ 和 $\mathrm{Pl}_A^{\leqslant}(X)=\sum\limits_{Y\cap X\neq\varnothing, Y\in U/D_A^-} m(Y)$ 分别为关于 A 的向下信任函数和向下似然函数. 因为研究结果相似, 在此我们不讨论 $\mathrm{Bel}_A^{\leqslant}$ 和 $\mathrm{Pl}_A^{\leqslant}$.

引理 5.2.1　设 $S=\langle U, \mathrm{AT}, V, f\rangle$ 为序信息系统且 $A\subseteq \mathrm{AT}$, 则

(1) $\mathrm{Bel}_A^{\geqslant}(X)=\dfrac{|\{x\in U: D_A^+(x)\subseteq X\}|}{|U|}$. 若 $X\in U/D_A$, 则 $\mathrm{Bel}_A^{\geqslant}(X)=\dfrac{|X|}{|U|}$.

(2) $\mathrm{Pl}_A^{\geqslant}(X)=\dfrac{|\{x\in U: D_A^+(x)\cap X\neq\varnothing\}|}{|U|}$.

证明 由定义, 有

$$\mathrm{Bel}_A^{\geqslant}(X)=\sum_{Y\subseteq X,Y\in U/D_A^+}\frac{|\{x\in U:D_A^+(x)=Y\}|}{|U|}=\frac{|\{x\in U:D_A^+(x)\subseteq X\}|}{|U|}.$$

类似地, 有 $\mathrm{Pl}_A^{\geqslant}(X)=\dfrac{|\{x\in U:D_A^+(x)\cap X\neq\varnothing\}|}{|U|}$.

若 $X\in U/D_A$, 即存在 $y\in U$ 使得 $D_A^+(y)=X$, 即

$$\begin{aligned}\mathrm{Bel}_A^{\geqslant}(X)&=\frac{|\{x\in U:D_A^+(x)\subseteq X\}|}{|U|}=\frac{|\{x\in U:D_A^+(x)\subseteq D_A^+(y)\}|}{|U|}\\&=\frac{|\{x\in U:x\in D_A^+(y)\}|}{|U|}=\frac{|D_A^+(y)|}{|U|}=\frac{|X|}{|U|}.\end{aligned}$$

□

由引理 5.2.1, 有 $\mathrm{Bel}_A^{\geqslant}(X)\leqslant\dfrac{|X|}{|U|}\leqslant\mathrm{Pl}_A^{\geqslant}(X),\forall X\in\mathcal{P}(U)$. 若 U 中所有对象独立同分布, 则 $\dfrac{|X|}{|U|}$ 表示在 D-S 证据理论意义下的问题或性质 X 的概率. 信度区间 $[\mathrm{Bel}_A^{\geqslant}(X),\mathrm{Pl}_A^{\geqslant}(X)]$ 可以解释为 X 的真实概率所在区间.

定义 5.2.3[204] 设 $S=\langle U,\mathrm{AT},V,f\rangle$ 为序信息系统且 $A\subseteq\mathrm{AT}$, 则

(1) A 称为系统 S 的 (经典) 一致集若 $D_A=D_{\mathrm{AT}}$. 若 A 为一致集而 A 的任何子集都不是一致集, 则 A 称为系统 S 的 (经典) 约简.

(2) A 称为系统 S 的信任一致集若对所有 $X\in U/D_{\mathrm{AT}}$, $\mathrm{Bel}_A^{\geqslant}(X)=\mathrm{Bel}_{\mathrm{AT}}^{\geqslant}(X)$. 若 A 为信任一致集而 A 的任何子集都不是信任一致集, 则 A 称为系统 S 的信任约简.

(3) A 称为系统 S 的信任一致集若对所有 $X\in U/D_{\mathrm{AT}}$, $\mathrm{Pl}_A^{\geqslant}(X)=\mathrm{Pl}_{\mathrm{AT}}^{\geqslant}(X)$. 若 A 为似然一致集而 A 的任何子集都不是似然一致集, 则 A 称为系统 S 的似然约简.

信任约简和似然约简分别为保持系统 S 的知识粒 U/D_{AT} 的信任测度和似然测度的极小集. 已经证明了对任意 $X\in U/D_{\mathrm{AT}}$, $\mathrm{Bel}_A^{\geqslant}(X)=\mathrm{Bel}_{\mathrm{AT}}^{\geqslant}(X)$ 的充要条件为对任意 $x\in U$, $D_A^+(x)=D_{\mathrm{AT}}^+(x)$[204]. 因此, 对任意 $X\in U/D_{\mathrm{AT}}$, 由 $\mathrm{Bel}_A^{\geqslant}(X)=\mathrm{Bel}_{\mathrm{AT}}^{\geqslant}(X)$, 可得对任意 $X\subseteq U$, $m_A(X)=m_{\mathrm{AT}}(X)$. 进一步, $\mathrm{Bel}_A^{\geqslant}(X)=\mathrm{Bel}_{\mathrm{AT}}^{\geqslant}(X)$ 对任意 $X\subseteq U$ 成立. 也就是说, 在定义 5.2.3(2) 中限制 $\forall X\in U/D_{\mathrm{AT}}$ 可以用限制 $\forall X\subseteq U$ 代替, 但是定义 5.2.3(3) 中的限制不能替换.

需要指出序信息系统可能有不止一个 (经典、信任、似然) 约简, 且所有 (经典、信任、似然) 约简的交集称为 (经典、信任、似然) 核.

为了刻画信任约简和似然约简, 分别记 $M=\sum\limits_{X\in U/D_{\mathrm{AT}}}\mathrm{Bel}_{\mathrm{AT}}^{\geqslant}(X)$ 和 $M'=\sum\limits_{X\in U/D_{\mathrm{AT}}}\mathrm{Pl}_{\mathrm{AT}}^{\geqslant}(X)$ 为系统 S 的信任和 (belief sum) 与似然和 (plausibility sum).

定理 5.2.1[204]　设 $S=\langle U,\mathrm{AT},V,f\rangle$ 为序信息系统且 $A\subseteq\mathrm{AT}$, 则

(1) A 为系统 S 的信任一致集充要条件为 $\sum\limits_{X\in U/D_{\mathrm{AT}}}\mathrm{Bel}_A^{\geqslant}(X)=M$;

(2) A 为系统 S 的信任约简充要条件为 $\sum\limits_{X\in U/D_{\mathrm{AT}}}\mathrm{Bel}_A^{\geqslant}(X)=M$, 且对 A 的任意非空真子集 $B\subsetneq A$, $\sum\limits_{X\in U/D_{\mathrm{AT}}}\mathrm{Bel}_B^{\geqslant}(X)<M$.

定理 5.2.2　设 $S=\langle U,\mathrm{AT},V,f\rangle$ 为序信息系统且 $A\subseteq\mathrm{AT}$, 则

(1) A 为系统 S 的似然一致集充要条件为 $\sum\limits_{X\in U/D_{\mathrm{AT}}}\mathrm{Pl}_A^{\geqslant}(X)=M'$;

(2) A 为系统 S 的似然约简充要条件为 $\sum\limits_{X\in U/D_{\mathrm{AT}}}\mathrm{Pl}_A^{\geqslant}(X)=M'$, 且对 A 的任意非空真子集 $B\subsetneq A$, $\sum\limits_{X\in U/D_{\mathrm{AT}}}\mathrm{Pl}_B^{\geqslant}(X)>M'$.

证明　(1) “$\Rightarrow$” 设 A 为系统 S 的似然一致集, 则 $\mathrm{Pl}_A^{\geqslant}(X)=\mathrm{Pl}_{\mathrm{AT}}^{\geqslant}(X)$, $\forall X\in U/D_{\mathrm{AT}}$. 因此, $\sum\limits_{X\in U/D_{\mathrm{AT}}}\mathrm{Pl}_A^{\geqslant}(X)=\sum\limits_{X\in U/D_{\mathrm{AT}}}\mathrm{Pl}_{\mathrm{AT}}^{\geqslant}(X)=M'$.

“$\Leftarrow$” 对任意 $X\subseteq U$, 不等式 $\mathrm{Pl}_{\mathrm{AT}}^{\geqslant}(X)\leqslant\mathrm{Pl}_A^{\geqslant}(X)$ 成立, 则由假设 $\sum\limits_{X\in U/D_{\mathrm{AT}}}\mathrm{Pl}_A^{\geqslant}(X)=M'=\sum\limits_{X\in U/D_{\mathrm{AT}}}\mathrm{Pl}_{\mathrm{AT}}^{\geqslant}(X)$, 有 $\mathrm{Pl}_A^{\geqslant}(X)=\mathrm{Pl}_{\mathrm{AT}}^{\geqslant}(X)$, $\forall X\in U/D_{\mathrm{AT}}$. 因此, A 为系统 S 的似然一致集.

(2) 可由 (1) 和似然约简的定义可得. □

在序信息系统中若无重复元, 则 $D_{\mathrm{AT}}^{+}(x)=D_{\mathrm{AT}}^{+}(y)\Leftrightarrow x=y$, 因此 $|U/D_{\mathrm{AT}}|=|U|$. 事实上, 我们可以通过删除重复元简化系统. 对于简化后的系统, 我们有下面的刻画.

定理 5.2.3　设 $S=\langle U,\mathrm{AT},V,f\rangle$ 为简化的序信息系统且 $A\subseteq\mathrm{AT}$, 则

(1) A 为系统 S 的一致集充要条件为 $\sum\limits_{X\in U/D_{\mathrm{AT}}}\dfrac{1}{|X|}\mathrm{Bel}_A^{\geqslant}(X)=1$.

(2) A 为系统 S 的约简充要条件为 $\sum\limits_{X\in U/D_{\mathrm{AT}}}\dfrac{1}{|X|}\mathrm{Bel}_A^{\geqslant}(X)=1$, 且对 A 的任意非空真子集 $B\subsetneq A$, $\sum\limits_{X\in U/D_{\mathrm{AT}}}\dfrac{1}{|X|}\mathrm{Bel}_B^{\geqslant}(X)<1$.

证明　(1) 若 A 为系统 S 的一致集, 则 $D_A=D_{\mathrm{AT}}$. 由引理 5.2.1,

$$
\begin{aligned}
\sum_{X\in U/D_{\mathrm{AT}}}\frac{1}{|X|}\mathrm{Bel}_A^{\geqslant}(X)&=\sum_{X\in U/D_A}\frac{1}{|X|}\mathrm{Bel}_A^{\geqslant}(X)\\
&=\sum_{\substack{x\in U\\ X=D_A^{+}(x)}}\frac{1}{|X|}\mathrm{Bel}_A^{\geqslant}(X)\\
&=\sum_{x\in U}\frac{1}{|X|}\cdot\frac{|X|}{|U|}=1.
\end{aligned}
$$

反之, 由引理 5.2.1, 有

$$\begin{aligned}1 &= \sum_{X\in U/D_{\mathrm{AT}}} \frac{1}{|X|}\mathrm{Bel}_A^{\geqslant}(X)\\ &= \sum_{X\in U/D_{\mathrm{AT}}} \frac{1}{|X|}\cdot\frac{|\{x\in U: D_A^{+}(x)\subseteq X\}|}{|U|}\\ &\leqslant \sum_{\substack{x\in U\\ X=D_{\mathrm{AT}}^{+}(x)}} \frac{1}{|X|}\cdot\frac{|X|}{|U|}=1.\end{aligned}$$

因此, 对任意 $y\in U$, 有 $\{x\in U: D_A^{+}(x)\subseteq D_{\mathrm{AT}}^{+}(y)\}=D_{\mathrm{AT}}^{+}(y)$. 对任意 $x\in D_{\mathrm{AT}}^{+}(y)$, 有 $D_A^{+}(x)\subseteq D_{\mathrm{AT}}^{+}(y)$. 特别地, 取 $x=y$, 有 $D_A^{+}(y)\subseteq D_{\mathrm{AT}}^{+}(y)$. 由命题 2.3.1(2), 对任意 $y\in U$, 有 $D_A^{+}(y)=D_{\mathrm{AT}}^{+}(y)$. 因此, 有 $D_A=D_{\mathrm{AT}}$, 即 A 为系统 S 的一致集.

(2) 直接由 (1) 和约简的定义可得. □

接下来提出寻找某种约简 (如信任约简) 的算法. 此算法用到如下的两个重要概念: 准则的内重要度和外重要度.

对 $B\subseteq \mathrm{AT}$, $a\in B$, 准则 a 的内重要度表示 B 的能力由于删除 a 带来的增长, 定义为

$$\mathrm{sig}_{\mathrm{inner}}^{\geqslant}(a,B)=\sum_{X\in U/D_{\mathrm{AT}}}\mathrm{Bel}_B^{\geqslant}(X)-\sum_{X\in U/D_{\mathrm{AT}}}\mathrm{Bel}_{B-\{a\}}^{\geqslant}(X). \tag{5.9}$$

显然, 有 $\mathrm{sig}_{\mathrm{inner}}^{\geqslant}(a,B)\geqslant 0$, 称

(1) a 为 B 中不可缺少的若 $\mathrm{sig}_{\mathrm{inner}}^{\geqslant}(a,B)>0$, 否则, 称为冗余的.

(2) $B\subseteq \mathrm{AT}$ 称为独立的若 B 中的每个准则都是不可缺少的, 即 $\mathrm{sig}_{\mathrm{inner}}^{\geqslant}(a,B)>0,\forall a\in B$.

显然, 信任核包括 AT 中所有不可缺少的准则. 由此, 可得信任核 $\mathrm{core}_{\mathrm{Bel}}=\{a\in \mathrm{AT}: \mathrm{sig}_{\mathrm{inner}}^{\geqslant}(a,\mathrm{AT})>0\}$. 虽然序信息系统可能有多个信任约简, $\mathrm{core}_{\mathrm{Bel}}$ 是唯一的且是任意信任约简的子集. 因此如果需要, 我们可以把 $\mathrm{core}_{\mathrm{Bel}}$ 通过添加一些准则 (这些准则称为可替换的) 扩充为信任约简 B 满足条件 $\sum\limits_{X\in U/D_{\mathrm{AT}}}\mathrm{Bel}_B^{\geqslant}(X)=M$.

对 $B\subseteq \mathrm{AT}$ 和 $a\notin B$, 准则 a 关于 B 的外重要度定义为

$$\mathrm{sig}_{\mathrm{outer}}^{\geqslant}(a,B)=\sum_{X\in U/D_{\mathrm{AT}}}\mathrm{Bel}_{B\cup\{a\}}^{\geqslant}(X)-\sum_{X\in U/D_{\mathrm{AT}}}\mathrm{Bel}_B^{\geqslant}(X). \tag{5.10}$$

外重要度 $\mathrm{sig}_{\mathrm{outer}}^{\geqslant}(a,B)$ 反映了由于加入 a 准则集 B 的能力的增量. 对 $B\subseteq A$, 若 $\mathrm{sig}_{\mathrm{outer}}^{\geqslant}(a,B)=0$, 则 $\mathrm{sig}_{\mathrm{outer}}^{\geqslant}(a,A)=0$.

为了寻找合适的 B 使得 $\sum\limits_{X\in U/D_{\mathrm{AT}}}\mathrm{Bel}_B^{\geqslant}(X)$ 的值从 $\sum\limits_{X\in U/D_{\mathrm{AT}}}\mathrm{Bel}_{\mathrm{core}_{\mathrm{Bel}}}^{\geqslant}(X)$ 尽快增长到 M, 我们选择会使得 $\sum\limits_{X\in U/D_{\mathrm{AT}}}\mathrm{Bel}_B^{\geqslant}(X)$ 增长得最快的准则 a, 如果将 a 加

入 B. 如果不止一个准则为最优解, 我们可以从中随机选取一个准则. 在一些现实问题中, 根据专业领域知识, 一些属性会比其他准则看得更重要, 如果是这种情形, 我们应当优先选取这些准则.

注 5.2.1　在前两式中, 我们分别要求 $a \in B$ 和 $a \notin B$. 显然, 无论 a 是否属于 B, 都有 $a \in B \cup \{a\}, a \notin B - \{a\}$. 则

$$
\begin{aligned}
&\operatorname{sig}^{\geqslant}_{\text{inner}}(a, B \cup \{a\}) = \operatorname{sig}^{\geqslant}_{\text{outer}}(a, B - \{a\}) \\
= &\sum_{X \in U/D_{\text{AT}}} \text{Bel}^{\geqslant}_{B \cup \{a\}}(X) - \sum_{X \in U/D_{\text{AT}}} \text{Bel}^{\geqslant}_{B - \{a\}}(X) \\
= &\begin{cases} \displaystyle\sum_{X \in U/D_{\text{AT}}} \text{Bel}^{\geqslant}_{B}(X) - \sum_{X \in U/D_{\text{AT}}} \text{Bel}^{\geqslant}_{B - \{a\}}(X), & a \in B \\ \displaystyle\sum_{X \in U/D_{\text{AT}}} \text{Bel}^{\geqslant}_{B \cup \{a\}}(X) - \sum_{X \in U/D_{\text{AT}}} \text{Bel}^{\geqslant}_{B}(X), & a \notin B \end{cases} \\
= &\begin{cases} \operatorname{sig}^{\geqslant}_{\text{inner}}(a, B), & a \in B, \\ \operatorname{sig}^{\geqslant}_{\text{outer}}(a, B), & a \notin B. \end{cases}
\end{aligned}
$$

换句话说, 从理论方面考虑, 我们只需要引入一个变量 $\operatorname{sig}^{\geqslant}_{\text{inner}}(a, B)$ 或 $\operatorname{sig}^{\geqslant}_{\text{outer}}(a, B)$. 然而, 我们此处更倾向于引入这两个变量, 这是由于根据两个变量的名称很容易代入相应的应用情景. 值得说明的是, 在文献中经常出现只用变量 $\operatorname{sig}^{\geqslant}_{\text{outer}}(a, B)$ 寻找约简的方法 (例如, 参考文献 [35, 81, 149]). 然而, 正如在文献 [220] 中指出的, 利用核元素会给算法使用的加入–删除策略计算带来便利.

接下来, 统一约简 (universal reduct) 用作序系统的某种约简 (序信息系统的约简和序决策系统的相对约简) 统一的名称. 类似地, 我们可以引入统一核 (universal core) 的概念. 算法 5.1 描述了获取序系统的一个统一约简和统一核的基本框架.

由步骤 2, 通过验证 AT 中每个准则的不可缺少性可以计算所有的统一核. 步骤 3 执行增加过程, 该过程从统一核开始且每轮选入一个最合适的准则加入准约简, 选取准则由启发 outer_sig(b, B) 提供指导直到满足停机条件. 步骤 4 通过检验结果中非核准则的冗余性执行删除过程.

算法 5.1 的计算复杂度为 $O(|\text{AT}|^3|U|^2)$. 然而, 若 AT 中每个准则均为不可缺少的, 即 AT 本身是独立的, 则实际上只需要计算步骤 2, 算法 5.1 的复杂度会降为 $O(|\text{AT}|^2|U|^2)$. 综上, 无论在何种情况下, 算法 5.1 都是一个多项式复杂度算法.

注意算法 5.1 的步骤 3 本质上为贪婪算法的思想, 即只考虑当前步骤而不考虑对之后选择的影响.

若寻找一个信任约简, inner_sig(a, B) 和 outer_sig(a, B) 分别代表 $\operatorname{sig}^{\geqslant}_{\text{inner}}(a, B)$ 和 $\operatorname{sig}^{\geqslant}_{\text{outer}}(a, B)$, CONDITION 是指 $\sum\limits_{X \in U/D_{\text{AT}}} \text{Bel}^{\geqslant}_{B}(X) \neq \sum\limits_{X \in U/D_{\text{AT}}} \text{Bel}^{\geqslant}_{\text{AT}}(X)$.

算法 5.1 获取序信息 (决策) 系统的统一约简和统一核的一般框架

输入: 序信息 (决策) 系统 S.

输出: 系统 S 的统一约简 B 和统一核 A.

1: 置 $B \leftarrow \varnothing$, $A \leftarrow \varnothing$; // 初始化系统 S 的统一约简 B 和统一核 A

2: **for** each $a \in \mathrm{AT}$ **do**

  计算 inner_sig(a, AT); // AT 中任意 a 的内重要度

  if inner_sig$(a, \mathrm{AT}) > 0$ **then** // 当前意义下, a 在 AT 中是不可缺少的

    $B \leftarrow B \cup \{a\}$;

  end if

 end for

 $A \leftarrow B$ // A 为系统 S 的统一核;

3: **while** CONDITION **do** // 检验停机条件

  for each $a \in \mathrm{AT} - B$ **do**

    计算 outer_sig(a, B); // 关于 B 准则 a 的外重要度

  end for

  随机选取一个满足条件 $a = \arg \max\limits_{b \in \mathrm{AT}-B}$ outer_sig(b, B) 的 a;

  $B \leftarrow B \cup \{a\}$;

 end while

4: **for** each $b \in B - A$ **do**

  if inner_sig$(a, B) = 0$ **then** // 当前意义下, 检验 b 在 B 中的冗余性

    $B \leftarrow B - \{b\}$;

  end if

 end for

5: **输出**B, A;

接下来, 用一个数值例子来说明算法 5.1 的运行机理.

例 5.2.1 考虑序信息系统 S 的信息在表 5.1 中, 其中 $U = \{x_1, x_2, \cdots, x_8\}$ 和 $\mathrm{AT} = \{a_1, a_2, a_3, a_4\}$.

表 5.1 序信息系统 S

U	a_1	a_2	a_3	a_4
x_1	1	2	3	2
x_2	3	2	1	1
x_3	1	1	2	2
x_4	2	2	3	1
x_5	3	3	2	2
x_6	2	3	3	2
x_7	3	3	3	3
x_8	2	3	1	2

通过计算, 有

1) $U/D_{\mathrm{AT}}=\{D_{\mathrm{AT}}^{+}(x)\in\mathcal{P}(U):x\in U\}$, 其中

$$\begin{aligned}
&D_{\mathrm{AT}}^{+}(x_1)=\{x_1,x_6,x_7\}, && D_{\mathrm{AT}}^{+}(x_2)=\{x_2,x_5,x_7\},\\
&D_{\mathrm{AT}}^{+}(x_3)=\{x_1,x_3,x_5,x_6,x_7\}, && D_{\mathrm{AT}}^{+}(x_4)=\{x_4,x_6,x_7\},\\
&D_{\mathrm{AT}}^{+}(x_5)=\{x_5,x_7\}, && D_{\mathrm{AT}}^{+}(x_6)=\{x_6,x_7\},\\
&D_{\mathrm{AT}}^{+}(x_7)=\{x_7\}, && D_{\mathrm{AT}}^{+}(x_8)=\{x_5,x_6,x_7,x_8\}.
\end{aligned}$$

由定义 5.2.1, 有

$$j_{\mathrm{AT}}(X)=\begin{cases}\{x\}, & X=D_{\mathrm{AT}}^{+}(x),\\ \varnothing, & X\notin U/D_{\mathrm{AT}}.\end{cases}$$

因此, $D_{\mathrm{AT}}^{+}(x)=\{y\in X:j_{\mathrm{AT}}(X)=x,X\in\mathcal{P}(U)\}$. 进一步,

$$m_{\mathrm{AT}}(X)=\begin{cases}\dfrac{1}{8}, & X\in U/D_{\mathrm{AT}},\\ 0, & 其他.\end{cases}$$

则 $\sum\limits_{X\in U/D_{\mathrm{AT}}}\mathrm{Bel}_{\mathrm{AT}}^{\geqslant}(X)=3\times\dfrac{3}{8}+\dfrac{5}{8}+2\times\dfrac{2}{8}+\dfrac{1}{8}+\dfrac{4}{8}=\dfrac{23}{8}$.

2) (1) 取 $B=\{a_2,a_3,a_4\}$, 则 $U/D_B=\{D_B^{+}(x)\in\mathcal{P}(U):x\in U\}$, 其中

$$\begin{aligned}
&D_B^{+}(x_1)=\{x_1,x_6,x_7\}, && D_B^{+}(x_2)=\{x_1,x_2,x_4,x_5,x_6,x_7,x_8\},\\
&D_B^{+}(x_3)=\{x_1,x_3,x_5,x_6,x_7\}, && D_B^{+}(x_4)=\{x_1,x_4,x_6,x_7\},\\
&D_B^{+}(x_5)=\{x_5,x_6,x_7\}, && D_B^{+}(x_6)=\{x_6,x_7\},\\
&D_B^{+}(x_7)=\{x_7\}, && D_B^{+}(x_8)=\{x_5,x_6,x_7,x_8\}.
\end{aligned}$$

因此, $\sum\limits_{X\in U/D_{\mathrm{AT}}}\mathrm{Bel}_B^{\geqslant}(X)=\dfrac{3}{8}+3\times\dfrac{1}{8}+\dfrac{5}{8}+2\times\dfrac{2}{8}+\dfrac{4}{8}=\dfrac{19}{8}$. 进而, $\mathrm{sig}_{\mathrm{inner}}^{\geqslant}(a_1,\mathrm{AT})=\sum\limits_{X\in U/D_{\mathrm{AT}}}\mathrm{Bel}_{\mathrm{AT}}^{\geqslant}(X)-\sum\limits_{X\in U/D_{\mathrm{AT}}}\mathrm{Bel}_B^{\geqslant}(X)=\dfrac{23}{8}-\dfrac{19}{8}=\dfrac{4}{8}>0$.

(2) 取 $B=\{a_1,a_3,a_4\}$, 则 $U/D_B=\{D_B^{+}(x)\in\mathcal{P}(U):x\in U\}$, 其中

$$\begin{aligned}
&D_B^{+}(x_1)=\{x_1,x_6,x_7\}, && D_B^{+}(x_2)=\{x_2,x_5,x_7\},\\
&D_B^{+}(x_3)=\{x_1,x_3,x_5,x_6,x_7\}, && D_B^{+}(x_4)=\{x_4,x_6,x_7\}\\
&D_B^{+}(x_5)=\{x_5,x_7\}, && D_B^{+}(x_6)=\{x_6,x_7\},\\
&D_B^{+}(x_7)=\{x_7\}, && D_B^{+}(x_8)=\{x_5,x_6,x_7,x_8\}.
\end{aligned}$$

因此, $\sum_{X\in U/D_{\mathrm{AT}}} \mathrm{Bel}_B^{\geqslant}(X) = 3\times\frac{3}{8}+\frac{5}{8}+2\times\frac{2}{8}+\frac{1}{8}+\frac{4}{8}=\frac{23}{8}$. 进而, $\mathrm{sig}_{\mathrm{inner}}^{\geqslant}(a_2,\mathrm{AT}) = \sum_{X\in U/D_{\mathrm{AT}}} \mathrm{Bel}_{\mathrm{AT}}^{\geqslant}(X) - \sum_{X\in U/D_{\mathrm{AT}}} \mathrm{Bel}_B^{\geqslant}(X) = \frac{23}{8}-\frac{23}{8}=0$.

(3) 取 $B=\{a_1,a_2,a_4\}$, 则 $U/D_B=\{D_B^+(x)\in\mathcal{P}(U): x\in U\}$, 其中

$$\begin{aligned}
&D_B^+(x_1)=\{x_1,x_5,x_6,x_7,x_8\}, && D_B^+(x_2)=\{x_2,x_5,x_7\},\\
&D_B^+(x_3)=\{x_1,x_3,x_5,x_6,x_7,x_8\}, && D_B^+(x_4)=\{x_2,x_4,x_5,x_6,x_7,x_8\},\\
&D_B^+(x_5)=\{x_5,x_7\}, && D_B^+(x_6)=\{x_5,x_6,x_7,x_8\},\\
&D_B^+(x_7)=\{x_7\}, && D_B^+(x_8)=\{x_5,x_6,x_7,x_8\}.
\end{aligned}$$

因此, $\sum_{X\in U/D_{\mathrm{AT}}} \mathrm{Bel}_B^{\geqslant}(X) = 4\times\frac{1}{8}+\frac{3}{8}+2\times\frac{2}{8}+\frac{4}{8}=\frac{15}{8}$. 进而, $\mathrm{sig}_{\mathrm{inner}}^{\geqslant}(a_3,\mathrm{AT}) = \sum_{X\in U/D_{\mathrm{AT}}} \mathrm{Bel}_{\mathrm{AT}}^{\geqslant}(X) - \sum_{X\in U/D_{AT}} \mathrm{Bel}_B^{\geqslant}(X) = \frac{23}{8}-\frac{15}{8}=\frac{8}{8}>0$.

(4) 取 $B=\{a_1,a_2,a_3\}$, 则 $U/D_B=\{D_B^+(x)\in\mathcal{P}(U): x\in U\}$, 其中

$$\begin{aligned}
&D_B^+(x_1)=\{x_1,x_4,x_6,x_7\}, && D_B^+(x_2)=\{x_2,x_5,x_7\},\\
&D_B^+(x_3)=\{x_1,x_3,x_4,x_5,x_6,x_7\}, && D_B^+(x_4)=\{x_4,x_6,x_7\},\\
&D_B^+(x_5)=\{x_5,x_7\}, && D_B^+(x_6)=\{x_6,x_7\},\\
&D_B^+(x_7)=\{x_7\}, && D_B^+(x_8)=\{x_5,x_6,x_7,x_8\}.
\end{aligned}$$

因此, $\sum_{X\in U/D_{\mathrm{AT}}} \mathrm{Bel}_B^{\geqslant}(X) = 3\times\frac{2}{8}+3\times\frac{3}{8}+\frac{1}{8}+\frac{4}{8}=\frac{20}{8}$. 进而, $\mathrm{sig}_{\mathrm{inner}}^{\geqslant}(a_4,\mathrm{AT}) = \sum_{X\in U/D_{\mathrm{AT}}} \mathrm{Bel}_{\mathrm{AT}}^{\geqslant}(X) - \sum_{X\in U/D_{\mathrm{AT}}} \mathrm{Bel}_B^{\geqslant}(X) = \frac{23}{8}-\frac{20}{8}=\frac{3}{8}>0$.

从上面可知, 可得信任核 $\mathrm{core}_{\mathrm{Bel}}$ 为 $\{a_1,a_3,a_4\}$.

3) 由于 a_2 是冗余的, 可得此系统只有一个信任约简: $\{a_1,a_3,a_4\}$.

下面的定理揭示了一致集 (约简) 之间的关系.

定理 5.2.4[204] 设 $S=\langle U,\mathrm{AT},V,f\rangle$ 为序信息系统且 $A\subseteq\mathrm{AT}$, 下面的表述成立:

(1) A 为系统 S 的一致集 (约简) 的充要条件为 A 为系统 S 的信任一致集 (约简);

(2) 若 A 为系统 S 的一致集, 则 A 为系统 S 的似然一致集, 但反过来不一定成立.

由定理 5.2.4 可得, 算法 5.1 得到的信任约简也是一个约简.

5.3 序决策系统的属性约简

决策系统的属性约简是为了删除关于决策类冗余的属性. 本节引入了序决策系统的相对信任约简和相对似然约简的概念, 并且提出了计算这些相对约简的方法.

5.3.1 序决策系统的 $\geqslant$ ($\leqslant$)-相对信任约简和相对似然约简

在优势粗糙集理论中, 关于准则集 A 对 $\mathbf{Cl}$ 的分类质量, 记作 $\gamma_A(\mathbf{Cl})$, 为

$$\gamma_A(\mathbf{Cl}) = \frac{\left|U - \bigcup_{t=1}^{n} Bn_A(Cl_t^{\geqslant})\right|}{|U|} = \frac{\left|U - \bigcup_{t=1}^{n} Bn_A(Cl_t^{\leqslant})\right|}{|U|}.$$

首先, 我们回顾序决策系统的一些常见的相对约简.

定义 5.3.1[55, 56, 103] 设 $S = \langle U, C \cup \{d\}, V, f\rangle$ 为序决策系统且 $A \subseteq C$, 则

(1) A 称为系统 S 的 (经典) 相对一致集若 $\gamma_A(\mathbf{Cl}) = \gamma_C(\mathbf{Cl})$. 若 A 为相对一致集且 A 的任何非空真子集均不为相对一致集, 则称 A 为系统 S 的 (经典) 相对约简.

(2) A 称为系统 S 的相对 L$^{\geqslant}$-一致集若对任意 $Cl_t^{\geqslant}$, $\underline{A}(Cl_t^{\geqslant}) = \underline{C}(Cl_t^{\geqslant})$. 若 A 为相对 L$^{\geqslant}$-一致集且 A 的任何非空真子集均不为相对 L$^{\geqslant}$-一致集, 则 A 为系统 S 的 L$^{\geqslant}$-相对约简.

(3) A 称为系统 S 的相对 L$^{\leqslant}$-一致集若对任意 $Cl_t^{\leqslant}$, $\underline{A}(Cl_t^{\leqslant}) = \underline{C}(Cl_t^{\leqslant})$. 若 A 为相对 L$^{\leqslant}$-一致集且 A 的任何非空真子集均不为相对 L$^{\leqslant}$-一致集, 则 A 为系统 S 的 L$^{\leqslant}$-相对约简.

类似地, 可以定义系统 S 的相对 U$^{\geqslant}$-约简和相对 U$^{\leqslant}$-约简, 它们分别保持上并集和下并集的上近似不变. 根据上、下近似的互补律, 可得 A 为相对 L$^{\geqslant}$-约简的充要条件是 A 为相对 U$^{\leqslant}$-约简, A 为相对 L$^{\leqslant}$-约简充要条件是 A 为相对 U$^{\geqslant}$-约简.

根据之前的定义, 我们可以定义如下的相对约简.

定义 5.3.2 设 $S = \langle U, C \cup \{d\}, V, f\rangle$ 为序决策系统且 $A \subseteq C$, 则

(1) A 称为系统 S 的相对 B$^{\geqslant}$-一致集若对任意 $Cl_t^{\geqslant}$, $Bn_A(Cl_t^{\geqslant}) = Bn_C(Cl_t^{\geqslant})$. 若 A 为相对 B$^{\geqslant}$-一致集且 A 的任何非空真子集均不为相对 B$^{\geqslant}$-一致集, 则 A 为系统 S 的 B$^{\geqslant}$-相对约简.

(2) A 称为系统 S 的 $\geqslant$-相对信任一致集若对任意 $Cl_t^{\geqslant}$, $\mathrm{Bel}_A^{\geqslant}(Cl_t^{\geqslant}) = \mathrm{Bel}_C^{\geqslant}(Cl_t^{\geqslant})$. 若 A 为 $\geqslant$-相对信任一致集且 A 的任何非空真子集均不为 $\geqslant$-相对信任一致集, 则 A 为系统 S 的 $\geqslant$-相对信任约简.

(3) A 称为系统 S 的 $\leqslant$-相对信任一致集若对任意 $Cl_t^{\leqslant}$, $\mathrm{Bel}_A^{\leqslant}(Cl_t^{\leqslant}) = \mathrm{Bel}_C^{\leqslant}(Cl_t^{\leqslant})$. 若 A 为 $\leqslant$-相对信任一致集且 A 的任何非空真子集均不为 $\leqslant$-相对信任一致集, 则 A 为系统 S 的 $\leqslant$-相对信任约简.

(4) A 称为系统 S 的 $\geqslant$-相对似然一致集若对任意 $Cl_t^{\geqslant}$, $\mathrm{Pl}_B^{\geqslant}(Cl_t^{\geqslant}) = \mathrm{Pl}_C^{\geqslant}(Cl_t^{\geqslant})$. 若 A 为 $\geqslant$-相对似然一致集且 A 的任何非空真子集均不为 $\geqslant$-相对似然一致集, 则 A 为系统 S 的 $\geqslant$-相对似然约简.

(5) A 称为系统 S 的 $\leqslant$-相对似然一致集若对任意 $Cl_t^{\leqslant}$, $\mathrm{Pl}_B^{\leqslant}(Cl_t^{\leqslant}) = \mathrm{Pl}_C^{\leqslant}(Cl_t^{\leqslant})$. 若 A 为 $\leqslant$-相对似然一致集且 A 的任何非空真子集均不为 $\leqslant$-相对似然一致集, 则 A 为系统 S 的 $\leqslant$-相对似然约简.

类似地, 我们可以定义系统 S 的相对 $\mathrm{B}^{\leqslant}$-约简, 其保持所有下并集的边界不变. 由边界重合性质, A 为相对 $\mathrm{B}^{\geqslant}$-约简的充要条件为 A 为相对 $\mathrm{B}^{\leqslant}$-约简. 由近似表示原理, A 为系统 S 相对 $\mathrm{B}^{\geqslant}$-一致集, 则 A 为系统 S 的相对一致集 ($\mathrm{L}^{\geqslant}$-一致集, $\mathrm{L}^{\leqslant}$-一致集).

可能规则和确定规则分别由上、下近似中的对象支持. 若决策者只强调 $\geqslant$-确定规则, 则他/她只关注寻找 $\geqslant$-相对信任约简; 若只强调 $\geqslant$-可能规则, 则寻找 $\geqslant$-相对似然约简; 若两种类型的规则都强调, 则寻找相对 $\mathrm{B}^{\geqslant}$-约简. 也就是说, 计算哪种类型的约简依赖于决策者采取的策略, 或者是他/她敢于冒多大的风险. 根据之后的知识, 在不一致序决策系统中, 保持分类质量不变的相对约简可能既不保持下近似不变也不保持上近似不变, 这与经典 Pawlak 粗糙集理论中的结论不同. 而对于一致的序决策系统, 上述定义的约简全部相同.

命题 5.3.1 设 $S = \langle U, C \cup \{d\}, V, f \rangle$ 为序决策系统, 则

(1) $\mathrm{Bel}_A^{\geqslant}(Cl_t^{\geqslant}) = \dfrac{|\underline{A}(Cl_t^{\geqslant})|}{|U|}$;

(2) $\mathrm{Pl}_B^{\geqslant}(Cl_t^{\geqslant}) = \dfrac{|\overline{A}(Cl_t^{\geqslant})|}{|U|}$;

(3) $\mathrm{Bel}_A^{\leqslant}(Cl_t^{\leqslant}) = \dfrac{|\underline{A}(Cl_t^{\leqslant})|}{|U|}$;

(4) $\mathrm{Pl}_B^{\leqslant}(Cl_t^{\leqslant}) = \dfrac{|\overline{A}(Cl_t^{\leqslant})|}{|U|}$.

命题 5.3.1 表明信任测度 $\mathrm{Bel}_A^{\geqslant}(Cl_t^{\geqslant})$ ($\mathrm{Bel}_A^{\geqslant}(Cl_t^{\leqslant})$) 为 $Cl_t^{\geqslant}$ ($Cl_t^{\leqslant}$) 的下近似的势与论域的势之比值, 而似然测度 $\mathrm{Pl}_B^{\geqslant}(Cl_t^{\geqslant})$ ($\mathrm{Pl}_B^{\geqslant}(Cl_t^{\leqslant})$) 为 $Cl_t^{\geqslant}$ ($Cl_t^{\leqslant}$) 的上近似的势与论域的势之比值. 因此, 信任函数和似然函数将集合的非数值特征转化为数值特征, 这个转化给之后计算准则的重要度带来便利.

引理 5.3.1 对 U 的两个子集 A, B, 若 $A \subseteq B$, 则 ($A = B \iff |A| = |B|$).

下面的定理揭示了 $\geqslant$-($\leqslant$-) 相对信任约简与相对 $\mathrm{L}^{\geqslant}$ ($\mathrm{L}^{\leqslant}$)-约简的关系.

定理 5.3.1 设 $S = \langle U, C \cup \{d\}, V, f \rangle$ 为序决策系统且 $A \subseteq C$, 则下面结论

成立:

(1) A 为 S 的 $\geqslant$-相对信任一致集 (约简) 的充要条件是 A 为 S 的相对 $\mathrm{L}^{\geqslant}$-一致集 (约简).

(2) A 为 S 的 $\leqslant$-相对信任一致集 (约简) 的充要条件是 A 为 S 的相对 $\mathrm{L}^{\leqslant}$-一致集 (约简).

证明　两者证明类似, 所以只给出 (1) 的证明.

$$
\begin{aligned}
&A\text{为 } S \text{ 的 } \geqslant\text{-相对信任一致集}\\
\Longleftrightarrow\ &\mathrm{Bel}_A^{\geqslant}(Cl_t^{\geqslant})=\mathrm{Bel}_C^{\geqslant}(Cl_t^{\geqslant}),\forall Cl_t^{\geqslant}\\
\Longleftrightarrow\ &|\underline{A}(Cl_t^{\geqslant})|=|\underline{C}(Cl_t^{\geqslant})|,\forall Cl_t^{\geqslant}\\
\Longleftrightarrow\ &\underline{A}(Cl_t^{\geqslant})=\underline{C}(Cl_t^{\geqslant}),\forall Cl_t^{\geqslant}\\
\Longleftrightarrow\ &A\text{为 } S \text{ 的相对 } \mathrm{L}^{\geqslant}\text{-一致集.}
\end{aligned}
$$
□

由命题 5.3.1, 可以得到下面的结论.

命题 5.3.2　设 $S=\langle U,C\cup\{d\},V,f\rangle$ 为序决策系统, 则对任意 $A\subseteq C$, 下面结论成立:

(1) $0\leqslant \mathrm{Bel}_A^{\geqslant}(Cl_t^{\geqslant})\leqslant \mathrm{Pl}_B^{\geqslant}(Cl_t^{\geqslant})\leqslant 1$, $0\leqslant \mathrm{Bel}_A^{\leqslant}(Cl_t^{\leqslant})\leqslant \mathrm{Pl}_B^{\leqslant}(Cl_t^{\leqslant})\leqslant 1$, $\forall t\in\{1,2,\cdots,n\}$.

(2) 若 $B\subseteq A$, 则 $\mathrm{Bel}_B^{\geqslant}(Cl_t^{\geqslant})\leqslant \mathrm{Bel}_A^{\geqslant}(Cl_t^{\geqslant})\leqslant \mathrm{Pl}_A^{\geqslant}(Cl_t^{\geqslant})\leqslant \mathrm{Pl}_B^{\geqslant}(Cl_t^{\geqslant})$, $\mathrm{Bel}_B^{\leqslant}(Cl_t^{\leqslant})\leqslant \mathrm{Bel}_A^{\leqslant}(Cl_t^{\leqslant})\leqslant \mathrm{Pl}_A^{\leqslant}(Cl_t^{\leqslant})\leqslant \mathrm{Pl}_B^{\leqslant}(Cl_t^{\leqslant})$, $\forall t\in\{1,2,\cdots,n\}$.

(3) $\sum\limits_{t=1}^{n}\mathrm{Bel}_A^{\geqslant}(Cl_t^{\geqslant})+\sum\limits_{t=1}^{n}\mathrm{Pl}_A^{\leqslant}(Cl_t^{\leqslant})=n+1$, $\sum\limits_{t=1}^{n}\mathrm{Bel}_A^{\leqslant}(Cl_t^{\leqslant})+\sum\limits_{t=1}^{n}\mathrm{Pl}_A^{\geqslant}(Cl_t^{\geqslant})=n+1$.

推论 5.3.1　设 $S=\langle U,C\cup\{d\},V,f\rangle$ 为序决策系统且 $A\subseteq C$, 则

(1) A 为 S 的 $\geqslant$-相对信任一致集 (约简) 的充要条件是 A 为 S 的相对 $\leqslant$-相对似然一致集 (约简).

(2) A 为 S 的 $\leqslant$-相对信任一致集 (约简) 的充要条件是 A 为 S 的相对 $\geqslant$-相对似然一致集 (约简).

5.3.2　一致序决策系统中不同相对约简之间的关系

本节讨论一类特殊的序决策系统 —— 一致序决策系统 (定义 3.1.1) 中不同相对约简之间的关系.

对于一致序决策系统, 下面刻画成立.

命题 5.3.3　设 $S=\langle U,C\cup\{d\},V,f\rangle$ 为序决策系统, 则下面表述等价:

(1) S 为一致的;

(2) $\underline{C}(Cl_t^{\geqslant})=Cl_t^{\geqslant}=\overline{C}(Cl_t^{\geqslant})$, $\forall\ 1\leqslant t\leqslant n$;

(3) $\underline{C}(Cl_t^{\leqslant})=Cl_t^{\leqslant}=\overline{C}(Cl_t^{\leqslant})$, $\forall\ 1\leqslant t\leqslant n$.

证明 (1) ⇒ (2) 显然有 $\underline{C}(Cl_t^{\geqslant}) \subseteq Cl_t^{\geqslant}$. 另一方面, 对任意 $x \in Cl_t^{\geqslant}$, 有 $D_d^+(x) \subseteq Cl_t^{\geqslant}$. 因为 S 为一致的, 有 $D_C^+(x) \subseteq D_d^+(x)$, 所以 $x \in \underline{C}(Cl_t^{\geqslant})$. 这样就有 $\underline{C}(Cl_t^{\geqslant}) = Cl_t^{\geqslant}$.

显然有 $Cl_t^{\geqslant} \subseteq \overline{C}(Cl_t^{\geqslant})$. 另一方面, 对任意 $x \in \overline{C}(Cl_t^{\geqslant})$, 存在 $y \in Cl_t^{\geqslant}$ 使得 $x \in D_C^+(y)$. 因为 S 为一致的, 有 $D_C^+(y) \subseteq D_d^+(y)$. 由于 $D_d^+(y) \subseteq Cl_t^{\geqslant}$, 有 $x \in Cl_t^{\geqslant}$. 因此 $\overline{C}(Cl_t^{\geqslant}) \subseteq Cl_t^{\geqslant}$. 这样可得 $Cl_t^{\geqslant} = \overline{C}(Cl_t^{\geqslant})$.

(2) ⇒ (1) 若存在 $x \in U$ 使得 $D_C^+(x) \not\subseteq D_d^+(x)$, 则存在 $y \in U$ 使得 $y \in D_C^+(x)$ 但是 $y \notin D_d^+(x)$. 取 $f(x,d) = t$, 则 $x \in Cl_t^{\geqslant}$ 且 $y \notin Cl_t^{\geqslant}$. 由假设 $\underline{C}(Cl_t^{\geqslant}) = Cl_t^{\geqslant}$, 有 $x \in \underline{C}(Cl_t^{\geqslant})$, 即, $D_C^+(x) \subseteq Cl_t^{\geqslant}$. 因此 $y \in Cl_t^{\geqslant}$, 这样出现矛盾.

(1) ⇔ (3) 的证明类似于 (1) ⇔ (2). □

由命题 5.3.3, S 为一致的充要条件为 $\bigcup_{t\in T} Bn_C(Cl_t^{\geqslant}) = \bigcup_{t\in T} Bn_C(Cl_t^{\leqslant}) = \varnothing$ 或 $\gamma_C(\mathbf{Cl}) = 1$ 或 $\mathrm{Bel}_C^{\geqslant}(Cl_t^{\geqslant}) = \mathrm{Pl}_C^{\geqslant}(Cl_t^{\geqslant})$ 或 $\mathrm{Bel}_C^{\leqslant}(Cl_t^{\leqslant}) = \mathrm{Pl}_C^{\leqslant}(Cl_t^{\leqslant}), \forall\, 1 \leqslant t \leqslant n$.

定理 5.3.2 设 $S = \langle U, C \cup \{d\}, V, f\rangle$ 为一致序决策系统且 $A \subseteq C$, 则

(1) A 为 S 的 $\geqslant$-相对信任一致集的充要条件为 A 为 S 的 $\geqslant$-相对似然一致集.

(2) A 为 S 的 $\geqslant$-相对信任一致集的充要条件为 A 为 S 的相对 (B$^{\geqslant}$-) 一致集.

证明 (1)

$$\begin{aligned} & A \text{ 为 } S \text{ 的 } \geqslant\text{-相对信任一致集} \\ \Longleftrightarrow\ & \mathrm{Bel}_A^{\geqslant}(Cl_t^{\geqslant}) = \mathrm{Bel}_C^{\geqslant}(Cl_t^{\geqslant}), \forall Cl_t^{\geqslant} \\ \Longleftrightarrow\ & \underline{A}(Cl_t^{\geqslant}) = \underline{C}(Cl_t^{\geqslant}) = Cl_t^{\geqslant}, \forall Cl_t^{\geqslant} \\ \Longleftrightarrow\ & \overline{A}(Cl_t^{\geqslant}) = \overline{C}(Cl_t^{\geqslant}) = Cl_t^{\geqslant}, \forall Cl_t^{\geqslant} \\ \Longleftrightarrow\ & A\text{为 } S \text{ 的 } \geqslant\text{-相对似然一致集.} \end{aligned}$$

(2)

$$\begin{aligned} & A \text{ 为 } S \text{ 的 } \geqslant\text{-相对信任一致集} \\ \Longleftrightarrow\ & \underline{A}(Cl_t^{\geqslant}) = \overline{A}(Cl_t^{\geqslant}) = \underline{C}(Cl_t^{\geqslant}) = \overline{C}(Cl_t^{\geqslant}) = Cl_t^{\geqslant}, \forall Cl_t^{\geqslant} \\ \Longleftrightarrow\ & Bn_A(Cl_t^{\geqslant}) = Bn_C(Cl_t^{\geqslant}) = \varnothing, \forall Cl_t^{\geqslant} \\ \Longleftrightarrow\ & A\text{为 } S \text{ 的相对 B}^{\geqslant}\text{-一致集} \\ \Longleftrightarrow\ & \bigcup_{t=1}^{n} Bn_A(Cl_t^{\geqslant}) = \bigcup_{t=1}^{n} Bn_C(Cl_t^{\geqslant}) = \varnothing \\ \Longleftrightarrow\ & \gamma_A(\mathbf{Cl}) = \gamma_C(\mathbf{Cl}) = 1 \\ \Longleftrightarrow\ & A\text{为 } S \text{ 的相对一致集.} \end{aligned}$$

□

推论 5.3.2 设 $S = \langle U, C \cup \{d\}, V, f\rangle$ 为一致序决策系统且 $A \subseteq C$, 则下面表述成立:

(1) A 为 S 的 $\geqslant$-相对信任约简的充要条件是 A 为 S 的 $\geqslant$-相对似然约简;

(2) A 为 S 的 $\geqslant$-相对信任约简的充要条件是 A 为 S 的相对 (B$^{\geqslant}$-) 约简.

例 5.3.1(续例 5.2.1) 考察由例 5.2.1 中序信息系统通过扩展决策准则 d 得到的序决策系统, 见表 5.2.

表 5.2 一致序决策系统

U	a_1	a_2	a_3	a_4	d
x_1	1	2	3	2	2
x_2	3	2	1	1	1
x_3	1	1	2	2	1
x_4	2	2	3	1	3
x_5	3	3	2	2	2
x_6	2	3	3	2	3
x_7	3	3	3	3	3
x_8	2	3	1	2	2

从表中信息, 可得

$$U/d = \mathbf{Cl} = \{Cl_1, Cl_2, Cl_3\},$$

其中 $Cl_1 = \{x_2, x_3\}$, $Cl_2 = \{x_1, x_5, x_8\}$, $Cl_3 = \{x_4, x_6, x_7\}$.

显然, 有 $\underline{C}(Cl_t^{\geqslant}) = \overline{C}(Cl_t^{\geqslant}) = Cl_t^{\geqslant}$, $\forall t = 1, 2, 3$. 由命题 5.3.3 可得此序决策系统为一致的.

通过计算, 可得此序决策系统有两个 ($\geqslant$-相对信任、$\geqslant$-相对似然) 约简: $\{a_1, a_2, a_3\}$ 和 $\{a_1, a_3, a_4\}$.

5.3.3 序决策系统的属性约简

本节考察一致和不一致序决策系统的属性约简.

设 $S = \langle U, C \cup \{d\}, V, f\rangle$ 为序决策系统. 记 $M = \sum_{t\in T} \mathrm{Bel}_C^{\geqslant}(Cl_t^{\geqslant})$ 和 $M' = \sum_{t\in T} \mathrm{Pl}_C^{\geqslant}(Cl_t^{\geqslant})$, 分别为系统 S 的相对信任和 (relative belief sum) 与相对似然和 (relative plausibility sum). 显然, $M \leqslant M'$, 其中等号成立当且仅当 S 为一致的.

定理 5.3.3 设 $S = \langle U, C \cup \{d\}, V, f\rangle$ 为序决策系统且 $A \subseteq C$, 则

(1) A 为 S 的 $\geqslant$-相对信任一致集的充要条件为 $\sum_{t\in T} \mathrm{Bel}_A^{\geqslant}(Cl_t^{\geqslant}) = M$.

(2) A 为 S 的 $\geqslant$-相对信任约简的充要条件为 $\sum_{t\in T} \mathrm{Bel}_A^{\geqslant}(Cl_t^{\geqslant}) = M$, 且对 A 的任意非空真子集 $B \subsetneq A$, $\sum_{t\in T} \mathrm{Bel}_B^{\geqslant}(Cl_t^{\geqslant}) < M$.

证明 (1) "$\Rightarrow$" 若 A 为 S 的 $\geqslant$-相对信任一致集, 则 $\mathrm{Bel}_A^{\geqslant}(Cl_t^{\geqslant}) = \mathrm{Bel}_C^{\geqslant}(Cl_t^{\geqslant})$, $\forall t \in T$. 因此, $\sum_{t\in T} \mathrm{Bel}_A^{\geqslant}(Cl_t^{\geqslant}) = \sum_{t\in T} \mathrm{Bel}_C^{\geqslant}(Cl_t^{\geqslant}) = M$.

"$\Leftarrow$" 对任意 $X \subseteq U$, 由 $\mathrm{Bel}_A^{\geqslant}(X)$ 关于 A 的单调性可得 $\sum_{t\in T} \mathrm{Bel}_A^{\geqslant}(Cl_t^{\geqslant}) \leqslant$

$\sum\limits_{t\in T}\mathrm{Bel}_C^{\geqslant}(Cl_t^{\geqslant})$. 由假设 $\sum\limits_{t\in T}\mathrm{Bel}_A^{\geqslant}(Cl_t^{\geqslant})=M=\sum\limits_{t\in T}\mathrm{Bel}_C^{\geqslant}(Cl_t^{\geqslant})$, 可得对任意 $t\in T$, $\mathrm{Bel}_A^{\geqslant}(Cl_t^{\geqslant})=\mathrm{Bel}_C^{\geqslant}(Cl_t^{\geqslant})$, 即 A 为 S 的 $\geqslant$-相对信任一致集.

(2) 的证明直接由 (1) 和 $\geqslant$-相对信任约简的定义可得. □

类似地, 可以得到下面的定理.

定理 5.3.4 设 $S=\langle U,C\cup\{d\},V,f\rangle$ 为序决策系统且 $A\subseteq C$, 则

(1) A 为 S 的 $\geqslant$-相对似然一致集的充要条件为 $\sum\limits_{t\in T}\mathrm{Pl}_A^{\geqslant}(Cl_t^{\geqslant})=M'$;

(2) A 为 S 的 $\geqslant$-相对似然约简的充要条件为 $\sum\limits_{t\in T}\mathrm{Pl}_A^{\geqslant}(Cl_t^{\geqslant})=M'$, 且对 A 的任意非空真子集 $B\subsetneq A$, $\sum\limits_{t\in T}\mathrm{Pl}_B^{\geqslant}(Cl_t^{\geqslant})>M'$.

上面两个定理提供了一种寻找序决策系统的 $\geqslant$-相对信任/相对似然约简的方法.

接下来, 我们用算法 5.1 的框架寻找 $\geqslant$-相对信任约简, 这里要用到下面引入的另外一对变量.

对于 $B\subseteq C$, $a\in B$, 相对 d 准则 a 在 B 中的内重要度为

$$\mathrm{sig}_{\mathrm{inner}}^{\geqslant}(a,B,d)=\sum_{t\in T}\mathrm{Bel}_B^{\geqslant}(Cl_t^{\geqslant})-\sum_{t\in T}\mathrm{Bel}_{B-\{a\}}^{\geqslant}(Cl_t^{\geqslant}). \tag{5.11}$$

显然, 有 $\mathrm{sig}_{\mathrm{inner}}^{\geqslant}(a,B,d)\geqslant 0$. 对于 $B\subseteq A$, 即使 $\mathrm{sig}_{\mathrm{inner}}^{\geqslant}(a,B,d)=0$ 成立, 表述 $\mathrm{sig}_{\mathrm{inner}}^{\geqslant}(a,A,d)=0$ 也不一定成立, 这与序信息系统的情况不同.

为了给序决策系统中的准则分类, 称

(1) $a\in B$ 是 B 中相对 d 不可缺少的若 $\mathrm{sig}_{\mathrm{inner}}^{\geqslant}(a,B,d)>0$, 否则, 称为冗余的.

(2) $B\subseteq \mathrm{AT}$ 称为独立的若 B 中每个准则都为相对 d 不可缺少的, 即 $\mathrm{sig}_{\mathrm{inner}}^{\geqslant}(a,B,d)>0,\forall a\in B$.

显然, $\geqslant$-相对信任核 (所有 $\geqslant$-相对信任约简的交集, 记为 $\mathrm{core}_{\mathrm{Bel}}^r$) 包括 C 中所有相对 d 不可缺少的准则, 即 $\mathrm{core}_{\mathrm{Bel}}^r=\{a\in C:\mathrm{sig}_{\mathrm{inner}}^{\geqslant}(a,C,d)>0\}$. 我们可以以 $\mathrm{core}_{\mathrm{Bel}}^r$ 作为原始准约简, 并通过加入一些准则 (如果需要, 这些准则称为可交换的) 将其扩展为 $\geqslant$-相对信任约简 B, 直到满足停机条件 $\sum\limits_{t\in T}\mathrm{Bel}_B^{\geqslant}(Cl_t^{\geqslant})=M$. 选择合适的准则的原理解释如下, 这里需要引入另一个重要概念.

对于 $B\subseteq C$, $a\notin B$, 相对 d 准则 a 关于 B 的外重要度为

$$\mathrm{sig}_{\mathrm{outer}}^{\geqslant}(a,B,d)=\sum_{t\in T}\mathrm{Bel}_{B\cup\{a\}}^{\geqslant}(Cl_t^{\geqslant})-\sum_{t\in T}\mathrm{Bel}_B^{\geqslant}(Cl_t^{\geqslant}). \tag{5.12}$$

重要度 $\mathrm{sig}_{\mathrm{inner}}^{\geqslant}(a,B,d)$ 和 $\mathrm{sig}_{\mathrm{outer}}^{\geqslant}(a,B,d)$ 代表了 B 的相对 d 的由于删除或加入 a 的能力变化.

注 5.3.1　$\mathrm{sig}^{\geqslant}_{\mathrm{inner}}(a,B,d)$ 和 $\mathrm{sig}^{\geqslant}_{\mathrm{outer}}(a,B,d)$ 有类似于注 5.2.1 描述的关系. 而且 $\mathrm{sig}^{\geqslant}_{\mathrm{inner}}(a,B)$ 和 $\mathrm{sig}^{\geqslant}_{\mathrm{inner}}(a,B,d)$ 虽然在形式上类似但是量化的集合不同: 前者为关于全部条件准则的信息粒, 后者为决策准则诱导的信息粒. 另外, 这两种符号都可以清楚明了地适用于所对应的情况, 这是因为前者在序信息系统中定义, 后者在序信息系统中定义. 类似地, 引入 $\mathrm{sig}^{\geqslant}_{\mathrm{outer}}(a,B,d)$ 也是合理的.

利用准则的两种重要度, 我们由算法 5.1 可以得到 $\geqslant$-相对信任约简, 其中 inner_sig (a,B) 和 outer_sig(a,B) 分别为 $\mathrm{sig}^{\geqslant}_{\mathrm{inner}}(a,B,d)$ 和 $\mathrm{sig}^{\geqslant}_{\mathrm{outer}}(a,B,d)$, 停机条件 CONDITION 为 $\sum\limits_{t\in T}\mathrm{Bel}^{\geqslant}_{B}(Cl^{\geqslant}_{t})\neq\sum\limits_{t\in T}\mathrm{Bel}^{\geqslant}_{\mathrm{AT}}(Cl^{\geqslant}_{t})$.

根据本节和上节的讨论, 可以引入代表一个序系统是否为决策系统的参数 λ. 例如可以定义

$$\mathrm{inner\_sig}(a,B,\lambda)=\begin{cases}\mathrm{sig}^{\geqslant}_{\mathrm{inner}}(a,B), & \lambda=0,\\ \mathrm{sig}^{\geqslant}_{\mathrm{inner}}(a,B,d), & \lambda=1.\end{cases}\tag{5.13}$$

通过赋予 λ 的具体值约简生成过程很容易完成.

下面例子说明了对序决策系统约简算法的具体步骤.

例 5.3.2 (续例 5.3.1)　考虑由例 5.3.1 中序信息系统通过加入决策准则 d_1 得到的序决策系统. 为了说明约简间关系的其他情况, 改变决策属性值可以得到看另一个序决策系统. 为了节省空间, 决策准则 d_2 在表 5.3 中给出.

表 5.3　带有决策准则 d_1 或 d_2 的序决策系统

U	条件准则 C				决策准则	
	a_1	a_2	a_3	a_4	d_1	d_2
x_1	1	2	3	2	1	1
x_2	3	2	1	1	1	1
x_3	1	1	2	2	3	2
x_4	2	2	3	1	2	3
x_5	3	3	2	2	2	2
x_6	2	3	3	2	3	2
x_7	3	3	3	3	2	3
x_8	2	3	1	2	3	3

由表中信息, 有

$$U/d=\mathbf{Cl}=\{Cl_1,Cl_2,Cl_3\},$$

其中 $Cl_1=\{x_1,x_2\}$, $Cl_2=\{x_4,x_5,x_7\}$, $Cl_3=\{x_3,x_6,x_8\}$.

$$\sum_{t\in T}\mathrm{Bel}^{\geqslant}_{\mathrm{AT}}(Cl^{\geqslant}_{t})=\frac{8}{8}+\frac{5}{8}+\frac{0}{8}=\frac{13}{8}.$$

(1) 置 $B=\{a_2,a_3,a_4\}$, 则 $\sum\limits_{t\in T}\mathrm{Bel}_B^{\geqslant}(Cl_t^{\geqslant})=\frac{8}{8}+\frac{4}{8}+\frac{0}{8}=\frac{12}{8}$. 因此,

$$\mathrm{sig}_{\mathrm{inner}}^{\geqslant}(a_1,C,d)=\sum_{t\in T}\mathrm{Bel}_C^{\geqslant}(Cl_t^{\geqslant})-\sum_{t\in T}\mathrm{Bel}_B^{\geqslant}(Cl_t^{\geqslant})=\frac{13}{8}-\frac{12}{8}=\frac{1}{8}>0.$$

(2) 置 $B=\{a_1,a_3,a_4\}$, 则 $\sum\limits_{t\in T}\mathrm{Bel}_B^{\geqslant}(Cl_t^{\geqslant})=\frac{8}{8}+\frac{5}{8}+\frac{0}{8}=\frac{13}{8}$. 因此,

$$\mathrm{sig}_{\mathrm{inner}}^{\geqslant}(a_2,C,d)=\sum_{t\in T}\mathrm{Bel}_C^{\geqslant}(Cl_t^{\geqslant})-\sum_{t\in T}\mathrm{Bel}_B^{\geqslant}(Cl_t^{\geqslant})=\frac{13}{8}-\frac{13}{8}=0.$$

(3) 置 $B=\{a_1,a_2,a_4\}$, 则 $\sum\limits_{t\in T}\mathrm{Bel}_B^{\geqslant}(Cl_t^{\geqslant})=\frac{8}{8}+\frac{4}{8}+\frac{0}{8}=\frac{12}{8}$. 因此,

$$\mathrm{sig}_{\mathrm{inner}}^{\geqslant}(a_3,C,d)=\sum_{t\in T}\mathrm{Bel}_C^{\geqslant}(Cl_t^{\geqslant})-\sum_{t\in T}\mathrm{Bel}_B^{\geqslant}(Cl_t^{\geqslant})=\frac{13}{8}-\frac{12}{8}=\frac{1}{8}>0.$$

(4) 置 $B=\{a_1,a_2,a_3\}$, 则 $\sum\limits_{t\in T}\mathrm{Bel}_B^{\geqslant}(Cl_t^{\geqslant})=\frac{8}{8}+\frac{5}{8}+\frac{0}{8}=\frac{13}{8}$. 因此,

$$\mathrm{sig}_{\mathrm{inner}}^{\geqslant}(a_4,C,d)=\sum_{t\in T}\mathrm{Bel}_C^{\geqslant}(Cl_t^{\geqslant})-\sum_{t\in T}\mathrm{Bel}_B^{\geqslant}(Cl_t^{\geqslant})=\frac{13}{8}-\frac{13}{8}=0.$$

综上, $\geqslant$-相对信任核 $\mathrm{core}_{\mathrm{Bel}}^{r}$ 为 $\{a_1,a_3\}$.
(1) 此时, $B=\{a_1,a_3\}$, $\sum\limits_{t\in T}\mathrm{Bel}_B^{\geqslant}(Cl_t^{\geqslant})=\frac{8}{8}+\frac{4}{8}+\frac{0}{8}=\frac{12}{8}\neq\frac{13}{8}$.
(2) 置 $A=\{a_1,a_2,a_3\}$, 则 $\sum\limits_{t\in T}\mathrm{Bel}_A^{\geqslant}(Cl_t^{\geqslant})=\frac{13}{8}$. 因此,

$$\mathrm{sig}_{\mathrm{outer}}^{\geqslant}(a_2,B,d)=\sum_{t\in T}\mathrm{Bel}_A^{\geqslant}(Cl_t^{\geqslant})-\sum_{t\in T}\mathrm{Bel}_B^{\geqslant}(Cl_t^{\geqslant})=\frac{13}{8}-\frac{12}{8}=\frac{1}{8}.$$

(3) 置 $A=\{a_1,a_3,a_4\}$, 则 $\sum\limits_{t\in T}\mathrm{Bel}_A^{\geqslant}(Cl_t^{\geqslant})=\frac{13}{8}$. 因此,

$$\mathrm{sig}_{\mathrm{outer}}^{\geqslant}(a_4,B,d)=\sum_{t\in T}\mathrm{Bel}_A^{\geqslant}(Cl_t^{\geqslant})-\sum_{t\in T}\mathrm{Bel}_B^{\geqslant}(Cl_t^{\geqslant})=\frac{13}{8}-\frac{12}{8}=\frac{1}{8}.$$

(4) $\mathrm{sig}_{\mathrm{outer}}^{\geqslant}(a_2,B,d)=\max\limits_{b\in C-B}\mathrm{sig}_{\mathrm{outer}}^{\geqslant}(b,B,d)\neq 0$. 置 $B=\{a_1,a_2,a_3\}$.

此时, $\sum\limits_{t\in T}\mathrm{Bel}_B^{\geqslant}(Cl_t^{\geqslant})=\frac{13}{8}$.

这样得到了一个 $\geqslant$-相对信任约简 $\{a_1,a_2,a_3\}$. 用类似的方法, 我们可以得到相对约简 $\{a_1,a_3,a_4\}$ 和 $\geqslant$-相对似然约简 $\{a_3,a_4\}$. 另外, 可以验证 $\geqslant$-相对信任约简

$\{a_1, a_2, a_3\}$ 既不是相对一致集也不是 $\geqslant$-相对似然一致集, $\geqslant$-相对似然约简 $\{a_3, a_4\}$ 既不是相对一致集也不是 $\geqslant$-相对信任一致集.

现在考虑由例 5.3.1 中序信息系统通过加入决策准则 d_2 得到的序决策系统. 可以验证 $\{a_3, a_4\}$ 是一个相对约简, 但是它既不是 $\geqslant$-相对信任一致集也不是 $\geqslant$-相对似然一致集.

总之, 关于相对一致集, $\geqslant$-相对信任一致集和 $\geqslant$-相对似然一致集, 并没有固定的包含关系. 因此, 不一致序决策系统的相对约简、$\geqslant$-相对信任约简和 $\geqslant$-相对似然约简确实为不同的概念, 这与其他种类决策系统中的结论不同.

然而, 对于只有两个决策类的序决策系统 S, 相对一致集一定为 $\geqslant$-相对信任一致集和 $\geqslant$-相对似然一致集. 反正不一定成立. 也就是说, 对于二分类问题, 这三种信任一致集有包含关系. 事实上, 相对一致集 A 保持 $\bigcup_{t=1}^{n} Bn_A(Cl_t^{\leqslant})$ 或 $\bigcup_{t=1}^{n} Bn_A(Cl_t^{\geqslant})$ 不变. 当 $n=2$ 时, 只需要保持 $Bn_A(Cl_1^{\leqslant})$ 或 $Bn_A(Cl_2^{\geqslant})$ 不变. 因此 A 同时为 B$^{\geqslant}$-一致集, 进一步也为相对 L$^{\geqslant}$-一致集和相对 L$^{\leqslant}$-一致集. 由定理 5.3.1 和推论 5.3.1 可得上述结论.

5.4　本章小结

因为优势粗糙集理论将用户的偏好考虑在内, 所以该理论是粗糙集理论的一个重要分支. D-S 证据理论与粗糙集非常相关. 本章将优势粗糙集和证据理论相结合. 首先, 引入序信息系统的质量函数, 由此建立了信任函数和似然函数. 根据这些概念, 定义了序信息系统 (序决策系统) 的 ($\geqslant$-相对) 信任约简和 ($\geqslant$-相对) 似然约简. 之后, 考察了 ($\geqslant$-相对) 一致集和现在常见的 (相对) 一致集之间的关系. 对于序信息系统, 各种一致集的关系在图 5.1(b) 中描述. 然而, 对于序决策系统的情形, 结果更为复杂. 对一致序决策系统, 这三类一致集的概念相同, 对不一致序决策系统, 这三类一致集的条件并无强弱关系. 图 5.2(a) 和 (d) 分别描述了一致和不一致序决策系统的三类一致集的关系. 为了与其他信息系统结论作比较, 结果总结在表 5.4 中. 利用每个候选准则的一对重要度设计了算法, 其中内重要度用来找出 ($\geqslant$-相对) 核元素, 外重要度用来寻找包含在 ($\geqslant$-相对) 约简但不在 ($\geqslant$-相对) 核中的元素.

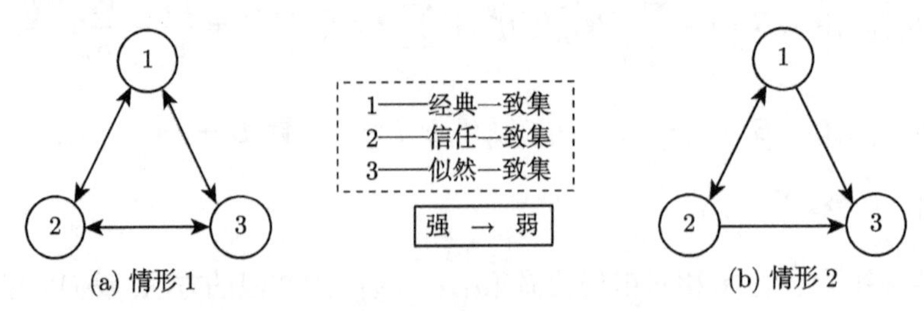

(a) 情形 1　　(b) 情形 2

图 5.1　信息系统的一致集之间关系的各种情形

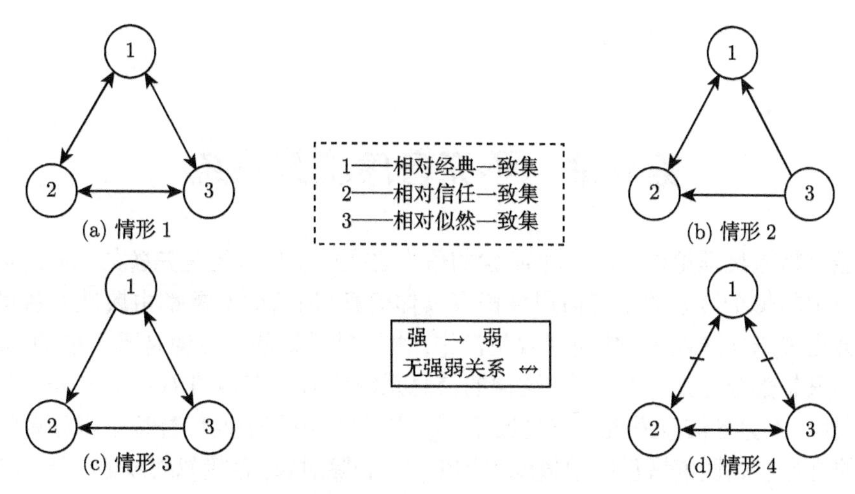

图 5.2 决策系统的一致集之间关系的各种情形

表 5.4 不同信息系统各种一致集之间的关系

数据集类型	不含决策属性	含决策属性	
		一致决策系统	不一致决策系统
完备信息系统[195,239]	图 5.1(a)	图 5.2(a)	图 5.2(b)
不完备信息系统[187]	图 5.1(b)	图 5.2(a)	图 5.2(c)
随机信息系统[195]	图 5.1(a)	图 5.2(a)	图 5.2(c)
随机不完备信息系统[189]	图 5.1(b)	图 5.2(a)	图 5.2(c)
序信息系统	图 5.1(b)[204]	图 5.2(a) (本章)	图 5.2(d) (本章)

需要指出, 本章的结果是在优势粗糙集理论框架下完成的, 现在该理论已经推广到了优势模糊粗糙集理论 (dominance-based fuzzy rough set theory)[42,57,81] 来处理偏好关系的模糊性. 需要进一步考虑序信息系统/序决策系统在模糊环境下的信任函数和似然函数[46,47,190,225,237].

第 6 章　不完备序决策系统

经典粗糙集理论建立在一个隐含的假设之上: 信息系统是完备的 (complete), 即论域中的每个对象关于任何属性都有具体信息. 所有的对象都由属性完备描述, 而不会出现未知属性值. 然而现实生活中, 由于赋予某些属性值是不可能的, 对象的描述只是部分可知[59, 60, 170]. 这样的信息系统称为不完备的 (incomplete). 粗略来讲, 处理不完备信息系统有三种策略: ① 完备化, 用某个值代替每个未知属性值, 常用的有当前属性值域里的中值或平均值; ② 删除对象, 直接忽略或删除那些至少含有一项未知属性值的对象; ③ "以静制动", 将未知属性值看作特殊符号, 当遇到时不做任何改变直接处理. 前两种方法不可避免地破坏了数据的结构, 本章将用第三种策略讨论不完备序信息系统, 其中不完备信息表示的语义起着至关重要的作用. 实际上, 对于不完备信息有以下两种意义解释:

(1) "丢失" 语义 (允许与其他任意值比较的未知属性值).

(2) "暂缺" 语义 (不允许与其他任意值比较的未知属性值).

以下情形采用第一种语义解释: 原来记录了属性值, 之后由于某种原因被擦除, 或者认为当前属性与结果无关, 所以根本不考虑采集此属性值. 如果为丢失语义, 所有属性值都可以用来代替此未知属性值. 虽然当前属性与结果相关, 但是现在并不能给出具体属性值, 在这种情形采用第二种语义解释. 也就是说, 语义的选择依赖于未知属性值的原因方面的附加信息[61]. 例如, 我们考虑一个患者是否患有流感, 与之相关的属性有咳嗽和体温. 如果原来患者在咳嗽属性的值是知道的, 后来由于某种原因, 现在此属性值并没有记录, 那么是和否两个属性值都可以用来做之后的分析. 但是, 如果患者拒接量体温或目前还没有测量结果, 为了谨慎起见, 医生不能将该未知属性值与其他的结果相比.

对于不完备信息系统 (incomplete information system), 有两种特别的情形: ① 所有未知属性值采用 "丢失" 语义; ② 所有未知属性值采用 "暂缺" 语义. 对第一种情形, Kryszkiewicz[99, 100] 提出了相容关系 (满足自反性、对称性, Kryszkiewicz 称之为相似关系) 处理不完备信息系统, 而对第二种情形, Stefanowski 和 Tsoukiàs[170] 提出了相似关系 (满足自反性和传递性). 对于一般的不完备信息系统, 用刻画关系[59, 60](仅需满足自反性) 构造基本粒.

相应地, 可以考虑用三种优势关系处理不完备序信息系统 (incomplete ordered information system): 扩充优势关系[159]、相似优势关系[213] 和本章使用的刻画优势关系[36]. Shao 和 Zhang[159] 在所有未知属性值都丢失的情形中提出了扩充优势关系, 使之处理不完备序信息系统, 而 Yang 等[213] 引入了相似优势关系研究所有未知属性值都暂缺的不完备序信息系统. 正如前文所述, 他们考虑的不完备序信息系统只是两种极端情形, 换句话说, 他们没有区分未知属性值的语义而是只单纯采用其中一种语义进行研究不完备序信息系统. 本章我们考虑丢失和暂缺型未知属性值都存在的不完备序信息系统, 这是一种更复杂同时也是更一般的情形. 刻画优势关系不同于上述两种优势关系, 本章用它来处理这种不完备序信息系统.

本章的组织结构如下: 6.1 节将刻画优势关系引入不完备序信息系统中, 应用此关系可以处理该系统, 从而扩大了优势粗糙集理论的应用范围; 6.2 节通过构造辨识矩阵和辨识函数对不完备序信息系统进行属性约简; 6.3 节提出计算不完备的一致序决策系统所有相对约简的方法; 6.2 节和 6.3 节均设计了寻找一个约简和相对约简的启发式算法; 6.4 节总结本章内容并指出之后的研究方向.

6.1 不完备序信息系统中的刻画优势关系

本节首先将刻画优势关系引入到未知属性值带有两种语义的不完备序信息系统中. 基于此关系, 定义了任意集合的以知识粒形式表示的近似.

6.1.1 刻画优势关系

本节假设给定的序信息系统中含有丢失和暂缺的属性值. 未知属性值用符号 “$*$” 或 “?” 表示. 更精确地, 丢失的属性值用符号 “$*$” 表示, 暂缺的属性值用符号 “?” 表示.

对于未知属性值全部为丢失的不完备信息系统, 每个未知属性值可由该属性值域中的任意值代替, 因此这类不完备信息系统可以看作集值信息系统[141, 240]. Shao 和 Zhang[159] 详细地研究了未知属性值全部为丢失的不完备序信息系统. 其主要思想是将优势关系 D_A 扩展为如下形式.

定义 6.1.1[159] 设 $S=\langle U,\mathrm{AT},V,f\rangle$ 是 “丢失” 型不完备序信息系统且 $A\subseteq \mathrm{AT}$, 则关于 A 的扩展优势关系定义为

$$D_A^*=\{(x,y)\in U^2: f(x,a)\geqslant f(y,a) \text{ 或 } f(x,a)=* \text{ 或 } f(y,a)=*, \forall a\in A\}. \quad (6.1)$$

扩展优势关系 D_A^* 可以看作是不完备信息系统中的相容关系和序信息系统中的优势关系的结合. 它是自反的, 但不一定是反自反的也不一定是传递的. Guan 等[63, 64] 讨论了由此优势关系生成的上、下近似间的性质, 如粗包含、互补性、单调性等.

另一方面, Yang 等[213] 研究了未知属性值全部为暂缺的不完备序信息系统 (即, 系统要求未知属性值不允许与其他已知值相比较), 其中优势关系 D_A 推广为如下的相似优势关系.

定义 6.1.2 [213] 设 $S=\langle U,\mathrm{AT},V,f\rangle$ 是 "暂缺" 型不完备序信息系统且 $A\subseteq \mathrm{AT}$, 则关于 A 的相似优势关系定义为

$$D_A^{?}=\{(x,y)\in U^2: f(x,a)\geqslant f(y,a),\forall a\in M_A(x)\},\tag{6.2}$$

其中 $M_A(x)=\{a\in A: f(x,a)\neq ?\}$.

相似优势关系 $D_A^{?}$ 可以看作是不完备信息系统中的相似关系和序信息系统中的优势关系的结合. 显然, 它满足自反性、反对称性和传递性, 即, 关系 $D_A^{?}$ 实际上为论域 U 上的偏序.

定义 6.1.3 设 $S=\langle U,\mathrm{AT},V,f\rangle$ 是混合型不完备序信息系统且 $A\subseteq \mathrm{AT}$, 则关于 A 的刻画优势关系定义为

$$\begin{aligned}D_A^{\Diamond}=\{&(x,y)\in U^2:\ f(x,a)\geqslant f(y,a)\ \text{或}\ f(x,a)=*\ \text{或}\ f(y,a)=*,\\&\text{对满足}\ f(x,a)\neq ?\ \text{的所有}\ a\in A\}.\end{aligned}\tag{6.3}$$

刻画优势关系 $D_A^{\Diamond}$ 是自反的, 但是一般不为反自反或传递的. 因此, $D_A^{\Diamond}$ 不是一个偏序关系. 扩展优势关系 D_A^{*} 和相似优势关系 $D_A^{?}$ 都是刻画优势关系 $D_A^{\Diamond}$ 的特例. 进一步, 若序信息系统为完备的, 则刻画优势关系 $D_A^{\Diamond}$ 退化为标准优势关系 D_A.

当 $(x,y)\in D_A^{\Diamond}$ 时, 我们称关于 A 对象 x 占优 y, 或对象 y 被 x 占优. 之后我们用符号 $xD_A^{\Diamond}y$ 表示 $(x,y)\in D_A^{\Diamond}$. 对给定 $A\subseteq \mathrm{AT}$ 且 $x\in U$,

$$D_A^{\Diamond +}(x)=\{y\in U: yD_A^{\Diamond}x\}\tag{6.4}$$

和

$$D_A^{\Diamond -}(x)=\{y\in U: xD_A^{\Diamond}y\}\tag{6.5}$$

分别表示 x 的 A-占优集和 A-被占优集.

注 6.1.1 在参考文献 [18] 中, Chen 等提出了关于 A 的 κ-度扩展优势刻画关系, 其定义为

$$\begin{aligned}D(A^{\kappa})=\Bigg\{&(x,y)\in U^2:\frac{|B_A(x)\cap B_A(y)|}{|A|}\geqslant\kappa,(f(x,a)=*\ \text{或}\ f(y,a)=*)\ \text{且}\\&f(x,a)\neq ?\ \text{且}\ f(y,a)\neq ?\rightarrow f(x,a)\geqslant f(y,a)\Bigg\},\end{aligned}\tag{6.6}$$

其中 $B_A(x)=\{a\in A: f(a,x)\neq *, f(a,x)\neq ?\}$ 且 $0<\kappa\leqslant 1$.

需要指出的是 κ-度扩展优势刻画关系 $D(A^{\kappa})$ 并不是 Grzymala-Busse 等[59–61]给出的刻画关系 K_A 在有序环境下的直接推广. 例如, 取 $A=\{a,b\}$, 如果 $f(x,a)=2, f(x,b)=?, f(y,a)=2, f(y,b)=3$, 则有 $(x,y)\in K_A$, 但是 $(y,x)\notin K_A$. 假如 a 和 b 均为准则, 那么我们自然希望有 $(y,x)\notin D_A$. 但是按照 (6.6) 式, 有 $(y,x)\in D(A^{\frac{1}{2}})$, 这不是我们想要的结果. 由定义 6.1.3, 有 $(x,y)\in D_A^{\lozenge}$ 和 $(y,x)\notin D_A^{\lozenge}$, 这是相对更容易接受的结果.

需要用刻画优势关系而不是标准优势关系来刻画不完备序信息系统. 相应地, 知识粒也应该用刻画优势关系生成的 (被) 占优集表示. 对于不完备序信息系统, 知识粒的定义与优势粗糙集理论中的知识粒发生改变.

(1) 对于准则 a, 若存在对象 x 使得对应的属性值丢失, 即 $f(x,a)=*$, 则对象 x 应该被包含在任何知识粒 $[(a,\geqslant,v)]$ 中, 其中 v 属于准则 a 中值域;

(2) 对于准则 a, 若存在对象 x 使得对应的属性值暂缺, 即 $f(x,a)=?$, 则对象 x 应该被包含在任何知识粒 $[(a,\geqslant,v)]$ 中, 其中 v 属于准则 a 中值域.

特别地,

(1) $[(a,\geqslant,*)]=U$;

(2) $[(a,\geqslant,?)]=\{x\in U: f(x,a)=*$ 或 $f(x,a)=?\}$.

值的提醒的是, 上述构造方法与不完备信息系统不同.

刻画优势集 $D_A^{\lozenge+}(x)$ 是 A 中所有 a 对应的知识粒 $(a,\geqslant,v)$ 的交集, 即

$$D_A^{\lozenge+}(x)=\bigcap_{a\in A}D_a^{\lozenge+}(x)=\bigcap_{\substack{a\in A\\ v=f(x,a)}}[(a,\geqslant,v)]. \tag{6.7}$$

完备信息系统的不可区分关系 (等价关系) 可以诱导出论域的一个划分, 与之不同, 不完备序信息系统的刻画优势关系诱导出论域的一个覆盖. 实际上, $U/D_A^{\lozenge}=\{D_A^{\lozenge+}(x): x\in U\}$ 中的知识粒相互之间可能有重合部分.

命题 6.1.1 设 $S=\langle U,\mathrm{AT},V,f\rangle$ 为不完备序信息系统. 下面叙述成立:

(1) $D_A^{\lozenge}=\bigcap_{a\in A}D_a^{\lozenge}$;

(2) 若 $B\subseteq A\subseteq \mathrm{AT}$, 则 $D_A^{\lozenge}\subseteq D_B^{\lozenge}$;

(3) 对 $A,B\subseteq \mathrm{AT}$, 若 $D_A^{\lozenge}\subseteq D_B^{\lozenge}$, 则 $D_A^{\lozenge+}(x)\subseteq D_B^{\lozenge+}(x)$, $\forall x\in U$.

下面我们给出计算不完备序信息/决策系统的知识粒——A-刻画占优集的算法.

算法 6.1 的计算复杂度为 $O(|A||U|^2)$. 该算法可以用并行算法计算知识粒, 算法的复杂度会减少至 $O(|U|^2)$. 类似地, 可以设计计算 A-被刻画占优集的算法, 在此不作讨论.

例 6.1.1 考虑如表 6.1 所示的不完备序信息系统 S, 其中 $U=\{x_1,x_2,\cdots,x_8\}$ 且 $\mathrm{AT}=\{a_1,a_2,a_3,a_4\}$.

算法 6.1　计算所有 A-刻画占优集的算法

输入: 不完备序信息系统 $S = \langle U, \mathrm{AT}, V, f\rangle$, $A \subseteq \mathrm{AT}$.

输出: U 中所有元素 x 的 A-刻画占优集, 即, $D_A^{\Diamond+}(x)$, $\forall x \in U$.

1: **for** each $x, y \in U$ **do**
2: 　置 $m \leftarrow 0$;
3: 　**for** each $a \in A$ **do**
4: 　　**if** $(f(y,a) =?$ or $f(y,a) = *$ or $f(x,a) = *$ or $f(y,a) \geqslant f(x,a))$ **then**
5: 　　　$m \leftarrow m + 1$;
6: 　　**end if**
7: 　**end for**
8: 　**if** $m = |A|$ **then**
9: 　　$D_A^{\Diamond+}(x) \leftarrow D_A^{\Diamond+}(x) \cup \{y\}$;
10: 　**end if**
11: 　**输出**$D_A^{\Diamond+}(x)$;
12: **end for**

表 6.1　不完备序信息系统

U	a_1	a_2	a_3	a_4
x_1	2	?	1	2
x_2	3	3	2	2
x_3	?	1	?	1
x_4	3	3	2	*
x_5	2	?	3	3
x_6	1	2	1	*
x_7	1	1	*	1
x_8	*	2	*	2

由计算, 有

$$
\begin{aligned}
D_{\mathrm{AT}}^{\Diamond+}(x_1) &= \{x_1, x_2, x_3, x_4, x_5, x_8\} \cap \{x_1, x_5\} \cap U \cap \{x_1, x_2, x_4, x_5, x_6, x_8\} \\
&= \{x_1, x_5\}, \\
D_{\mathrm{AT}}^{\Diamond+}(x_2) &= \{x_2, x_3, x_4, x_8\} \cap \{x_1, x_2, x_4, x_5\} \cap \{x_2, x_3, x_4, x_5, x_7, x_8\} \\
&\quad \cap \{x_1, x_2, x_4, x_5, x_6, x_8\} \\
&= \{x_2, x_4\}, \\
D_{\mathrm{AT}}^{\Diamond+}(x_3) &= \{x_3, x_8\} \cap U \cap \{x_3, x_7, x_8\} \cap U = \{x_3, x_8\},
\end{aligned}
$$

$$\begin{aligned}
D_{\mathrm{AT}}^{\Diamond+}(x_4) &= \{x_2,x_3,x_4,x_8\}\cap\{x_1,x_2,x_4,x_5\}\cap\{x_2,x_3,x_4,x_5,x_7,x_8\}\cap U\\
&= \{x_2,x_4\},\\
D_{\mathrm{AT}}^{\Diamond+}(x_5) &= \{x_1,x_2,x_3,x_4,x_5,x_8\}\cap\{x_1,x_5\}\cap\{x_3,x_5,x_7,x_8\}\cap\{x_4,x_5,x_6\}\\
&= \{x_5\},\\
D_{\mathrm{AT}}^{\Diamond+}(x_6) &= U\cap\{x_1,x_2,x_4,x_5,x_6,x_8\}\cap U\cap U=\{x_1,x_2,x_4,x_5,x_6,x_8\},\\
D_{\mathrm{AT}}^{\Diamond+}(x_7) &= U\cap U\cap U\cap U=U,\\
D_{\mathrm{AT}}^{\Diamond+}(x_8) &= U\cap\{x_1,x_2,x_4,x_5,x_6,x_8\}\cap U\cap\{x_1,x_2,x_4,x_5,x_6,x_8\}\\
&= \{x_1,x_2,x_4,x_5,x_6,x_8\}.
\end{aligned}$$

6.1.2 不完备序信息系统中的粗糙近似

在粗糙集理论中, 集合的上、下近似是基本概念, 是进一步研究其他问题的出发点. 为了扩展粗糙集理论的应用范围, 很多学者考虑用更弱的二元关系代替等价关系处理具体问题. 对于只满足自反性的二元关系, 波兰学者 Slowinski 和 Vanderpooten[168] 提出了下面的定义.

定义 6.1.4[168] 设 $X\subseteq U$ 且 R 为 U 上的自反关系. X 的下近似, 记为 $\underline{R}(X)$, X 的上近似, 记为 $\overline{R}(X)$, 分别为

$$\underline{R}(X)=\{x\in U:R^{-1}(x)\subseteq X\},\tag{6.8}$$

$$\overline{R}(X)=\{x\in U:R^{-1}(x)\cap X\neq\varnothing\}=\bigcup_{x\in X}R(x),\tag{6.9}$$

其中 $R(x)=\{y\in U:yRx\}$, $R^{-1}(x)=\{y\in U:xRy\}$.

类似地, 对于不完备序信息系统中满足自反性的关系 $D_A^{\Diamond}$, 有下面的定义.

定义 6.1.5 设 $\langle U,\mathrm{AT},V,f\rangle$ 为不完备序信息系统, $A\subseteq\mathrm{AT}$ 且 $X\subseteq U$, 则 I 型集合 X 的上、下近似分别为

$$\overline{A}(X)=\{x\in U:D_A^{\Diamond-}(x)\cap X\neq\varnothing\}=\bigcup_{x\in X}D_A^{\Diamond+}(x),\tag{6.10}$$

$$\underline{A}(X)=\{x\in U:D_A^{\Diamond-}(x)\subseteq X\}.\tag{6.11}$$

$\underline{A}(X)$ 中的对象是根据 A 可以确定地判定为 X 中的元素, 而集合 $\overline{A}(X)$ 中的对象是可能属于 X 的元素. 从三支决策理论的角度来说, 根据 X, 可以将所有对象分为三类: 正域 (positive region) $\mathrm{POS}_A(X)$、边界域 (boundary region) $\mathrm{BND}_A(X)$

和负域 (negative region) $\mathrm{NEG}_A(X)$. 具体地,

$$\mathrm{POS}_A(X) = \underline{A}(X), \tag{6.12}$$

$$\mathrm{BND}_A(X) = \overline{A}(X) - \underline{A}(X), \tag{6.13}$$

$$\mathrm{NEG}_A(X) = U - \overline{A}(X). \tag{6.14}$$

为了行文方便, 在不引起混淆的情况下, 省略表示所考虑的准则集下标 A. 我们可以判定正域中的元素 $x \in \mathrm{POS}(X)$ 属于 X, 负域中的元素 $x \in \mathrm{NEG}(X)$ 不属于 X. 边界域中的元素 $x \in \mathrm{BND}(X)$ 不能判定是否属于 X, 因此拒绝决策或延迟决策.

接下来引入另一种定义上、下近似的方式. 由于 $U/D_A^{\Diamond} = \{D_A^{\Diamond+}(x) : x \in U\}$ 构成 U 上的覆盖, 记 $n(x) = D_A^{\Diamond+}(x)$, $\forall x \in U$, 则 n 是覆盖粗糙集理论[222] 中的 (自反的) 近邻算子. 基于元素定义的近似算子, 很自然地有下面的定义.

定义 6.1.6　设 $\langle U, \mathrm{AT}, V, f\rangle$ 为不完备序信息系统, $A \subseteq \mathrm{AT}$ 且 $X \subseteq U$, 则集合 X 的 II 型上、下近似分别为

$$A^{\blacktriangle}(X) = \{x \in U : D_A^{\Diamond+}(x) \cap X \neq \varnothing\} = \bigcup_{x \in X} D_A^{\Diamond-}(x), \tag{6.15}$$

$$A^{\blacktriangledown}(X) = \{x \in U : D_A^{\Diamond+}(x) \subseteq X\}. \tag{6.16}$$

定理 6.1.1　粗糙近似 $\underline{A}(X)$ 和 $\overline{A}(X)$ 满足下面的性质:

(1) (粗包含) $\underline{A}(X) \subseteq X \subseteq \overline{A}(X)$.

(2) (互补律) $\underline{A}(X) = \sim \overline{A}(\sim X)$.

(3) (单调性) 若 $B \subseteq A$, 则 $\underline{B}(X) \subseteq \underline{A}(X)$, $\overline{B}(X) \supseteq \overline{A}(X)$;

若 $X \subseteq Y$, 则 $\underline{A}(X) \subseteq \underline{A}(Y)$, $\overline{A}(X) \subseteq \overline{A}(Y)$.

(4)(可乘性) $\underline{A}(X \cap Y) = \underline{A}(X) \cap \underline{A}(Y)$, $\overline{A}(X \cup Y) = \overline{A}(X) \cup \overline{A}(X)$.

II 型近似也满足类似的性质, 在此不讨论这些细节.

例 6.1.2 (续例 6.1.1)　考虑由表 6.1 表示的不完备序信息系统 S.

由计算, 有

$D_{\mathrm{AT}}^{\Diamond-}(x_1) = \{x_1, x_6, x_7, x_8\}$,　　$D_{\mathrm{AT}}^{\Diamond-}(x_2) = D_{\mathrm{AT}}^{\Diamond-}(x_4) = \{x_2, x_4, x_6, x_7, x_8\}$,

$D_{\mathrm{AT}}^{\Diamond-}(x_3) = \{x_3, x_7\}$,　　$D_{\mathrm{AT}}^{\Diamond-}(x_5) = \{x_1, x_5, x_6, x_7, x_8\}$,

$D_{\mathrm{AT}}^{\Diamond-}(x_6) = \{x_6, x_7, x_8\}$,　　$D_{\mathrm{AT}}^{\Diamond-}(x_7) = \{x_7\}$,

$D_{\mathrm{AT}}^{\Diamond-}(x_8) = \{x_3, x_6, x_7, x_8\}$.

取 $X=\{x_3,x_4,x_7\}$, 由定义 6.1.5, X 的 I 型上、下近似分别为

$$\overline{\mathrm{AT}}(X)=U \quad 和 \quad \underline{\mathrm{AT}}(X)=\{x_3,x_7\}.$$

因此, $\mathrm{POS}(X)=\{x_3,x_7\}$, $\mathrm{BND}(X)=\{x_1,x_2,x_4,x_5,x_6,x_8\}$, $\mathrm{NEG}(X)=\varnothing$.

由定义 6.1.6, X 的 II 型上、下近似分别为

$$\mathrm{AT}^{\blacktriangle}(X)=\{x_2,x_3,x_4,x_6,x_7,x_8\} \quad 和 \quad \mathrm{AT}^{\blacktriangledown}(X)=\varnothing.$$

此例说明这两种类型的上、下近似可能是不同的.

接下来我们考虑不完备序决策系统.

定义 6.1.7 设 $\langle U,C\cup\{d\},V,f\rangle$ 为不完备序决策系统且 $A\subseteq C$, 则关于 A 决策类 $Cl_t^{\geqslant}$ 的上、下近似分别为

$$\overline{A}(Cl_t^{\geqslant})=\bigcup_{x\in Cl_t^{\geqslant}} D_A^{\lozenge+}(x), \tag{6.17}$$

$$\underline{A}(Cl_t^{\geqslant})=\{x\in U: D_A^{\lozenge+}(x)\subseteq Cl_t^{\geqslant}\}. \tag{6.18}$$

关于 A 决策类 $Cl_t^{\leqslant}$ 的上、下近似分别为

$$\overline{A}(Cl_t^{\leqslant})=\bigcup_{x\in Cl_t^{\leqslant}} D_A^{\lozenge-}(x), \tag{6.19}$$

$$\underline{A}(Cl_t^{\leqslant})=\{x\in U: D_A^{\lozenge-}(x)\subseteq Cl_t^{\leqslant}\}. \tag{6.20}$$

上、下近似的差称为边界. 边界 $Bn_A(Cl_t^{\geqslant})$ 和 $Bn_A(Cl_t^{\leqslant})$, $1\leqslant t\leqslant n$ 分别为

$$Bn_A(Cl_t^{\geqslant})=\overline{A}(Cl_t^{\geqslant})-\underline{A}(Cl_t^{\geqslant}), \tag{6.21}$$

$$Bn_A(Cl_t^{\leqslant})=\overline{A}(Cl_t^{\leqslant})-\underline{A}(Cl_t^{\leqslant}). \tag{6.22}$$

正如之前提到的, U 的子集 X 的边界在三支决策理论中记为 $\mathrm{BND}(X)$. $Cl_t^{\geqslant}$ 和 $Cl_t^{\leqslant}$ 为关于决策准则 d 的知识粒, 在优势粗糙集理论中, 我们常用符号 $Bn_A(Cl_t^{\geqslant})$ 和 $Bn_A(Cl_t^{\leqslant})$ 表示它们的边界.

显然, 有 $\overline{A}(Cl_t^{\geqslant})=\{x\in U: D_A^{\lozenge-}(x)\cap Cl_t^{\geqslant}\neq\varnothing\}$ 和 $\overline{A}(Cl_t^{\leqslant})=\{x\in U: D_A^{\lozenge+}(x)\cap Cl_t^{\leqslant}\neq\varnothing\}$.

下面我们用符号 $\natural$ 表示 $\leqslant$ 或 $\geqslant$.

若 $X=Cl_t^{\natural}$, 由正域、负域和边界域, 可以得到下面的 $\natural$-接受决策规则 (positive decision rule)、$\natural$-拒绝决策规则 (negative decision rule) 和 $\natural$-延迟决策规则 (boundary decision rule), 这些规则与参考文献 [55, 56] 中定义的类似:

(1) $\wedge(a,\sharp,f(a,x)) \rightarrow_P (d,\sharp,t)$, 由 $x \in \mathrm{POS}(Cl_t^{\sharp})$;

(2) $\wedge(a,\sharp,f(a,x)) \rightarrow_N (d,\sharp,t)$, 由 $x \in \mathrm{NEG}(Cl_t^{\sharp})$;

(3) $\wedge(a,\sharp,f(a,x)) \rightarrow_B (d,\sharp,t)$, 由 $x \in \mathrm{BND}(Cl_t^{\sharp})$.

定理 6.1.2 粗糙近似 $\underline{A}(Cl_t^{\sharp})$ 和 $\overline{A}(Cl_t^{\sharp})$ 满足下面的性质:

(1) (粗包含) $\underline{A}(Cl_t^{\sharp}) \subseteq Cl_t^{\sharp} \subseteq \overline{A}(Cl_t^{\sharp})$;

(2) (互补性) $\underline{A}(Cl_t^{\geqslant}) = U - \overline{A}(Cl_{t-1}^{\leqslant})$, $\underline{A}(Cl_t^{\leqslant}) = U - \overline{A}(Cl_{t+1}^{\geqslant})$;

(3) (单调性) 若 $B \subseteq A$, 则 $\underline{B}(Cl_t^{\sharp}) \subseteq \underline{A}(Cl_t^{\sharp})$, $\overline{B}(Cl_t^{\sharp}) \supseteq \overline{A}(Cl_t^{\sharp})$, $Bn_B(Cl_t^{\sharp}) \supseteq Bn_A(Cl_t^{\sharp})$;

(4) (边界重合) $Bn_A(Cl_t^{\geqslant}) = Bn_A(Cl_{t-1}^{\leqslant})$.

定理 6.1.1 和定理 6.1.2 显然成立, 在此略去其证明.

根据上面的定义, 引入算法 6.2 计算不完备序决策系统的近似.

算法 6.2 计算集合的刻画优势粗糙近似

输入: 论域 U 中任意元素的 A-(被) 刻画占优集, $U/D_d = \{Cl_t^{\geqslant}\}$.

输出: 关于 A 的集合所有 $Cl_t^{\geqslant}$ 的上、下近似.

1: **for** each $Cl_t^{\geqslant} \in U/D_d$ **do**

2:   **for** each $x \in U$ **do**

3:     **if** $D_A^{\Diamond+}(x) \cap Cl_t^{\geqslant} = D_A^{\Diamond+}(x)$ **then**

4:       $\underline{A}(Cl_t^{\geqslant}) \leftarrow \underline{A}(Cl_t^{\geqslant}) \cup \{x\}$;

5:     **end if**

6:     **if** $D_A^{\Diamond-}(x) \cap Cl_t^{\geqslant} \neq \varnothing$ **then**

7:       $\overline{A}(Cl_t^{\geqslant}) \leftarrow \overline{A}(Cl_t^{\geqslant}) \cup \{x\}$;

8:     **end if**

9:   **end for**

10:   $Bn_A(Cl_t^{\geqslant}) \leftarrow \overline{A}(Cl_t^{\geqslant}) - \underline{A}(Cl_t^{\geqslant})$;

11:   **输出**$\underline{A}(Cl_t^{\geqslant}), \overline{A}(Cl_t^{\geqslant}), Bn_A(Cl_t^{\geqslant})$;

12: **end for**

因为 $|Cl_t^{\geqslant}| \leqslant |U|$, 算法 6.2 的复杂度为 $O(|U|^2)$. 由算法 6.1 和算法 6.2, 计算决策类的近似的复杂度为 $O((|A|+1)|U|^2)$. 如果用并行技术求解, 复杂度降为 $O(|U|^2)$.

例 6.1.3 考虑由表 6.2 所示的不完备序决策系统, 它是由表 6.1 加入决策准则 d 得到的系统.

表 6.2 不完备序决策系统

U	a_1	a_2	a_3	a_4	d
x_1	2	?	1	2	2
x_2	3	3	2	2	3
x_3	?	1	?	1	1
x_4	3	3	2	*	3
x_5	2	?	3	3	3
x_6	1	2	1	*	2
x_7	1	1	*	1	1
x_8	*	2	*	2	2

由表 6.2 中的信息, 有

$$U/d = \mathbf{Cl} = \{Cl_1, Cl_2, Cl_3\},$$

其中 $Cl_1 = \{x_3, x_7\}, Cl_2 = \{x_1, x_6, x_8\}, Cl_3 = \{x_2, x_4, x_5\}$.

由计算, 有 $\underline{C}(Cl_t^\sharp) = \overline{C}(Cl_t^\sharp) = Cl_t^\sharp$, $Bn_C(Cl_t^\sharp) = \varnothing$, $\forall t = 1, 2, 3$.

因为 $\mathrm{BND}(Cl_t^\sharp) = \varnothing$, 对于此不完备序决策系统没有 $\sharp$-拒绝决策规则. $\mathrm{POS}(Cl_t^\sharp)$ 当然不是这种情形. 例如, 由 $x_2 \in \mathrm{POS}(Cl_3^\geqslant)$, 可以得到 $\geqslant$-接受决策规则:

r : 若 $f(a_1, x) \geqslant 3, f(a_2, x) \geqslant 3, f(a_3, x) \geqslant 2$ 且 $f(a_4, x) \geqslant 2$, 则 $f(d, x) \geqslant 3$. //由对象 x_2, x_4 支持.

至于由其他对象生成的 $\sharp$-接受决策规则, 可以用类似的方法得到, 在此不作讨论.

6.2 不完备序信息系统的属性约简

无论是在粗糙集理论中还是在优势粗糙集理论中, 属性约简都是研究的一个重要问题. 本节提出不完备序信息系统中属性约简的概念, 之后介绍计算所有约简的辨识矩阵方法. 另外, 给出寻找系统一个约简的基于向前贪婪搜索策略的启发式约简算法.

给定不完备序信息系统, 对 $a \in B$, 若 $U/D_B^\Diamond = U/D_{B-a}^\Diamond$, 称知识 a 对于 B 是冗余的, 否则, 称为相对 B 是不可缺少的. 若对任意 $a \in B$ 相对 B 都是不可缺少的, 则称 B 是独立的.

定义 6.2.1 设 $S = \langle U, \mathrm{AT}, V, f\rangle$ 为不完备序信息系统且 $A \subseteq \mathrm{AT}$. 若 $D_A^\Diamond = D_{\mathrm{AT}}^\Diamond$, 则称 A 是系统 S 的一致集. 若 A 是一致集, 而且对于 A 的任何子集都不是一致集, 则称 A 是系统 S 的约简.

若 AT 的子集 A 是独立的且 $D_A^{\Diamond} = D_{\mathrm{AT}}^{\Diamond}$, 则 A 是 S 的约简. 换句话说, 系统的约简是 AT 的满足 $D_A^{\Diamond} = D_{\mathrm{AT}}^{\Diamond}$ 的极小子集.

注意到不完备序信息系统可能有多个约简, 所有约简的交集称为核, 其中的准则在属性约简过程中不能删除. 由下述定义, 可以得出核由 AT 中不可缺少的准则组成. 准则称为可以替换的, 若它存在某个约简中但又不属于核.

Skowron 和 Rauszer[167] 提出的辨识矩阵方法是求解所有约简常用的方法. 该方法已经成功应用于多种信息系统的属性约简[35, 99, 134, 201]. 下面用辨识矩阵方法计算不完备序信息系统的约简. 首先, 给出如下的属性约简判定定理. 记

$$D(x,y) = \{a \in \mathrm{AT} : (x,y) \notin D_a^{\Diamond}\} \tag{6.23}$$

为对象 x 和 y 的辨识属性集, 记

$$\boldsymbol{D} = \{D(x,y) : x, y \in U\} \tag{6.24}$$

为系统 S 的辨识矩阵.

对任意 $x, y, z \in U$, 有 $D(x,x) = \varnothing$ 且 $D(x,y) \cap D(y,x) = \varnothing$, 但是 $D(x,z) \subseteq D(x,y) \cup D(y,z)$ 不一定成立.

定理 6.2.1 (属性约简判定定理)　设 $S = \langle U, \mathrm{AT}, V, f\rangle$ 为不完备序信息系统, $A \subseteq \mathrm{AT}$, 且 $\boldsymbol{D}$ 为系统 S 的辨识矩阵, 则 A 是系统 S 的一致集当且仅当对任意 $D(x,y) \neq \varnothing$, 有 $A \cap D(x,y) \neq \varnothing$.

证明　假设 A 是系统 S 的一致集, 则 $D_A^{\Diamond} = D_{\mathrm{AT}}^{\Diamond}$. 若 $D(x,y) \neq \varnothing$, 则 $(x,y) \notin D_{\mathrm{AT}}^{\Diamond}$, 即 $(x,y) \notin D_A^{\Diamond}$. 因此, 一定存在 $a \in A$ 使得 $(x,y) \notin D_a^{\Diamond}$. 由 $D(x,y)$ 的定义, 有 $a \in D(x,y)$. 这样有 $A \cap D(x,y) \neq \varnothing$.

反之, 对任意 $x, y \in U$, 若 $(x,y) \notin D_{\mathrm{AT}}^{\Diamond}$, 则 $D(x,y) \neq \varnothing$ 成立. 由假设, 有 $A \cap D(x,y) \neq \varnothing$, 则存在 $a \in A$ 使得 $a \in D(x,y)$, 即 $(x,y) \notin D_a^{\Diamond}$. 进一步, 有 $(x,y) \notin D_A^{\Diamond}$. 因此, $D_A^{\Diamond} \subseteq D_{\mathrm{AT}}^{\Diamond}$ 成立. 另一方面, 由命题 6.1.1(2) 得 $D_{\mathrm{AT}}^{\Diamond} \subseteq D_A^{\Diamond}$. 因此 $D_A^{\Diamond} = D_{\mathrm{AT}}^{\Diamond}$, 即, A 是系统 S 的一致集. □

设 $\vee D(x,y)$ 为 Boolean 表达式[137, 167], 若 $D(x,y) = \varnothing$, 该式等于 1; 否则 $\vee D(x,y)$ 是 $D(x,y)$ 中准则对应变量的析取, 即 $\vee D(x,y) = \vee\{a : a \in D(x,y)\}$.

定义 6.2.2　设 $S = \langle U, \mathrm{AT}, V, f\rangle$ 为不完备序信息系统, 且 $\boldsymbol{D}$ 为系统 S 的辨识矩阵. 记

$$F = \wedge\Big\{\vee D(x,y) : x, y \in U\Big\}, \tag{6.25}$$

则称 F 为系统 S 的辨识函数.

定理 6.2.2　设 $S = \langle U, \mathrm{AT}, V, f\rangle$ 为不完备序信息系统, 且 F 为系统 S 的辨

识函数. 若 F 的极小析取范式为

$$F = \bigvee_{k=1}^{p}\left(\bigwedge_{s=1}^{q_k} a_{i_{k,s}}\right),$$

记 $A_k = \{a_{i_{k,s}} : s = 1, 2, \cdots, q_k\}$, 则 $\{A_k : k = 1, 2, \cdots, p\}$ 为系统 S 的所有约简.

证明 由定理 6.2.1 和辨识矩阵的极小析取范式的定义可得. □

定理 6.2.2 提供了一个求解基于刻画优势关系的不完备序信息系统所有约简的方法, 该方法与将 Boolean 表达式的合取范式转化为极小析取范式等价. 算法 6.3 给出了此方法的具体步骤.

算法 6.3 求解基于刻画优势关系的不完备序信息系统所有约简的辨识矩阵方法

输入: 不完备序信息系统 $S = \langle U, \mathrm{AT}, V, f\rangle$.
输出: 系统 S 的所有约简.

1: **for** each $x, y \in U$ **do** // 计算辨识矩阵 $\boldsymbol{D}$
2: $D(x,y) \leftarrow \varnothing$;
3: **for** each $a \in \mathrm{AT}$ **do**
4: **if** $(f(x,a) < f(y,a)$ 或 $(f(y,a) =?$ 且 $f(x,a)$ 值已知$))$ **then**
5: $D(x,y) \leftarrow D(x,y) \cup \{a\}$; // 将 a 加入 $D(x,y)$
6: **end if**
7: **end for**
8: **end for**
9: set $F_{\wedge(\vee)} \leftarrow 1$;
10: **for** each $x, y \in U$ **do**
11: **if** $D(x,y) \neq \varnothing$ **then**
12: $F_{x,y} = \vee\{a : a \in D(x,y)\}$; // $D(x,y)$ 的析取范式
13: **end if**
14: $F_{\wedge(\vee)} = F_{\wedge(\vee)} \wedge F_{x,y}$; // 系统 S 的辨识函数
15: **end for**
16: $F_{\vee(\wedge)} \leftarrow F_{\wedge(\vee)}$; // 将辨识函数 $F_{\wedge(\vee)}$ 由合取范式转化为极小析取范式 $F_{\vee(\wedge)}$
17: **输出RED** $\leftarrow \{\mathrm{red} : \mathrm{red} \in F_{\vee(\wedge)}\}$; // **RED** 为所有约简的集合

接下来用此算法考虑表 6.1 表示的不完备序信息系统的属性约简.

例 6.2.1 (续例 6.1.1) 通过计算辨识函数的极小析取范式确定表 6.1 的所有约简.

表 6.3 为系统的辨识矩阵, 其中 U^2 中每个位置 (x,y) 上的元素为 $D(x,y)$. 例如, 由 $D(x_1,x_2) = \{a_1, a_3\}$ 可得: x_1 关于准则 a_1 或 a_3 并不占优 x_2.

表 6.3　表 6.1 的辨识矩阵

$D(x_i,x_j)$	x_1	x_2	x_3	x_4	x_5	x_6	x_7	x_8
x_1	$\varnothing$	a_1,a_3	a_1,a_3	a_1,a_3	a_3,a_4	$\varnothing$	$\varnothing$	$\varnothing$
x_2	a_2	$\varnothing$	a_1,a_3	$\varnothing$	a_2,a_3,a_4	$\varnothing$	$\varnothing$	$\varnothing$
x_3	a_2,a_4	a_2,a_4	$\varnothing$	a_2	a_2,a_4	a_2	$\varnothing$	a_2,a_4
x_4	a_2	$\varnothing$	a_1,a_3	$\varnothing$	a_2,a_3	$\varnothing$	$\varnothing$	$\varnothing$
x_5	$\varnothing$	a_1	a_1,a_3	a_1	$\varnothing$	$\varnothing$	$\varnothing$	$\varnothing$
x_6	a_1,a_2	a_1,a_2,a_3	a_1,a_3	a_1,a_2,a_3	a_1,a_2,a_3	$\varnothing$	$\varnothing$	$\varnothing$
x_7	a_1,a_2,a_4	a_1,a_2,a_4	a_1	a_1,a_2	a_1,a_2,a_4	a_2	$\varnothing$	a_2,a_4
x_8	a_2	a_2	$\varnothing$	a_2	a_2,a_4	$\varnothing$	$\varnothing$	$\varnothing$

利用吸收律, 可以删除辨识矩阵中某些元素. 应用吸收律之后, $\{a_1\}$, $\{a_2\}$ 和 $\{a_3,a_4\}$ 留在辨识矩阵中. 因此,

$$F=a_1\wedge a_2\wedge(a_3\vee a_4)=(a_1\wedge a_2\wedge a_3)\vee(a_1\wedge a_2\wedge a_4).$$

这样就得到了系统的两个约简: $\{a_1,a_2,a_3\}$ 和 $\{a_1,a_2,a_4\}$.

已经证明了计算辨识函数的极小析取范式是 NP-难问题. 辨识矩阵方法求解所有约简是非常耗时的, 尤其是当数据集有成千上万个属性时, 比如微阵列数据集[124]. 实际上, 寻找所有约简的复杂度与属性的个数指数相关. 另外, 对很多现实问题寻找到一个约简就足够了. 在此我们给出不完备序信息系统的启发式属性约简方法. 应当考虑三个问题: 属性重要度、搜索策略和停机条件. 属性重要度分为两种类型: 内重要度和外重要度. 内重要度用来寻找系统的核元素, 而外重要度是属性的量化度量, 可以确定当前步骤应该选择哪个候选属性. 两种常用的搜索策略为向前选择和向后删除. 停机条件由约简的定义 (一般是指系统的近似或者辨识能力) 所确定, 可能由于定义的不同从而停机条件有所不同.

为了保持 $D_A^{\Diamond}=D_{\mathrm{AT}}^{\Diamond}$, 即 $D_A^{\Diamond+}(x)=D_{\mathrm{AT}}^{\Diamond+}(x),\forall x\in U$, 我们只需要保证 $|D_A^{\Diamond+}(x)|=|D_{\mathrm{AT}}^{\Diamond+}(x)|,\forall x\in U$, 进一步, 由于 $D_A^{\Diamond+}(x)$ 的单调性, 该条件等价为 $\sum\limits_{x\in U}|D_A^{\Diamond+}(x)|=\sum\limits_{x\in U}|D_{\mathrm{AT}}^{\Diamond+}(x)|$. 显然, 有 $|U|\leqslant\sum\limits_{x\in U}|D_{\mathrm{AT}}^{\Diamond+}(x)|\leqslant\sum\limits_{x\in U}|D_A^{\Diamond+}(x)|\leqslant\sum\limits_{x\in U}|D_{\varnothing}^{\Diamond+}(x)|=|U|^2,\forall A\subseteq\mathrm{AT}$. 对于 $B\subseteq\mathrm{AT}$, 准则集 B 的占优能力, 记作 $\theta_B^{\geqslant}$, 为 $\theta_B^{\geqslant}=\dfrac{\sum\limits_{x\in U}|D_B^{\Diamond+}(x)|}{|U|^2}$. 因此, $\dfrac{1}{|U|}\leqslant\theta_B^{\geqslant}\leqslant 1$.

对于 $B\subseteq\mathrm{AT}$, $a\in B$, B 中准则 a 的内重要度为

$$\mathrm{sig}_{\mathrm{inner}}^{\geqslant}(a,B)=\theta_{B-\{a\}}^{\geqslant}-\theta_B^{\geqslant}. \tag{6.26}$$

因此有 $0\leqslant\mathrm{sig}_{\mathrm{inner}}^{\geqslant}(a,B)\leqslant\dfrac{|U|-1}{|U|}$. 称

(1) $a \in \mathrm{AT}$ 为不可缺少的, 如果 $\mathrm{sig}_{\mathrm{inner}}^{\geqslant}(a, \mathrm{AT}) > 0$.

(2) $B \subseteq \mathrm{AT}$ 为独立的, 如果 $\mathrm{sig}_{\mathrm{inner}}^{\geqslant}(a, B) > 0, \forall a \in B$.

由以上分析, 有 $\mathrm{core} = \{a \in \mathrm{AT} : \mathrm{sig}_{\mathrm{inner}}^{\geqslant}(a, \mathrm{AT}) > 0\}$. 虽然不完备序信息系统可能有不止一个约简, 但是核为确定的且为任何约简的子集. 我们可以从核 core 出发, 每次增加一个准则构造一个约简 B, 准则增加的原理解释如下.

对于 $B \subseteq \mathrm{AT}$ 且 $a \notin B$, 相对 B 准则 a 的外重要度为

$$\mathrm{sig}_{\mathrm{outer}}^{\geqslant}(a, B) = \theta_B^{\geqslant} - \theta_{B \cup \{a\}}^{\geqslant}. \tag{6.27}$$

参数$\mathrm{sig}_{\mathrm{outer}}^{\geqslant}(a, B)$ 描述准则集 B 因为加入新的准则 a 占优能力的增长. 显然有 $0 \leqslant \mathrm{sig}_{\mathrm{outer}}^{\geqslant}(a, B) \leqslant \dfrac{|U|-1}{|U|}$. 对于 $B \subseteq A$, 若 $\mathrm{sig}_{\mathrm{outer}}^{\geqslant}(a, B) = 0$, 则 $\mathrm{sig}_{\mathrm{outer}}^{\geqslant}(a, A) = 0$.

为了找到合适的准则集 B 使得 $\theta_B^{\geqslant}$ 的值尽快从 $\theta_{\mathrm{core}}^{\geqslant}$ 降为 $\theta_{\mathrm{AT}}^{\geqslant}$, 我们选取如果将 a 添加到 B 会让 $\theta_B^{\geqslant}$ 减小得最快的准则 a. 由于 $\theta_{\mathrm{AT}}^{\geqslant}$ 和 $\theta_B^{\geqslant}$ 在当前循环保持不变, 我们只需要计算 $\theta_{\mathrm{AT}-\{a\}}^{\geqslant}$ 和 $\theta_{B \cup \{a\}}^{\geqslant}$.

根据以上描述, 在算法 6.4 中描述了寻找不完备序信息系统的一个约简的具体方法.

接下来分析算法 6.4 的复杂度. 对于步骤 2—步骤 7, 有 $|\mathrm{AT}|$ 个准则需要验证是否为核元素, 而根据算法 6.1 验证每个元素的计算量为 $O((|\mathrm{AT}|-1)|U|^2)$. 因此步骤 2—步骤 7 的计算复杂度为 $O(|\mathrm{AT}|^2|U|^2)$. 对步骤 8—步骤 15, 在第 k 轮循环有 $|\mathrm{AT}| - m - k + 1$ 个待检验准则集, 其中 m 为 core 中的准则的个数, 此时计算占优集的复杂度至多为 $(m+k)|U|^2$. 因此最坏情况下步骤 8—步骤 15的复杂度为 $\sum\limits_{k=1}^{|\mathrm{AT}|-m} (|\mathrm{AT}| - m - k + 1)(m+k)|U|^2$. 由等式 $\sum\limits_{k=1}^{|\mathrm{AT}|-m} (|\mathrm{AT}| - m - k + 1)(m+k) = \sum\limits_{t=m+1}^{|\mathrm{AT}|} (|\mathrm{AT}| - t + 1)t = (|\mathrm{AT}|^3 - 3m^2|\mathrm{AT}| + 2m^3)|U|^2$, 步骤 8—步骤 15 的复杂度为 $O(|\mathrm{AT}|^3|U|^2)$. 这是因为对于一元函数 $f(m) = n^3 - 3nm^2 + 2m^3$, 它的导函数为 $f'(m) = 6m(m-n)$. 若 $m \leqslant n$, 则 $f'(m) \leqslant 0$. 因此, $f(m)$ 的值随着 m 的增加而减少. 因而有 $0 = f(n) \leqslant f(m) \leqslant f(0) = n^3$. 对于步骤 16—步骤 20, 验证停机条件 $\theta_B^{\geqslant} = \theta_{\mathrm{AT}}^{\geqslant}$ 的复杂度为 $O(|\mathrm{AT}||U|^2)$. 因此, 算法 6.4 的复杂度为 $O(|\mathrm{AT}|^2|U|^2 + |\mathrm{AT}|^3|U|^2 + |\mathrm{AT}||U|^2) = O(|\mathrm{AT}|^3|U|^2)$. 因此, 算法 6.4 为多项式复杂度的算法. 若 AT 中每个准则都是不可缺少的, 即 AT 本身是独立的, 那么我们只需要计算步骤 2—步骤 7, 这样, 算法 6.4 的复杂度降为 $O(|\mathrm{AT}|^2|U|^2)$.

如果此算法用并行算法来设计完成, 步骤 2—步骤 7, 步骤 8—步骤 15, 步骤 16—步骤 20 的复杂度分别降为 $O(|\mathrm{AT}||U|^2)$, $O(|\mathrm{AT}|^2|U|^2)$ 和 $O(|U|^2)$. 因此, 算法 6.4 的复杂度为 $O(|\mathrm{AT}|^2|U|^2)$. 若 AT 中每个准则都是不可缺少的, 则算法 6.4 的复

算法 6.4 计算不完备序信息系统的一个约简的启发式算法

输入: 不完备序信息系统 $S = \langle U, \mathrm{AT}, V, f \rangle$.

输出: 系统 S 的一个约简.

1: 置 $B \leftarrow \varnothing$; // 初始化系统 S 的约简 B

2: **for** each $a \in \mathrm{AT}$ **do**

3: 计算 $\mathrm{sig}^{\geqslant}_{\mathrm{inner}}(a, \mathrm{AT}) = \dfrac{\sum\limits_{x \in U} |D^{\Diamond +}_{\mathrm{AT}-\{a\}}(x)|}{|U|^2} - \dfrac{\sum\limits_{x \in U} |D^{\Diamond +}_{\mathrm{AT}}(x)|}{|U|^2}$;

4: **if** $\mathrm{sig}^{\geqslant}_{\mathrm{inner}}(a, \mathrm{AT}) > 0$ **then** // a 在 AT 中不可缺少

5: $B \leftarrow B \cup \{a\}$;

6: **end if**

7: **end for** // B 为系统 S 的核

8: **for** each $a \in \mathrm{AT} - B$ **do**

9: 计算 $\mathrm{sig}^{\geqslant}_{\mathrm{outer}}(a, B) = \dfrac{\sum\limits_{x \in U} |D^{\Diamond +}_{B}(x)|}{|U|^2} - \dfrac{\sum\limits_{x \in U} |D^{\Diamond +}_{B \cup \{a\}}(x)|}{|U|^2}$;

10: **end for**

11: 选取满足 $\mathrm{sig}^{\geqslant}_{\mathrm{outer}}(a, B) = \max\limits_{b \in \mathrm{AT}-B} \mathrm{sig}^{\geqslant}_{\mathrm{outer}}(b, B)$ 的准则 a;

12: **if** $\mathrm{sig}^{\geqslant}_{\mathrm{outer}}(a, B) = 0$ **then**

13: 跳转至步骤 16;

14: **else** $B \leftarrow B \cup \{a\}$;

15: **end if**

16: **if** $\theta^{\geqslant}_{B} = \theta^{\geqslant}_{\mathrm{AT}}$ **then** // 检验停机条件

17: 删除 B 中的冗余元素;

18: **输出** B;

19: **else** 跳转至步骤 8;

20: **end if**

杂度降为 $O(|\mathrm{AT}||U|^2)$.

需要指出，在步骤 11, 如果有多个准则同时使得 $\mathrm{sig}^{\geqslant}_{\mathrm{outer}}(b, B)$ 达到最优值, 可以从中随机选取一个准则. 在实际问题中, 根据用户对数据属性的认识, 某些属性相比其他属性更重要, 我们优先选取这些重要属性. 另一方面, 如果只选取一个约简, 就应当考虑约简中准则的个数, 因此我们希望找到的约简为最优约简 (即在所有约简中准则个数最少). 然而, 在参考文献 [167] 中证明了寻找最优约简同样是 NP-难问题, 而我们在设计算法 6.4 时并没有考虑约简的势, 因此所得到的约简只是一个近最优约简 (near-optimal reduct) 而不一定是最优约简.

验证此算法正确性的例子如下.

例 6.2.2 (续例 6.1.1) 用算法 6.4 寻找表 6.1 的一个约简.

首先, 取 $B=\varnothing$. 现在 B 的占优能力为 $\theta_B^{\geqslant}=1$, 但是 $\theta_{\mathrm{AT}}^{\geqslant}=0.4531$. AT 中所有准则的内重要度分别为 $\mathrm{sig}_{\mathrm{inner}}^{\geqslant}(a_1,\mathrm{AT})=0.5$, $\mathrm{sig}_{\mathrm{inner}}^{\geqslant}(a_2,\mathrm{AT})=0.5781$, $\mathrm{sig}_{\mathrm{inner}}^{\geqslant}(a_3,\mathrm{AT})=\mathrm{sig}_{\mathrm{inner}}^{\geqslant}(a_4,\mathrm{AT})=0$. 所以我们取 $\mathrm{core}=\{a_1,a_2\}$, 且置 $B=\mathrm{core}$.

此时 $\theta_B^{\geqslant}=0.4688$, 所有 $\mathrm{AT}-B$ 中的准则相对 B 的外重要度分别为 $\mathrm{sig}_{\mathrm{outer}}^{\geqslant}(a_3,B)=\mathrm{sig}_{\mathrm{outer}}^{\geqslant}(a_4,B)=0.0156$. 所以我们取 $B=\{a_1,a_2,a_3\}$, 此时 $\theta_B^{\geqslant}=0.4531=\theta_{\mathrm{AT}}^{\geqslant}$. 这样我们就得到表 6.1 的一个约简: $\{a_1,a_2,a_3\}$. 计算过程由图 6.1 描述, 其中每步的选择用黑体标示.

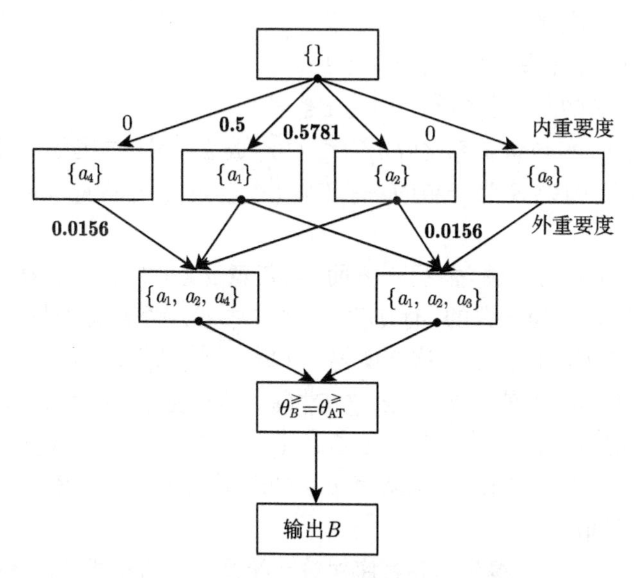

图 6.1 寻找表 6.1 的一个约简流程图

6.3 不完备序决策系统的相对约简

本节考虑不完备序决策系统的属性约简问题. 我们声明对象关于决策属性不存在未知属性值. 为了区别不完备序信息系统的约简, 在不完备序决策系统中称为相对约简.

在优势粗糙集理论中准则集 A 的近似质量为 $\gamma_A(\mathbf{Cl})=\dfrac{|U-\bigcup_{t=1}^n Bn_A(Cl_t^{\geqslant})|}{|U|}=\dfrac{|U-\bigcup_{t=1}^n Bn_A(Cl_t^{\leqslant})|}{|U|}$. 对于例 6.1.3 中的不完备序决策系统, 有 $\gamma_C(\mathbf{Cl})=1$.

定义 6.3.1 设 $S=\langle U,C\cup\{d\},V,f\rangle$ 为不完备序决策系统, 其中 d 为决策准

则. 记

$$D_d = \{(x,y) \in U^2 : f(x,d) \geqslant f(y,d)\},$$

则 D_d 是由 d 诱导的优势关系.

不完备序决策系统称为一致的 $D_C^{\Diamond} \subseteq D_d$, 即对象 x 若关于所有条件属性至少比对象 y 好, 则 x 应当分到一个不差于 y 的决策类. 否则, 称为不一致的. 对于一致的不完备序决策系统, 有下面的刻画成立.

命题 6.3.1 设 $S = \langle U, C \cup \{d\}, V, f \rangle$ 为不完备序决策系统, 则 S 是一致的充要条件为下面之一成立:

(1) $\underline{C}(Cl_t^{\geqslant}) = Cl_t^{\geqslant} = \overline{C}(Cl_t^{\geqslant}), \forall\, 1 \leqslant t \leqslant n$;

(2) $\underline{C}(Cl_t^{\leqslant}) = Cl_t^{\leqslant} = \overline{C}(Cl_t^{\leqslant}), \forall\, 1 \leqslant t \leqslant n$.

证明 (1) "⇒" 包含关系 $\underline{C}(Cl_t^{\geqslant}) \subseteq Cl_t^{\geqslant}$ 成立. 另一方面, 对任意 $x \in Cl_t^{\geqslant}$, 有 $D_d^+(x) \subseteq Cl_t^{\geqslant}$. 因为 S 为一致的, 有 $D_C^{\Diamond+}(x) \subseteq D_d^+(x)$, 因此 $x \in \underline{C}(Cl_t^{\geqslant})$. 所以 $\underline{C}(Cl_t^{\geqslant}) = Cl_t^{\geqslant}$.

显然 $Cl_t^{\geqslant} \subseteq \overline{C}(Cl_t^{\geqslant})$ 成立. 另一方面, 对任意 $x \in \overline{C}(Cl_t^{\geqslant})$, 存在 $y \in Cl_t^{\geqslant}$ 使得 $x \in D_C^{\Diamond+}(y)$. 因为 S 为一致的, 有 $D_C^{\Diamond+}(y) \subseteq D_d^+(y)$. 考虑到 $D_d^+(y) \subseteq Cl_t^{\geqslant}$, 从而 $x \in Cl_t^{\geqslant}$. 因此, $\overline{C}(Cl_t^{\geqslant}) \subseteq Cl_t^{\geqslant}$. 这样就得到 $Cl_t^{\geqslant} = \overline{C}(Cl_t^{\geqslant})$.

"⇐" 若存在 $x \in U$ 使得 $D_C^{\Diamond+}(x) \not\subseteq D_d^+(x)$, 则存在 $y \in U$ 使得 $y \in D_C^{\Diamond+}(x)$ 但是 $y \notin D_d^+(x)$. 现取 $f(x,d) = t$, 则 $x \in Cl_t^{\geqslant}$ 且 $y \notin Cl_t^{\geqslant}$. 由假设 $\underline{C}(Cl_t^{\geqslant}) = Cl_t^{\geqslant}$, 有 $x \in \underline{C}(Cl_t^{\geqslant})$, 即 $D_C^{\Diamond+}(x) \subseteq Cl_t^{\geqslant}$. 因此有 $y \in Cl_t^{\geqslant}$, 这与前面结论矛盾.

(2) 的证明类似 (1). □

根据命题 6.3.1, 我们得到不完备序决策系统是一致的充要条件是 $\gamma_{\mathrm{AT}}(\mathbf{Cl}) = 1$. 例如, 表 6.2 确定的不完备序决策系统是一致的.

定义 6.3.2 设 $S = \langle U, C \cup \{d\}, V, f \rangle$ 为不完备序决策系统且 $A \subseteq C$. 若 $\gamma_A(\mathbf{Cl}) = \gamma_C(\mathbf{Cl})$, 我们称 A 为系统 S 的相对一致集. 若 A 为相对一致集, 而 A 的任意真子集都不为相对一致集, 则称 A 为系统 S 的相对约简.

不完备序决策系统的相对约简 A 是 C 的保持整个系统近似质量的极小集. 对于一致的不完备序决策系统, 若 A 为系统 S 的相对约简, 则 $\gamma_A(\mathbf{Cl}) = \gamma_C(\mathbf{Cl}) = 1$. 因此 $\bigcup_{t=1}^{n} Bn_A(Cl_t^{\geqslant}) = \varnothing$, 从而 $\underline{A}(Cl_t^{\geqslant}) = Cl_t^{\geqslant} = \overline{A}(Cl_t^{\geqslant}), \forall\, 1 \leqslant t \leqslant n$. 由命题 6.3.1, 我们知道系统 $\langle U, A \cup \{d\}, V, f \rangle$ 也是一致的. 也就是说, 对于一致的不完备序决策系统, 相对约简是满足 $D_A^{\Diamond} \subseteq D_d$ 的独立属性子集.

定义 6.3.3 设 $S = \langle U, C \cup \{d\}, V, f \rangle$ 为一致的不完备序决策系统, 记

$$D_d(x,y) = \begin{cases} \{a \in C : (x,y) \notin D_a^{\Diamond}\}, & (x,y) \notin D_d, \\ \varnothing, & \text{其他}. \end{cases} \tag{6.28}$$

则 $D_d(x,y)$ 称为相对 d 对象 x 和 y 之间的辨识属性集,

$$\boldsymbol{D}_d = \{D_d(x,y) : x, y \in U\} \tag{6.29}$$

称为系统 S 的辨识矩阵.

对任意 $x, y \in U$, 有 $D_d(x,x) = \varnothing$ 和 $D_d(x,y) \cap D_d(y,x) = \varnothing$.

定理 6.3.1 设 $S = \langle U, C \cup \{d\}, V, f\rangle$ 为一致的不完备序决策系统, $A \subseteq C$, $\boldsymbol{D}_d$ 为系统 S 的辨识矩阵, 则 A 为系统 S 的相对一致集的充要条件是 $A \cap D_d(x,y) \neq \varnothing$ 对满足 $D_d(x,y) \neq \varnothing$ 的 $x, y \in U$ 成立.

证明 假设 A 为系统 S 的相对一致集, 则 $D_A^{\Diamond} \subseteq D_d$. 若 $D_d(x,y) \neq \varnothing$, 则 $(x,y) \notin D_A^{\Diamond}$ 且 $(x,y) \notin D_d$. 因此, 存在 $a \in A$ 使得 $(x,y) \notin D_a^{\Diamond}$. 由 $D_d(x,y)$ 的定义, 有 $a \in D_d(x,y)$. 因此 $A \cap D(x,y) \neq \varnothing$.

反之, 对任意 $x, y \in U$, 若 $(x,y) \notin D_d$, 则在系统 S 为一致的条件下, $(x,y) \notin D_{\mathrm{AT}}^{\Diamond}$. 因此 $D_d(x,y) \neq \varnothing$. 由假设, 有 $A \cap D_d(x,y) \neq \varnothing$, 则存在 $a \in A$ 使得 $a \in D_d(x,y)$, 这样有 $(x,y) \notin D_a^{\Diamond}$. 进一步, $(x,y) \notin D_A^{\Diamond}$. 因此 $D_A^{\Diamond} \subseteq D_d$, 即, A 为系统 S 的相对一致集. □

定义 6.3.4 设 $S = \langle U, C \cup \{d\}, V, f\rangle$ 为一致的不完备序决策系统, $\boldsymbol{D}_d$ 为系统 S 的辨识矩阵. 记

$$F_d = \wedge\Big\{ \vee D_d(x,y) : x, y \in U\Big\}, \tag{6.30}$$

则 F_d 称为系统 S 的辨识函数.

另外, $F_d(x) = \wedge\big\{ \vee D_d(x,y) : y \in U\big\}$ 称为对象 x 的辨识函数.

根据以上定义, 有 $F_d = \wedge\{F_d(x) : x \in U\}$.

定理 6.3.2 设 $S = \langle U, C \cup \{d\}, V, f\rangle$ 为一致的不完备序决策系统, F_d 为系统 S 的辨识函数. 若 F_d 的极小析取范式为

$$F_d = \bigvee_{k=1}^{p} \left(\bigwedge_{s=1}^{q_k} a_{i_{k,s}} \right),$$

记 $A_k = \{a_{i_{k,s}} : s = 1, 2, \cdots, q_k\}$, 则 $\{A_k : k = 1, 2, \cdots, p\}$ 为系统 S 的所有相对约简.

证明 类似定理 6.2.2 的证明. □

例 6.3.1(续例 6.1.3) 通过计算辨识函数的极小析取范式确定表 6.2 的所有相对约简.

根据辨识矩阵的定义, 可以构造表 6.2 的辨识矩阵如表 6.4 所示, 其中 U^2 的所有位置 (x,y) 的值为 $D_d(x,y)$.

表 6.4　表 6.2 的辨识矩阵

$D_d(x_i,x_j)$	x_1	x_2	x_3	x_4	x_5	x_6	x_7	x_8
x_1	$\varnothing$	a_1,a_3	$\varnothing$	a_1,a_3	a_3,a_4	$\varnothing$	$\varnothing$	$\varnothing$
x_2	$\varnothing$	$\varnothing$	$\varnothing$	$\varnothing$	$\varnothing$	$\varnothing$	$\varnothing$	$\varnothing$
x_3	a_2,a_4	a_2,a_4	$\varnothing$	a_2	a_2,a_4	a_2	$\varnothing$	a_2,a_4
x_4	$\varnothing$	$\varnothing$	$\varnothing$	$\varnothing$	$\varnothing$	$\varnothing$	$\varnothing$	$\varnothing$
x_5	$\varnothing$	$\varnothing$	$\varnothing$	$\varnothing$	$\varnothing$	$\varnothing$	$\varnothing$	$\varnothing$
x_6	$\varnothing$	a_1,a_2,a_3	$\varnothing$	a_1,a_2,a_3	a_1,a_2,a_3	$\varnothing$	$\varnothing$	$\varnothing$
x_7	a_1,a_2,a_4	a_1,a_2,a_4	$\varnothing$	a_1,a_2	a_1,a_2,a_4	a_2	$\varnothing$	a_2,a_4
x_8	$\varnothing$	a_2	$\varnothing$	a_2	a_2,a_4	$\varnothing$	$\varnothing$	$\varnothing$

因此, 论域 U 中各对象的辨识函数分别为

$$
\begin{aligned}
&F_d(x_1)=(a_1\vee a_3)\wedge(a_3\vee a_4)=a_3\vee(a_1\wedge a_4),\\
&F_d(x_2)=F_d(x_4)=F_d(x_5)=1,\\
&F_d(x_3)=F_d(x_8)=a_2\vee(a_2\wedge a_4)=a_2,\\
&F_d(x_6)=a_1\vee a_2\vee a_3,\\
&F_d(x_7)=a_2\vee(a_2\wedge a_4)\vee(a_1\wedge a_2\wedge a_4)=a_2.
\end{aligned}
$$

则系统 S 的辨识函数为

$$F_d=(a_3\vee(a_1\wedge a_4))\wedge a_2\wedge(a_1\vee a_2\vee a_3)=(a_2\wedge a_3)\vee(a_1\wedge a_2\wedge a_4).$$

因此, 系统有两个相对约简: $\{a_2,a_3\}$ 和 $\{a_1,a_2,a_4\}$. 关于相对约简 $\{a_2,a_3\}$, 例 6.1.3 中的 $\geqslant$-接受决策规则 r 可以简化为

r': 若 $f(a_2,x)\geqslant 3$ 且 $f(a_3,x)\geqslant 2$, 则 $f(d,x)\geqslant 3$. // 由对象 x_2,x_4,x_5 支持.

可以设计一个类似算法 6.3 的算法, 其中步骤 1—步骤 8 辨识矩阵构造部分需要修改. 具体措施为: 当 $(x,y)\notin D_d$ 时, 元素 $D(x,y)$ 应该由 $\varnothing$ 代替, 其他情况则不用改变. 同样地, 计算所有相对约简依然是 NP-难问题, 这是因为具体计算约简的原理与算法 6.3 相同.

接下来, 引入复杂度为多项式的启发式约简算法. 需要指出此方法对一致和不一致的不完备序决策系统均适用. 首先引入一些符号.

准则集 B 近似上并集 $Cl_t^{\geqslant}$ 的能力, 记为 $\theta_B^{\geqslant}(d)$, 定义为 $\dfrac{|U-\bigcup_{t=1}^n Bn_B(Cl_t^{\geqslant})|}{|U|}$ 或者 $1-\dfrac{|\bigcup_{t=1}^n Bn_B(Cl_t^{\geqslant})|}{|U|}$. 因此, $0=\theta_{\varnothing}^{\geqslant}(d)\leqslant\theta_B^{\geqslant}\leqslant\theta_C^{\geqslant}\leqslant 1$.

对 $B\subseteq C$, $a\in B$, 相对 d 准则 a 在 B 中的内重要度为

$$\mathrm{sig}_{\mathrm{inner}}^{\geqslant}(a,B,d)=\theta_B^{\geqslant}(d)-\theta_{B-\{a\}}^{\geqslant}(d). \tag{6.31}$$

事实上, $0 \leqslant \mathrm{sig}_{\mathrm{inner}}^{\geqslant}(a,B,d) \leqslant 1$ 和

$$\mathrm{sig}_{\mathrm{inner}}^{\geqslant}(a,B,d) = \frac{\left|\bigcup_{t=1}^{n} Bn_{B-\{a\}}(Cl_t^{\geqslant})\right| - \left|\bigcup_{t=1}^{n} Bn_{B}(Cl_t^{\geqslant})\right|}{|U|} = \frac{\left|\bigcup_{t=1}^{n} Bn_{B-\{a\}}(Cl_t^{\geqslant}) - Bn_{B}(Cl_t^{\geqslant})\right|}{|U|}$$

成立. 变量 $\mathrm{sig}_{\mathrm{inner}}^{\geqslant}(a,B,d)$ 描述了相对 d 准则集 B 从 B 中删除 a 带来的近似能力的增量. 称

(1) $a \in C$ 为相对 d 不可缺少的, 若 $\mathrm{sig}_{\mathrm{inner}}^{\geqslant}(a,C,d) > 0$.

(2) $B \subseteq C$ 为相对 d 独立的, 若 $\mathrm{sig}_{\mathrm{inner}}^{\geqslant}(a,B,d) > 0, \forall a \in B$.

根据以上分析, 相对核, 记为 core_r, 可以表示为 $\{a \in C : \mathrm{sig}_{\mathrm{inner}}^{\geqslant}(a,C,d) > 0\}$. 因此, 我们可以将 core_r 作为构造相对约简的出发点并将它通过每次加入一个准则扩充为相对约简 B, 如何挑选加入准则的解释如下:

对 $B \subseteq C$, $a \notin B$, 相对 d 准则 a 关于 B 的外重要度定义为

$$\mathrm{sig}_{\mathrm{outer}}^{\geqslant}(a,B,d) = \theta_{B\cup\{a\}}^{\geqslant}(d) - \theta_{B}^{\geqslant}(d). \tag{6.32}$$

事实上, $0 \leqslant \mathrm{sig}_{\mathrm{outer}}^{\geqslant}(a,B,d) \leqslant 1$ 和

$$\mathrm{sig}_{\mathrm{outer}}^{\geqslant}(a,B,d) = \frac{\left|\bigcup_{t=1}^{n} Bn_{B}(Cl_t^{\geqslant})\right| - \left|\bigcup_{t=1}^{n} Bn_{B\cup\{a\}}(Cl_t^{\geqslant})\right|}{|U|} = \frac{\left|\bigcup_{t=1}^{n} Bn_{B}(Cl_t^{\geqslant}) - Bn_{B\cup\{a\}}(Cl_t^{\geqslant})\right|}{|U|}$$

成立. 变量 $\mathrm{sig}_{\mathrm{outer}}^{\geqslant}(a,B,d)$ 描述了相对 d 准则集 B 将 a 加入 B 带来的近似能力的增量.

为了搜索到准则集 B 使得 $\theta_{B}^{\geqslant}(d)$ 从 $\theta_{\mathrm{core}_r}^{\geqslant}(d)$ 尽快达到 $\theta_{C}^{\geqslant}(d)$, 我们选择如果将 a 加入 B 使得 $\theta_{B}^{\geqslant}(d)$ 增长最快的准则 a. 因为 $\theta_{C}^{\geqslant}(d)$ 和 $\theta_{B}^{\geqslant}(d)$ 在每轮中保持不变, 我们只需要计算 $\theta_{C-\{a\}}^{\geqslant}(d)$ 和 $\theta_{B\cup\{a\}}^{\geqslant}(d)$.

利用准则的这两种重要度, 我们可以对不完备序决策系统设计如下的一个向前搜索启发式属性约简算法 (算法 6.5).

类似算法 6.4 的复杂度计算过程, 算法 6.5 的复杂度为 $O(|C|^3|U|^2)$.

接下来, 用一个例子说明算法 6.5 的机理.

例 6.3.2 (续例 6.1.3) 利用算法 6.5 寻找表 6.2 的一个相对约简.

算法 6.5 寻找不完备序决策系统的一个相对约简的启发式属性约简算法

输入: 不完备序决策系统 $S = \langle U, C \cup \{d\}, V, f \rangle$.

输出: 系统 S 的相对约简.

1: 置 $B \leftarrow \varnothing$; // 初始化 S 的相对约简 B
2: **for** each $a \in C$ **do**
3: 　计算 $\text{sig}_{\text{inner}}^{\geqslant}(a, C, d) = \dfrac{\left|\bigcup\limits_{t=1}^{n} Bn_{\text{AT}-\{a\}}(Cl_t^{\geqslant})\right| - \left|\bigcup\limits_{t=1}^{n} Bn_C(Cl_t^{\geqslant})\right|}{|U|}$;
4: 　**if** $\text{sig}_{\text{inner}}^{\geqslant}(a, C, d) > 0$ **then** // a 是相对 d 条件准则集 C 中不可缺少的
5: 　　$B \leftarrow B \cup \{a\}$;
6: 　**end if**
7: **end for** // B 为系统 S 的相对核
8: **for** each $a \in C - B$ **do**
9: 　计算 $\text{sig}_{\text{outer}}^{\geqslant}(a, B, d) = \dfrac{\left|\bigcup\limits_{t=1}^{n} Bn_B(Cl_t^{\geqslant})\right| - \left|\bigcup\limits_{t=1}^{n} Bn_{B\cup\{a\}}(Cl_t^{\geqslant})\right|}{|U|}$;
10: **end for**
11: 选择满足 $\text{sig}_{\text{outer}}^{\geqslant}(a, B, d) = \max\limits_{b \in C-B} \text{sig}_{\text{outer}}^{\geqslant}(b, B, d)$ 的准则 a;
12: **if** $\text{sig}_{\text{outer}}^{\geqslant}(a, B, d) = 0$ **then**
13: 　跳转至步骤 16;
14: **else** $B \leftarrow B \cup \{a\}$;
15: **end if**
16: **if** $\theta_B^{\geqslant}(d) = \theta_C^{\geqslant}(d)$ **then** // 验证停机条件
17: 　删除 B 中的冗余元素;
18: 　输出B;
19: **else** 跳转至步骤 8;
20: **end if**

首先, 取 $B = \varnothing$. 现在准则集 B 近似 $Cl_t^{\geqslant}$ 的能力为 $\theta_B^{\geqslant}(d) = 0$, 但是 $\theta_C^{\geqslant} = 1$. 相对 d 准则集 C 中每个元素的内重要度分别为 $\text{sig}_{\text{inner}}^{\geqslant}(a_1, C, d) = \text{sig}_{\text{inner}}^{\geqslant}(a_3, C, d) = \text{sig}_{\text{inner}}^{\geqslant}(a_4, C, d) = 0$, $\text{sig}_{\text{inner}}^{\geqslant}(a_2, C, d) = 0.75$. 因此, 相对核 $\text{core}_r = \{a_2\}$, 我们取 $B = \text{core}_r$.

现在 $\theta_B^{\geqslant}(d) = 0.5$, 相对 d 准则集 $C - B$ 中每个元素关于 B 的外重要度分别为 $\text{sig}_{\text{outer}}^{\geqslant}(a_1, B, d) = 0.25$, $\text{sig}_{\text{outer}}^{\geqslant}(a_3, B, d) = 0.5$, $\text{sig}_{\text{outer}}^{\geqslant}(a_4, B, d) = 0.125$. 我们取 $B = \{a_2, a_3\}$, 此时 $\theta_B^{\geqslant}(d) = 1 = \theta_C^{\geqslant}(d)$. 因此, 我们得到系统 S 的一个相对约简 $\{a_2, a_3\}$. 相对约简的计算过程由图 6.2 表示, 其中每次准则的选择用黑体字表示.

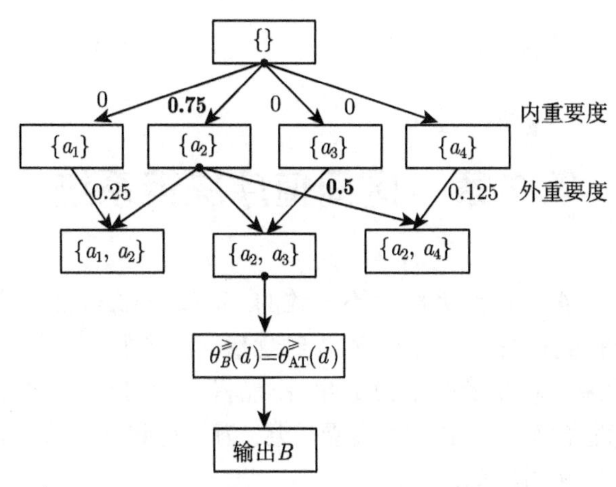

图 6.2 寻找表 6.2 的一个相对约简流程图

6.4 本章小结

优势粗糙集理论利用优势关系而不是等价关系, 从而推广了经典粗糙集理论. 在现实生活中因为种种原因, 不完备性是信息系统特别是大型数据集的一个重要特征. 本章将刻画优势关系引入不完备序信息系统, 其中未知属性值为丢失或缺席的. 刻画优势关系可以从两个方面来看, 它是: ① 刻画关系和优势关系的结合, 或者 ② 扩充优势关系和相似优势关系的扩展. 基于这种新的优势关系, 提出了不完备序信息系统的属性约简. 利用辨识矩阵和辨识函数可以计算不完备序信息系统的所有约简. 然而, 这种方法是 NP-难问题. 因此, 设计了计算一个约简或相对约简的算法, 算法复杂度为 $O(|\mathrm{AT}|^3|U|^2)$. 准则的内重要度和外重要度提供了选取准则的启发.

需要指出本章定义的有序集的上、下近似实际上为点近似 (singleton approximation, 相关信息读者可参考文献 [22, 23, 59-61]) $\underline{A}^{\mathrm{singleton}}(Cl_t^{\sharp})$ 和 $\overline{A}^{\mathrm{singleton}}(Cl_t^{\sharp})$. 至于 $Cl_t^{\sharp}$, 譬如说 $Cl_t^{\geqslant}$ 的子集近似 (subset approximation) 和概念近似 (concept approximation), 可以如下定义: 对 $A \subseteq C$,

$$\underline{A}^{\mathrm{subset}}(Cl_t^{\geqslant}) = \cup\{D_A^{\Diamond+}(x) | x \in U, D_A^{\Diamond+}(x) \subseteq Cl_t^{\geqslant}\},$$

$$\overline{A}^{\mathrm{subset}}(Cl_t^{\geqslant}) = \cup\{D_A^{\Diamond-}(x) | x \in U, D_A^{\Diamond-}(x) \cap Cl_t^{\geqslant} \neq \varnothing\}.$$

$$\underline{A}^{\mathrm{concept}}(Cl_t^{\geqslant}) = \cup\{D_A^{\Diamond+}(x) | x \in Cl_t^{\geqslant}, D_A^{\Diamond+}(x) \subseteq Cl_t^{\geqslant}\},$$

$$\overline{A}^{\mathrm{concept}}(Cl_t^{\geqslant}) = \cup\{D_A^{\Diamond-}(x) | x \in Cl_t^{\geqslant}, D_A^{\Diamond-}(x) \cap Cl_t^{\geqslant} \neq \varnothing\}.$$

对于完备的序信息系统, 这三种方式的下近似相同. 然而上近似却不相同. 这三类近似的比较和关系需要进一步考察. 另外一个问题是哪种方式更适合于规则提取等其他应用.

第 7 章　区间值序决策系统

在现实生活中, 很多决策系统为不一致的. 正如 Inuiguchi 等[92] 指出的, 决策系统为不一致的有四种原因: ① 评价对象时犹豫; ② 测量、记录、存储属性值时的错误; ③ 信息不完备; ④ 系统的不稳定性. 不能将系统的不一致性简单地看作错误或噪音, 它们可能隐含有不容忽视的重要信息. 为了得到不一致决策系统的简化规则, 需要计算系统的相对约简.

Kryszkiewicz[101] 针对不一致决策系统提出了近似分布约简 (μ-约简) 的概念. Zhang 等[241] 提出了计算所有近似分布约简的具体方法. 利用近似分布约简, 得到的决策规则与原始系统是兼容的. 也就是说, 对于由同一个对象支持的两条分别在约简后的系统和原始系统提取的决策规则, 它们的结论部分相同. 在其他决策系统中也引入了近似分布约简的概念, 例如, 不一致不完备决策系统[145]. 对不一致序决策系统进行知识获取, 需要利用优势粗糙集理论. Xu 等[203] 提出了不一致序决策系统的分布约简和最大分布约简, 这两种约简满足不同的条件. 之后, Xu 等[201] 又提出另外两种约简: 可能约简和兼容分布约简.

在描述对象时由于不精确的评价和分配, 需要考虑区间值信息系统. 它是一类重要的信息系统, 同时也为单值信息系统的推广. 文献 [49, 171] 研究了条件属性和决策属性均不带有序关系的区间值模糊信息系统的知识约简问题. 基于区间数的序关系, Qian 等[143] 用优势粗糙集理论对区间值序信息系统进行属性约简. 但是, 他们并没有讨论不一致区间值序决策系统的相对约简问题而只讨论了一致区间值序决策系统的相对约简. 本章的内容是对不一致区间值序决策系统提出一种相对约简: 近似分布约简 (approximate distribution reduct), 并提出求解所有近似分布约简的辨识矩阵方法和求解一个近似分布约简的启发式方法. 同时, 针对某一近似分布约简, 提出了具体的提取规则方法. 另外, 从其他两个角度给出了近似分布约简的等价定义: 近似约简和 $l(u)$-约简. 最后, 通过实例对比分析验证了所提出方法相对其他方法的有效性.

本章的组织结构如下: 7.1 节回顾区间值序信息系统中的优势关系并且考察占优类的重要性质; 7.2 节定义区间值序决策系统的优势粗糙集并利用上、下近似的概念引入五类决策规则; 7.3 节提出不一致区间值序决策系统近似分布约简的概念, 并提出用辨识矩阵求解所有近似分布约简和基于属性重要度的计算一个近似分布约简的启发式算法; 7.4 节给出近似分布约简的两种等价定义; 7.5 节用审稿人系统说明本章提出的方法的有效性; 7.6 节对本章内容做了小结并指出之后的研究方向.

7.1 区间值序信息系统的优势关系

本节主要引出优势粗糙集理论在区间值序决策系统中推广的若干定义.

区间值信息系统为四元组 $S=\langle U,\mathrm{AT},V,f\rangle$, 与一般信息系统不同的是 $f(x,a)$ 为区间数, 即, $\forall x\in U, a\in\mathrm{AT}$,

$$f(x,a)=[a^{\mathrm{L}}(x),a^{\mathrm{U}}(x)]=\{p:a^{\mathrm{L}}(x)\leqslant p\leqslant a^{\mathrm{U}}(x),a^{\mathrm{L}}(x),a^{\mathrm{U}}(x)\in\mathbb{R}\}. \tag{7.1}$$

通常来说, 我们考虑的区间为 $\mathbb{R}$ 上有界的, 这是因为人们的认知范围是有限的. 下文中我们总假设 $0\leqslant a^{\mathrm{L}}(x)\leqslant a^{\mathrm{U}}(x)\leqslant M$, $\forall a\in\mathrm{AT}$, $x\in U$, 其中 M 为固定正数.

特殊地, 如果 $a^{\mathrm{L}}(x)=a^{\mathrm{U}}(x)$, 则 $f(x,a)$ 就会退化为一个数字. 因此, 可以将区间值信息系统看作单值信息系统的推广.

定义 7.1.1[143] 若区间值信息系统中的所有属性都为准则, 则称其为区间值序信息系统 (interval-valued ordered information system, IvOIS).

例 7.1.1 表 7.1 表示区间值序信息系统, 其中 $U=\{x_1,x_2,\cdots,x_8\}$, $\mathrm{AT}=\{a_1,a_2,\cdots,a_5\}$.

表 7.1 区间值序信息系统

U	a_1	a_2	a_3	a_4	a_5
x_1	[2.0, 2.4]	[1.5, 3.0]	[4.0, 4.8]	[3.0, 3.6]	[6.0, 7.2]
x_2	[2.8, 4.0]	[2.1, 2.7]	[4.8, 7.2]	[3.6, 4.8]	[7.2, 10.8]
x_3	2.4	[1.2, 1.8]	[4.8, 7.2]	[2.4, 3.6]	[4.8, 6.0]
x_4	[1.2, 1.6]	[0.9, 1.2]	2.4	[1.8, 2.4]	[3.6, 4.8]
x_5	[0.8, 4.0]	[2.1, 3.0]	[4.8, 7.2]	[1.2, 4.8]	[2.4, 3.6]
x_6	[2.0, 2.8]	[1.5, 3.0]	[4.8, 6.4]	[1.2, 6.0]	[7.2, 8.4]
x_7	[2.0, 2.4]	1.8	[3.2, 8.0]	[2.4, 5.4]	[6.0, 7.2]
x_8	[2.8, 3.2]	[1.5, 2.4]	[4.8, 8.0]	[3.6, 6.0]	[7.2, 10.8]

定义 7.1.2[25, 236] (格 $(L^I,\leqslant_{L^I})$) 记 $L^I=\{[u,v]:u\leqslant v,u,v\in[0,M]\}$, 定义在 L^I 上的关系 $\leqslant_{L^I}$ 为: $\forall[u_1,v_1],[u_2,v_2]\in L^I$,

$$[u_1,v_1]\leqslant_{L^I}[u_2,v_2]\iff u_1\leqslant u_2,v_1\leqslant v_2. \tag{7.2}$$

因此, $(L^I,\leqslant_{L^I})$ 为完备有界格.

注 7.1.1 与单值序信息系统不同, 关系 $\leqslant_{L^I}$ (也称为 Kulisch-Miranker 序[129]) 不能用来比较区间值序信息系统的任意两个对象, 即, 这种方式定义的序关系不为全序[10]. 例如, 很容易验证在表 7.1 表示的区间值序信息系统中 $f(x_1,a_1)\leqslant_{L^I} f(x_5,a_1)$ 或 $f(x_5,a_1)\leqslant_{L^I} f(x_1,a_1)$ 均不成立.

注 7.1.2　还有其他定义区间数序关系的方式, 例如, 在某些具体问题中, 也考虑下面的序关系:

(1) 确定偏好关系[129]: $[u_1, v_1] \preceq_p [u_2, v_2] \iff v_1 \leqslant u_2$.

(2) 可能偏好关系[32]: $[u_1, v_1] \overline{\preceq_p} [u_2, v_2] \iff u_1 \leqslant v_2$.

(3) 下界偏好关系[32]: $[u_1, v_1] \preceq^l [u_2, v_2] \iff u_1 \leqslant u_2$.

(4) 上界偏好关系[32]: $[u_1, v_1] \preceq^u [u_2, v_2] \iff v_1 \leqslant v_2$.

(5) 直觉偏好关系[76,77]: $[u_1, v_1] \preceq_{\text{Hu}} [u_2, v_2] \iff \dfrac{1}{2}(u_1 + v_1) < \dfrac{1}{2}(u_2 + v_2)$ 或 $\left(\dfrac{1}{2}(u_1 + v_1) = \dfrac{1}{2}(u_2 + v_2) \text{ 且 } \dfrac{1}{2}(v_1 - u_1) \geqslant \dfrac{1}{2}(v_2 - u_2)\right)$.

上面五类序关系均为线性序. 用任何一种序关系, 我们都可以得到与单值序信息系统类似的结果. 用优势粗糙集处理这类问题的方法已经在参考文献 [159, 201, 203, 204] 中提出, 因此本章不考虑这些情形. 实际上, 用定义 7.1.2 中的方式比较区间数是更加广泛接受的, 因此本章我们仅考虑序关系 $\leqslant_{L^I}$ 来研究区间值序信息系统.

假设准则 $a \in \text{AT}$ 的值域上有关系 $\succeq_a$: $x \succeq_a y \iff f(y, a) \leqslant_{L^I} f(x, a)$ (根据递增偏好) 或 $x \succeq_a y \iff f(x, a) \leqslant_{L^I} f(y, a)$ (根据递减偏好), 其中 $x, y \in U$. 为了简单起见同时不失一般性, 下文我们仅考虑递增偏好.

符号 $x \succeq_a y$ 表示 "x 关于准则 a 至少要比 y 好". 我们称 x 关于准则集 $A \subseteq \text{AT}$ 占优 y(或简称为 x A-占优 y), 记为 $x \succeq_A y$, 若 $x \succeq_a y, \forall a \in A$. 也就是说, "$x$ 关于集合 A 中的所有准则至少要比 y 好".

定义 7.1.3　设 $S = \langle U, \text{AT}, V, f \rangle$ 为区间值序信息系统且 $A \subseteq \text{AT}$, 则关于 A 的优势关系可以定义为

$$D_A = \{(x, y) \in U^2 : x \succeq_A y\}. \tag{7.3}$$

由定义 7.1.3, D_A 为自反的和传递的, 但不一定反对称.

给定 $A \subseteq \text{AT}$ 和 $x \in U$, $D_A^+(x) = \{y \in U : yD_Ax\}$ 和 $D_A^-(x) = \{y \in U : xD_Ay\}$ 分别表示 x 的 A-占优集和 A-被占优集.

命题 7.1.1[143]　设 $S = \langle U, \text{AT}, V, f \rangle$ 为区间值序信息系统且 $A \subseteq \text{AT}$, 则

(1) $D_A^+(x) = \bigcap_{a \in A} D_a^+(x), D_A^-(x) = \bigcap_{a \in A} D_a^-(x)$;

(2) $y \in D_A^+(x) \iff D_A^+(y) \subseteq D_A^+(x)$, 且 $D_A^+(x) = \bigcup_{y \in D_A^+(x)} D_A^+(y)$; $y \in D_A^-(x) \iff D_A^-(y) \subseteq D_A^-(x)$, 且 $D_A^-(x) = \bigcup_{y \in D_A^-(x)} D_A^-(y)$.

命题 7.1.2　设 $S = \langle U, \text{AT}, V, f \rangle$ 为区间值序信息系统且 $A \subseteq \text{AT}$, 则

$$D_A^+(x) = \bigcup_{y \in D_A^+(x)} D_{\text{AT}}^+(y), \quad D_A^-(x) = \bigcup_{y \in D_A^-(x)} D_{\text{AT}}^-(y).$$

证明 对任意 $y \in D_A^+(x)$, 有 $D_{\mathrm{AT}}^+(y) \subseteq D_A^+(y) \subseteq D_A^+(x)$. 故 $\bigcup_{y\in D_A^+(x)} D_{\mathrm{AT}}^+(y) \subseteq D_A^+(x)$.

另一方面, 对任意 $y \in D_A^+(x)$, 由 D_{AT} 的自反性有 $y \in D_{\mathrm{AT}}^+(y)$. 因此 $D_A^+(x) \subseteq \bigcup_{y\in D_A^+(x)} D_{\mathrm{AT}}^+(y)$. □

7.2 区间值序决策系统的优势粗糙集方法

本节考察区间值序信息系统中的集合关于优势关系 D_A 的近似.

区间值序决策系统 (interval-valued ordered decision system, IvODS) $S = \langle U, C\cup \{d\}, V, f\rangle$ 是一类特殊的区间值序信息系统, 其中 $d \notin C$, $f(x,d)$ $(\forall x\in U)$ 为单值的, d 为决策准则且 C 中的元素都为准则. 进一步, 假设决策准则 d 将 U 划分为有限个类; 记 $\mathbf{Cl} = \{Cl_t, t\in T\}$, $T = \{1,2,\cdots,n\}$ 为有序的决策类, 即对任意 $t,s\in T$, 若 $t \leqslant s$, 则 Cl_s 中的对象优于 Cl_t 中的对象.

定义 7.2.1[143] 设 $S = \langle U, C\cup\{d\}, V, f\rangle$ 为区间值序决策系统且 $A \subseteq C$, 则 $Cl_t^{\geqslant}$ $(1\leqslant t\leqslant n)$ 的上、下近似分别为

$$\overline{A}(Cl_t^{\geqslant}) = \{x\in U : D_A^-(x)\cap Cl_t^{\geqslant} \neq \varnothing\} = \bigcup_{x\in Cl_t^{\geqslant}} D_A^+(x), \tag{7.4}$$

$$\underline{A}(Cl_t^{\geqslant}) = \{x\in U : D_A^+(x) \subseteq Cl_t^{\geqslant}\}. \tag{7.5}$$

$Cl_t^{\leqslant}$ $(1\leqslant t\leqslant n)$ 的上、下近似分别为

$$\overline{A}(Cl_t^{\leqslant}) = \{x\in U : D_A^+(x)\cap Cl_t^{\leqslant} \neq \varnothing\} = \bigcup_{x\in Cl_t^{\leqslant}} D_A^-(x), \tag{7.6}$$

$$\underline{A}(Cl_t^{\leqslant}) = \{x\in U : D_A^-(x) \subseteq Cl_t^{\leqslant}\}. \tag{7.7}$$

上、下近似的差称为边界. 边界 $Bn_A(Cl_t^{\geqslant})$ 和 $Bn_A(Cl_t^{\leqslant})$, $1\leqslant t\leqslant n$ 分别为

$$Bn_A(Cl_t^{\geqslant}) = \overline{A}(Cl_t^{\geqslant}) - \underline{A}(Cl_t^{\geqslant}), \tag{7.8}$$

$$Bn_A(Cl_t^{\leqslant}) = \overline{A}(Cl_t^{\leqslant}) - \underline{A}(Cl_t^{\leqslant}). \tag{7.9}$$

由定义 7.2.1, 我们可以得到 (注意到 $Cl_0^{\leqslant} = Cl_{n+1}^{\geqslant} = \varnothing$ 和 $Cl_n^{\leqslant} = Cl_1^{\geqslant} = U$):

$$\underline{A}(\varnothing) = \overline{A}(\varnothing) = \varnothing, \quad \underline{A}(U) = \overline{A}(U) = U, \quad Bn_A(\varnothing) = Bn_A(U) = \varnothing.$$

类似一般单值序决策系统的优势粗糙集理论, 下面的定理成立.

定理 7.2.1 粗糙近似 $\underline{A}(Cl_t^{\geqslant})$, $\underline{A}(Cl_t^{\leqslant})$, $\overline{A}(Cl_t^{\geqslant})$ 和 $\overline{A}(Cl_t^{\leqslant})$ 满足下面的性质:

(1) (粗包含) 对任意 $Cl_t^{\geqslant}$ 和 $Cl_t^{\leqslant}$, $t \in T$:

$$\underline{A}(Cl_t^{\geqslant}) \subseteq Cl_t^{\geqslant} \subseteq \overline{A}(Cl_t^{\geqslant}), \quad \underline{A}(Cl_t^{\leqslant}) \subseteq Cl_t^{\leqslant} \subseteq \overline{A}(Cl_t^{\leqslant}).$$

(2) (互补律) 对任意 $Cl_t^{\geqslant}$ 和 $Cl_t^{\leqslant}$, $t \in T$:

$$\underline{A}(Cl_t^{\geqslant}) = U - \overline{A}(Cl_{t-1}^{\leqslant}), \quad \underline{A}(Cl_t^{\leqslant}) = U - \overline{A}(Cl_{t+1}^{\geqslant}).$$

(3) (近似和边界的单调性) 对任意 $Cl_t^{\geqslant}$ 和 $Cl_t^{\leqslant}$, $t \in T$, $B \subseteq A \subseteq C$:

$$\begin{aligned} &\underline{B}(Cl_t^{\geqslant}) \subseteq \underline{A}(Cl_t^{\geqslant}), && \overline{B}(Cl_t^{\geqslant}) \supseteq \overline{A}(Cl_t^{\geqslant}). \\ &\underline{B}(Cl_t^{\leqslant}) \subseteq \underline{A}(Cl_t^{\leqslant}), && \overline{B}(Cl_t^{\leqslant}) \supseteq \overline{A}(Cl_t^{\leqslant}). \\ &Bn_B(Cl_t^{\geqslant}) \supseteq Bn_A(Cl_t^{\geqslant}), && Bn_B(Cl_t^{\leqslant}) \supseteq Bn_A(Cl_t^{\leqslant}). \end{aligned}$$

(4) (边界重合) 对任意 $Cl_t^{\geqslant}$ 和 $Cl_t^{\leqslant}$, $t \in T$:

$$Bn_A(Cl_t^{\geqslant}) = Bn_A(Cl_{t-1}^{\leqslant}).$$

定义 7.2.2 设 $S = \langle U, C \cup \{d\}, V, f \rangle$ 为区间值序决策系统. 记 $D_d = \{(x, y) \in U^2 : f(x, d) \geqslant f(y, d)\}$, 则 S 称为一致的当且仅当 $D_C \subseteq D_d$, 否则, 为不一致的.

设 $S = \langle U, C \cup \{d\}, V, f \rangle$ 为区间值序决策系统, 且 $x, y \in U$. 若 x 的决策比 y 差而 x 关于准则集 C 比 y 好, 则 S 为不一致的.

例 7.2.1 (续例 7.1.1) 考虑表 7.1 由扩充决策准则 d 得到的区间值序决策系统, 如表 7.2 所示.

表 7.2　区间值序决策系统

U	a_1	a_2	a_3	a_4	a_5	d
x_1	[2.0, 2.4]	[1.5, 3.0]	[4.0, 4.8]	[3.0, 3.6]	[6.0, 7.2]	3
x_2	[2.8, 4.0]	[2.1, 2.7]	[4.8, 7.2]	[3.6, 4.8]	[7.2, 10.8]	2
x_3	2.4	[1.2, 1.8]	[4.8, 7.2]	[2.4, 3.6]	[4.8, 6.0]	3
x_4	[1.2, 1.6]	[0.9, 1.2]	2.4	[1.8, 2.4]	[3.6, 4.8]	2
x_5	[0.8, 4.0]	[2.1, 3.0]	[4.8, 7.2]	[1.2, 4.8]	[2.4, 3.6]	1
x_6	[2.0, 2.8]	[1.5, 3.0]	[4.8, 6.4]	[1.2, 6.0]	[7.2, 8.4]	3
x_7	[2.0, 2.4]	1.8	[3.2, 8.0]	[2.4, 5.4]	[6.0, 7.2]	1
x_8	[2.8, 3.2]	[1.5, 2.4]	[4.8, 8.0]	[3.6, 6.0]	[7.2, 10.8]	3

由表 7.2 中信息, 有

$$\mathbf{Cl} = \{Cl_1, Cl_2, Cl_3\},$$

其中 $Cl_1 = \{x_5, x_7\}$, $Cl_2 = \{x_2, x_4\}$, $Cl_3 = \{x_1, x_3, x_6, x_8\}$.

通过计算, 可得

$$D_C^+(x_1) = \{x_1\}, \qquad D_C^+(x_2) = \{x_2\},$$

$$D_C^+(x_3) = \{x_2, x_3, x_8\}, \qquad D_C^+(x_4) = \{x_1, x_2, x_3, x_4, x_7, x_8\},$$

$$D_C^+(x_5) = \{x_5\}, \qquad D_C^+(x_6) = \{x_6\},$$

$$D_C^+(x_7) = \{x_7\}, \qquad D_C^+(x_8) = \{x_8\}.$$

$$D_C^-(x_1) = \{x_1, x_4\}, \qquad D_C^-(x_2) = \{x_2, x_3, x_4\},$$

$$D_C^-(x_3) = \{x_3, x_4\}, \qquad D_C^-(x_4) = \{x_4\},$$

$$D_C^-(x_5) = \{x_5\}, \qquad D_C^-(x_6) = \{x_6\},$$

$$D_C^-(x_7) = \{x_4, x_7\}, \qquad D_C^-(x_8) = \{x_3, x_4, x_8\}.$$

则 $Cl_2^{\geqslant}$, $Cl_3^{\geqslant}$, $Cl_1^{\leqslant}$ 和 $Cl_2^{\leqslant}$ 的上、下近似分别为

$$\underline{C}(Cl_2^{\geqslant}) = \{x_1, x_2, x_3, x_6, x_8\}, \qquad \overline{C}(Cl_2^{\geqslant}) = \{x_1, x_2, x_3, x_4, x_6, x_7, x_8\},$$

$$\underline{C}(Cl_3^{\geqslant}) = \{x_1, x_6, x_8\}, \qquad \overline{C}(Cl_3^{\geqslant}) = \{x_1, x_2, x_3, x_6, x_8\},$$

$$\underline{C}(Cl_1^{\leqslant}) = \{x_5\}, \qquad \overline{C}(Cl_1^{\leqslant}) = \{x_4, x_5, x_7\},$$

$$\underline{C}(Cl_2^{\leqslant}) = \{x_4, x_5, x_7\}, \qquad \overline{C}(Cl_2^{\leqslant}) = \{x_2, x_3, x_4, x_5, x_7\}.$$

另外,

$$Bn_C(Cl_2^{\geqslant}) = Bn_C(Cl_1^{\leqslant}) = \{x_4, x_7\}, \quad Bn_C(Cl_3^{\geqslant}) = Bn_C(Cl_2^{\leqslant}) = \{x_2, x_3\}.$$

需要指出此区间值序决策系统为不一致的, 这是因为 $\{(x_2, x_3), (x_7, x_4)\} \subseteq D_C$, 但是 $\{(x_2, x_3), (x_7, x_4)\} \nsubseteq D_d$.

上并集和下并集的优势粗糙近似可以用来提取包含在系统中对象的 "if-then" 形式的决策规则. 类似参考文献 [56], 有下面五类决策规则:

(1) 确定 $D_{\geqslant}$-决策规则:

若 $(f(x, a_1) \geqslant_{L^I} \nu_{a_1}) \wedge (f(x, a_2) \geqslant_{L^I} \nu_{a_2}) \wedge \cdots \wedge (f(x, a_p) \geqslant_{L^I} \nu_{a_p})$, 则 $x \in Cl_t^{\geqslant}$. //这些规则由 $Cl_t^{\geqslant}$ 的 A-下近似中的元素支持.

(2) 可能 $D_{\geqslant}$-决策规则:

若 $(f(x, a_1) \geqslant_{L^I} \nu_{a_1}) \wedge (f(x, a_2) \geqslant_{L^I} \nu_{a_2}) \wedge \cdots \wedge (f(x, a_p) \geqslant_{L^I} \nu_{a_p})$, 则 x 可能属于 $Cl_t^{\geqslant}$. // 这些规则由 $Cl_t^{\geqslant}$ 的 A-上近似中的元素支持.

(3) 确定 $D_{\leqslant}$-决策规则:

若 $(f(x,a_1)\leqslant_{L^I}\nu_{a_1})\wedge(f(x,a_2)\leqslant_{L^I}\nu_{a_2})\wedge\cdots\wedge(f(x,a_p)\leqslant_{L^I}\nu_{a_p})$, 则 $x\in Cl_t^{\leqslant}$. // 这些规则由 $Cl_t^{\leqslant}$ 的 A-下近似中的元素支持.

(4) 可能 $D_{\leqslant}$-决策规则:

若 $(f(x,a_1)\leqslant_{L^I}\nu_{a_1})\wedge(f(x,a_2)\leqslant_{L^I}\nu_{a_2})\wedge\cdots\wedge(f(x,a_p)\leqslant_{L^I}\nu_{a_p})$, 则 x 可能属于 $Cl_t^{\leqslant}$. // 这些规则由 $Cl_t^{\leqslant}$ 的 A-上近似中的元素支持.

(5) 近似 $D_{\geqslant,\leqslant}$-决策规则:

若 $(f(x,a_1)\geqslant_{L^I}\nu_{a_1})\wedge(f(x,a_2)\geqslant_{L^I}\nu_{a_2})\wedge\cdots\wedge(f(x,a_k)\geqslant_{L^I}\nu_{a_k})\wedge(f(x,a_{k+1})\leqslant_{L^I}\nu_{a_{k+1}})\wedge(f(x,a_{k+2})\leqslant_{L^I}\nu_{a_{k+2}})\wedge\cdots\wedge(f(x,a_p)\leqslant_{L^I}\nu_{a_p})$, 则 $x\in Cl_t\cup Cl_{t+1}\cup\cdots\cup Cl_s$. // 这些规则由 $Cl_t^{\geqslant}$ 的 A-上近似和 $Cl_s^{\leqslant}$ 的 A-上近似的交集中的元素支持, 这里 $t<s$.

7.3　不一致区间值序决策系统的近似分布约简和决策规则

属性约简既是粗糙集理论也是优势粗糙集理论的一个研究热点, 接下来提出不一致区间值序决策系统的近似分布约简和其计算方法.

定义 7.3.1　设 $S=\langle U,C\cup\{d\},V,f\rangle$ 为区间值序决策系统且 $A\subseteq C$. 记

$$L_A^{\geqslant}=\{\underline{A}(Cl_1^{\geqslant}),\underline{A}(Cl_2^{\geqslant}),\cdots,\underline{A}(Cl_n^{\geqslant})\},\tag{7.10}$$

$$L_A^{\leqslant}=\{\underline{A}(Cl_1^{\leqslant}),\underline{A}(Cl_2^{\leqslant}),\cdots,\underline{A}(Cl_n^{\leqslant})\},\tag{7.11}$$

$$H_A^{\geqslant}=\{\overline{A}(Cl_1^{\geqslant}),\overline{A}(Cl_2^{\geqslant}),\cdots,\overline{A}(Cl_n^{\geqslant})\},\tag{7.12}$$

$$H_A^{\leqslant}=\{\overline{A}(Cl_1^{\leqslant}),\overline{A}(Cl_2^{\leqslant}),\cdots,\overline{A}(Cl_n^{\leqslant})\}.\tag{7.13}$$

(1) 若 $L_A^{\geqslant}=L_C^{\geqslant}$ $(H_A^{\geqslant}=H_{\mathrm{AT}}^{\geqslant})$, 则 A 称为系统 S 的 $\geqslant$-下 (上) 近似分布一致集. 若 A 为 $\geqslant$-下 (上) 近似分布一致集且它的任何真子集均不为 $\geqslant$-下 (上) 近似分布一致集, 则 A 称为系统 S 的 $\geqslant$-下 (上) 近似分布约简.

(2) 若 $L_A^{\leqslant}=L_C^{\leqslant}$ $(H_A^{\leqslant}=H_{\mathrm{AT}}^{\leqslant})$, 则 A 称为系统 S 的 $\leqslant$-下 (上) 近似分布一致集. 若 A 为 $\leqslant$-下 (上) 近似分布一致集且它的任何真子集均不为 $\leqslant$-下 (上) 近似分布一致集, 则 A 称为系统 S 的 $\leqslant$-下 (上) 近似分布约简.

$\geqslant$-下 (上) 近似分布一致集保持所有上并集的下 (上) 近似不变. 另一方面, $\leqslant$-下 (上) 近似分布一致集保持所有下并集的下 (上) 近似不变.

接下来我们考虑这四种类型近似分布一致集的关系.

定理 7.3.1　设 $S=\langle U,C\cup\{d\},V,f\rangle$ 为区间值序决策系统且 $A\subseteq C$, 则下面的表述成立:

(1) A 为 $\geqslant$-下近似分布一致集的充要条件是 A 为 $\leqslant$-上近似分布一致集.

(2) A 为 $\leqslant$-下近似分布一致集的充要条件是 A 为 $\geqslant$-上近似分布一致集.

证明 由于对任意 $A \subseteq C$, $\underline{A}(Cl_1^{\geqslant}) = \overline{A}(Cl_n^{\leqslant}) = U$, 我们不考虑这些近似.

$$
\begin{aligned}
& A\text{为 } \geqslant\text{-下近似分布一致集} \\
\Longleftrightarrow\ & \underline{A}(Cl_t^{\geqslant}) = \underline{C}(Cl_t^{\geqslant}), \forall t = 2, \cdots, n \\
\Longleftrightarrow\ & U - \underline{A}(Cl_t^{\geqslant}) = U - \underline{C}(Cl_t^{\geqslant}), \forall t = 2, \cdots, n \\
\Longleftrightarrow\ & \overline{A}(Cl_{t-1}^{\leqslant}) = \overline{C}(Cl_{t-1}^{\leqslant}), \forall t = 2, \cdots, n \\
\Longleftrightarrow\ & \overline{A}(Cl_t^{\leqslant}) = \overline{C}(Cl_t^{\leqslant}), \forall t = 1, \cdots, n-1 \\
\Longleftrightarrow\ & A\text{为 } \leqslant\text{-上近似分布一致集.}
\end{aligned}
$$

第二式可由类似方法得证. □

定理 7.3.2 设 $S = \langle U, C \cup \{d\}, V, f \rangle$ 为区间值序决策系统且 $A \subseteq C$, 则下面的表述成立.

(1) A 为 $\geqslant$-下近似分布约简的充要条件是 A 为 $\leqslant$-上近似分布约简.

(2) A 为 $\leqslant$-下近似分布约简的充要条件是 A 为 $\geqslant$-上近似分布约简.

证明 直接由定理 7.3.1 和近似分布约简的定义可得. □

7.3.1 不一致区间值序决策系统的近似分布约简的辨识矩阵方法

本节提出计算上述约简的理论方法, 该方法通过引入相应的辨识矩阵和辨识函数来求解.

定理 7.3.3 设 $S = \langle U, C \cup \{d\}, V, f \rangle$ 为区间值序决策系统且 $A \subseteq C$. 记

$$
C_A^{\geqslant}(x) = \{Cl_t^{\geqslant} : x \in \underline{A}(Cl_t^{\geqslant})\}, \quad C_A^{\leqslant}(x) = \{Cl_t^{\leqslant} : x \in \underline{A}(Cl_t^{\leqslant})\}.
$$

$$
P_A^{\geqslant}(x) = \{Cl_t^{\geqslant} : x \in \overline{A}(Cl_t^{\geqslant})\}, \quad P_A^{\leqslant}(x) = \{Cl_t^{\leqslant} : x \in \overline{A}(Cl_t^{\leqslant})\}.
$$

则我们有下面表述:

(1) A 为 $\geqslant$-下 (上) 近似分布一致集的充要条件为 $C_A^{\geqslant}(x) = C_C^{\geqslant}(x)$ $(P_A^{\geqslant}(x) = P_C^{\geqslant}(x))$, $\forall x \in U$.

(2) A 为 $\leqslant$-下 (上) 近似分布一致集的充要条件为 $C_A^{\leqslant}(x) = C_C^{\leqslant}(x)$ $(P_A^{\leqslant}(x) = P_C^{\leqslant}(x))$, $\forall x \in U$.

证明 直接由定义 7.3.1 可得. □

下面给出近似分布一致集的判定定理.

定理 7.3.4　设 $S=\langle U,C\cup\{d\},V,f\rangle$ 为区间值序决策系统且 $A\subseteq C$, 则下面表述成立:

(1) A 为 $\geqslant$-下 (上) 近似分布一致集的充要条件为: 对任意 $x,y\in U$, 当 $C_C^{\geqslant}(x)\nsubseteq C_C^{\geqslant}(y)$ $(P_C^{\geqslant}(y)\nsubseteq P_C^{\geqslant}(x))$ 时, $D_A^+(y)\nsubseteq D_A^+(x)$ $(D_A^-(y)\nsubseteq D_A^-(x))$ 成立.

(2) A 为 $\leqslant$-下 (上) 近似分布一致集的充要条件为: 对任意 $x,y\in U$, 当 $C_C^{\leqslant}(x)\nsubseteq C_C^{\leqslant}(y)$ $(P_C^{\leqslant}(y)\nsubseteq P_C^{\leqslant}(x))$ 时, $D_A^-(y)\nsubseteq D_A^-(x)$ $(D_A^+(y)\nsubseteq D_A^+(x))$ 成立.

证明　(1) "⇒" 若 $D_A^+(y)\subseteq D_A^+(x)$, 则 $x\in \underline{A}(Cl_t^{\geqslant})\Rightarrow y\in \underline{A}(Cl_t^{\geqslant})$, 因此 $C_A^{\geqslant}(x)\subseteq C_A^{\geqslant}(y)$. 由 A 为 $\geqslant$-下近似分布一致集的假设, 可得 $C_A^{\geqslant}(x)=C_C^{\geqslant}(x)$ 和 $C_A^{\geqslant}(y)=C_C^{\geqslant}(y)$. 因此 $C_C^{\geqslant}(x)\subseteq C_C^{\geqslant}(y)$, 得到矛盾.

"⇐" 显然包含关系 $C_A^{\geqslant}(x)\subseteq C_C^{\geqslant}(x)$ 对任意 $x\in U$ 成立. 我们仅需证明 $C_C^{\geqslant}(x)\subseteq C_A^{\geqslant}(x)$.

由假设, 可得 $D_A^+(y)\subseteq D_A^+(x)$, 则 $C_C^{\geqslant}(x)\subseteq C_C^{\geqslant}(y)$. 即 $D_C^+(x)\subseteq Cl_t^{\geqslant}\Rightarrow D_C^+(y)\subseteq Cl_t^{\geqslant}$.

对任意 $Cl_t^{\geqslant}\in C_C^{\geqslant}(x)$, 即 $D_C^+(x)\subseteq Cl_t^{\geqslant}$, 且 $y\in U$, 若 $D_A^+(y)\subseteq D_A^+(x)$, 则 $D_C^+(y)\subseteq Cl_t^{\geqslant}$. 由命题 7.1.2 可得 $D_A^+(x)\subseteq Cl_t^{\geqslant}$, 因此 $Cl_t^{\geqslant}\in C_A^{\geqslant}(x)$, 则 $C_C^{\geqslant}(x)\subseteq C_A^{\geqslant}(x)$.

(2) "⇒" 类似于 (1) 证明中的 "⇒".

"⇐" 显然对任意 $x\in U$, $P_C^{\geqslant}(x)\subseteq P_A^{\geqslant}(x)$. 因此, 需要证明 $P_A^{\geqslant}(x)\subseteq P_C^{\geqslant}(x)$.

由假设有: 若 $D_A^-(y)\subseteq D_A^-(x)$, 则 $P_C^{\geqslant}(y)\subseteq P_C^{\geqslant}(x)$, 即 $D_C^-(y)\cap Cl_t^{\geqslant}\neq\varnothing\Rightarrow D_C^-(x)\cap Cl_t^{\geqslant}\neq\varnothing$.

对任意 $Cl_t^{\geqslant}\in P_A^{\geqslant}(x)$, 即满足 $D_A^-(x)\cap Cl_t^{\geqslant}\neq\varnothing$, 因为 $D_A^-(x)=\bigcup_{y\in D_A^-(x)}D_C^-(y)$, 存在 y 使得 $y\in D_A^-(x)$ 且 $D_C^-(y)\cap Cl_t^{\geqslant}\neq\varnothing$, 因此 $D_C^-(x)\cap Cl_t^{\geqslant}\neq\varnothing$. 这样 $Cl_t^{\geqslant}\in P_C^{\geqslant}(x)$ 成立, 可得 $P_A^{\geqslant}(x)\subseteq P_C^{\geqslant}(x)$. □

根据以上分析, 下面给出近似分布辨识矩阵的定义.

定义 7.3.2　设 $S=\langle U,C\cup\{d\},V,f\rangle$ 为区间值序决策系统, 记

$$D_L^{\geqslant}(x,y)=\begin{cases}\{a\in C:(x,y)\notin D_a^-\}, & C_C^{\geqslant}(x)\nsubseteq C_C^{\geqslant}(y),\\ C, & \text{其他}.\end{cases}\tag{7.14}$$

$$D_L^{\leqslant}(x,y)=\begin{cases}\{a\in C:(x,y)\notin D_a^+\}, & C_C^{\leqslant}(x)\nsubseteq C_C^{\leqslant}(y),\\ C, & \text{其他}.\end{cases}\tag{7.15}$$

$$D_H^{\geqslant}(x,y)=\begin{cases}\{a\in C:(x,y)\notin D_a^+\}, & P_C^{\geqslant}(y)\nsubseteq P_C^{\geqslant}(x),\\ C, & \text{其他}.\end{cases} \tag{7.16}$$

$$D_H^{\leqslant}(x,y)=\begin{cases}\{a\in C:(x,y)\notin D_a^-\}, & P_C^{\leqslant}(y)\nsubseteq P_C^{\leqslant}(x),\\ C, & \text{其他}.\end{cases} \tag{7.17}$$

$D_L^{\geqslant}(x,y)(D_L^{\leqslant}(x,y))$ 称为 x 和 y 之间的 $\geqslant(\leqslant)$-下近似分布辨识准则集. $D_H^{\geqslant}(x,y)$ $(D_H^{\leqslant}(x,y))$ 称为 x 和 y 之间的 $\geqslant(\leqslant)$-下近似分布辨识准则集. $\boldsymbol{D}_L^{\geqslant}=\{D_L^{\geqslant}(x,y):x,y\in U\}$ $(\boldsymbol{D}_L^{\leqslant}=\{D_L^{\leqslant}(x,y):x,y\in U\})$ 称为 $\geqslant(\leqslant)$-下近似分布辨识矩阵. $\boldsymbol{D}_H^{\geqslant}=\{D_H^{\geqslant}(x,y):x,y\in U\}$ $(\boldsymbol{D}_H^{\leqslant}=\{D_H^{\leqslant}(x,y):x,y\in U\})$ 称为 $\geqslant(\leqslant)$-上近似分布辨识矩阵.

命题 7.3.1 设 $S=\langle U,C\cup\{d\},V,f\rangle$ 为区间值序决策系统, 则对任意 $x,y\in U$, 有

(1) $C_C^{\leqslant}(x)\nsubseteq C_C^{\leqslant}(y)\iff P_C^{\geqslant}(y)\nsubseteq P_C^{\geqslant}(x)$;

(2) $C_C^{\geqslant}(x)\nsubseteq C_C^{\geqslant}(y)\iff P_C^{\leqslant}(y)\nsubseteq P_C^{\leqslant}(x)$.

证明 (1) 假设 $C_C^{\leqslant}(x)\nsubseteq C_C^{\leqslant}(y)$, 则存在 $Cl_t^{\leqslant}$ 使得 $Cl_t^{\leqslant}\in C_C^{\leqslant}(x)$, 但是 $Cl_t^{\leqslant}\notin C_C^{\leqslant}(y)$. 即得到 $D_C^-(x)\subseteq Cl_t^{\leqslant}$, 而 $D_C^-(y)\nsubseteq Cl_t^{\leqslant}$. 因此有 $D_C^-(x)\cap Cl_{t+1}^{\geqslant}=\varnothing$, 但是 $D_C^-(y)\cap Cl_{t+1}^{\geqslant}\neq\varnothing$. 因此 $Cl_{t+1}\in P_C^{\geqslant}(y)$ 和 $Cl_{t+1}\notin P_C^{\geqslant}(x)$, 可得 $P_C^{\geqslant}(y)\nsubseteq P_C^{\geqslant}(x)$.

反之, 假如 $P_C^{\geqslant}(y)\nsubseteq P_C^{\geqslant}(x)$, 则存在 $Cl_t^{\geqslant}$ 使得 $Cl_t^{\geqslant}\in P_C^{\geqslant}(y)$, 但是 $Cl_t^{\geqslant}\notin P_C^{\geqslant}(x)$. 类似地, 可以证得 $Cl_{t-1}^{\leqslant}\in C_C^{\leqslant}(x)$ 且 $Cl_{t-1}^{\leqslant}\notin C_C^{\leqslant}(y)$. 因此 $C_C^{\leqslant}(x)\nsubseteq C_C^{\leqslant}(y)$.

(2) 的证明与 (1) 类似. □

注 7.3.1 由定理 7.3.4 和命题 7.3.1, 有 $\boldsymbol{D}_L^{\geqslant}=\boldsymbol{D}_H^{\leqslant}$ 和 $\boldsymbol{D}_L^{\leqslant}=\boldsymbol{D}_H^{\geqslant}$. 也就是说, 对任意区间值序决策系统, $\leqslant$-下近似分布辨识矩阵与 $\geqslant$-上近似分布辨识矩阵相等, 而 $\geqslant$-下近似分布辨识矩阵与 $\leqslant$-上近似分布辨识矩阵相同.

接下来, 用 $*$ 表示 $\leqslant$ 或 $\geqslant$.

显然 $D_L^*(x,x)=C$ 且 $D_H^*(x,x)=C$, 而 $D_L^*(x,y)=D_L^*(y,x)$ 和 $D_H^*(x,y)=D_H^*(y,x)$ 不一定成立.

定理 7.3.5 设 $S=\langle U,C\cup\{d\},V,f\rangle$ 为区间值序决策系统且 $A\subseteq C$, 则下面表述成立:

(1) A 为 $\geqslant$-下 (上) 近似分布一致集的充要条件为 $A\cap D_L^{\geqslant}(x,y)\neq\varnothing$ $(A\cap D_H^{\geqslant}(x,y)\neq\varnothing)$, $\forall x,y\in U$.

(2) A 为 $\leqslant$-下 (上) 近似分布一致集的充要条件为 $A\cap D_L^{\leqslant}(x,y)\neq\varnothing$ $(A\cap D_H^{\leqslant}(x,y)\neq\varnothing)$, $\forall x,y\in U$.

证明 (1) "$\Rightarrow$" 假如 A 为 $\geqslant$-下近似分布一致集, 对 $(x,y)\in U^2$, 假如 $C_C^{\geqslant}(x)\nsubseteq C_C^{\geqslant}(y)$. 由定理 7.3.4 有 $D_A^+(y)\nsubseteq D_A^+(x)$, 即 $(x,y)\notin D_A^-$, 由此可得存在 $a\in A$ 使得

$a \in D_L^{\geqslant}(x,y)$. 因此 $A \cap D_L^{\geqslant}(x,y) \neq \varnothing$.

"$\Leftarrow$" 假如 $C_C^{\geqslant}(x) \not\subseteq C_C^{\geqslant}(y)$. 若 $A \cap D_L^{\geqslant}(x,y) \neq \varnothing$, 则存在 $a \in A$ 使得 $a \in D_L^{\geqslant}(x,y)$, 即 $y \notin D_a^{+}(x)$. 进一步, 有 $y \notin D_A^{+}(x)$. 因为 $y \in D_A^{+}(y)$, 可得 $D_A^{+}(y) \not\subseteq D_A^{+}(x)$. 总之, 有: 若 $C_C^{\geqslant}(x) \not\subseteq C_C^{\geqslant}(y)$, 则 $D_A^{+}(y) \not\subseteq D_A^{+}(x)$. 由定理 7.3.4(1), 可得 A 为 $\geqslant$-下近似分布一致集.

(2) 的证明类似 (1). □

Skowron 和 Rauszer[167] 证明了寻找系统的约简可以用 Boolean 推理[137] 的方法求解. 这种方法推广到计算区间值序决策系统的所有约简.

定义 7.3.3　设 $S = \langle U, C \cup \{d\}, V, f\rangle$ 为区间值序决策系统, $\boldsymbol{D}_L^{*}$ 和 $\boldsymbol{D}_H^{*}$ 分别为 S 的 $*$-下和 $*$-上近似分布辨识矩阵. 记

$$M_L^{*} = \wedge\Big\{ \vee\{a : a \in D_L^{*}(x,y), \forall x, y \in U\}\Big\} \tag{7.18}$$

和

$$M_H^{*} = \wedge\Big\{ \vee\{a : a \in D_H^{*}(x,y), \forall x, y \in U\}\Big\}, \tag{7.19}$$

则 M_L^{*} 和 M_H^{*} 分别称为 $*$-下和 $*$-上近似分布辨识函数.

由近似分布辨识函数的定义, 我们介绍不一致区间值序决策系统的属性约简方法.

定理 7.3.6　设 $S = \langle U, C \cup \{d\}, V, f\rangle$ 为区间值序决策系统, $A \subseteq C$, 且 M_L^{*} 和 M_H^{*} 分别为 $*$-下和 $*$-上近似分布辨识函数, $*$-下和 $*$-上近似分布辨识函数的极小析取范式分别为

$$F_L^{*} = \bigvee_{k=1}^{p}\left(\bigwedge_{s=1}^{q_k} a_{i_{k,s}}\right) \tag{7.20}$$

和

$$F_H^{*} = \bigvee_{k=1}^{r}\left(\bigwedge_{s=1}^{q_k} a_{j_{k,s}}\right). \tag{7.21}$$

记 $A_{L_k}^{*} = \{a_{i_{k,s}} : s = 1, 2, \cdots, q_k\}$, $A_{H_k}^{*} = \{a_{j_{k,s}} : s = 1, 2, \cdots, q_k\}$, 则 $\{A_{L_k}^{*} : k = 1, 2, \cdots, p\}$ 为所有 $*$-下近似分布约简的集合, $\{A_{H_k}^{*} : k = 1, 2, \cdots, r\}$ 为所有 $*$-上近似分布约简的集合.

证明　直接由定理 7.3.5 和极小析取范式的定义可得. □

已经证明了计算辨识函数的极小析取范式是 NP-难问题, 经常利用吸收律简化辨识矩阵, 以此提高属性约简效率.

例 7.3.1(续例 7.2.1)　通过转化辨识函数计算表 7.2 中的不一致区间值序决策系统的所有约简.

表 7.3 为表 7.2 的 $\leqslant$-下 ($\geqslant$-上) 近似分布辨识矩阵, 其中 $D_L^{\leqslant}(x,y)$ 为对应 (x,y) 的值. 表 7.4 为表 7.2 的 $\geqslant$-下 ($\leqslant$-上) 近似分布辨识矩阵.

表 7.3 表 7.2 的 $\leqslant$-下($\geqslant$-上) 近似分布辨识矩阵

U	x_1	x_2	x_3	x_4	x_5	x_6	x_7	x_8
x_1	C	C	C	C	C	C	C	C
x_2	C	C	C	C	C	C	C	C
x_3	C	C	C	C	C	C	C	C
x_4	C	C	C	C	C	C	C	C
x_5	a_1,a_4,a_5	a_1,a_4,a_5	a_1,a_4,a_5	a_1,a_4,a_5	C	a_1,a_4,a_5	a_1,a_3,a_4,a_5	a_1,a_3,a_4,a_5
x_6	C	C	C	C	C	C	C	C
x_7	a_2,a_3,a_4	C	a_1,a_3	C	C	C	C	C
x_8	C	C	C	C	C	C	C	C

表 7.4 表 7.2 的 $\geqslant$-下 ($\leqslant$-上) 近似分布辨识矩阵

U	x_1	x_2	x_3	x_4	x_5	x_6	x_7	x_8
x_1	C	a_2	a_2,a_4,a_5	C	a_1,a_4,a_5	C	a_2,a_3,a_4	C
x_2	C	C	C	C	a_1,a_4,a_5	C	C	C
x_3	C	C	C	C	a_1,a_4,a_5	C	a_1,a_3	C
x_4	C	C	C	C	C	C	C	C
x_5	C	C	C	C	C	C	C	C
x_6	C	a_2,a_4	a_1,a_2,a_4,a_5	C	a_1,a_4,a_5	C	C	C
x_7	C	C	C	C	C	C	C	C
x_8	C	a_3,a_4	C	C	a_1,a_3,a_4,a_5	C	C	C

利用吸收律之后, $\{a_2\}$, $\{a_1,a_3\}$, $\{a_3,a_4\}$, $\{a_1,a_4,a_5\}$ 留在 $\geqslant$-下近似分布辨识矩阵, 而 $\{a_1,a_4,a_5\}$, $\{a_1,a_3\}$, $\{a_2,a_3,a_4\}$ 留在 $\geqslant$-上近似分布辨识矩阵. 因此,

$$
\begin{aligned}
M_L^{\geqslant} = M_H^{\leqslant} &= a_2 \wedge (a_1 \vee a_3) \wedge (a_3 \vee a_4) \wedge (a_1 \vee a_4 \vee a_5) \\
&= (a_1 \wedge a_2 \wedge a_3) \vee (a_1 \wedge a_2 \wedge a_4) \vee (a_2 \wedge a_3 \wedge a_4) \vee (a_2 \wedge a_3 \wedge a_5). \\
M_H^{\geqslant} = M_L^{\leqslant} &= (a_1 \vee a_4 \vee a_5) \wedge (a_1 \vee a_3) \wedge (a_2 \vee a_3 \vee a_4) \\
&= (a_1 \wedge a_2) \vee (a_1 \wedge a_3) \vee (a_1 \wedge a_4) \vee (a_3 \wedge a_4) \vee (a_3 \wedge a_5).
\end{aligned}
$$

因此, 此系统有 4 个 $\geqslant$-下 ($\leqslant$-上) 近似分布约简, 分别为: $\{a_1,a_2,a_3\}$, $\{a_1,a_2,a_4\}$, $\{a_2,a_3,a_4\}$, $\{a_2,a_3,a_5\}$, 有 5 个 $\leqslant$-下 ($\geqslant$-上) 近似分布约简, 分别为: $\{a_1,a_2\}$, $\{a_1,a_3\}$, $\{a_1,a_4\}$, $\{a_3,a_4\}$, $\{a_3,a_5\}$. 另外, 本例表明 $\geqslant$-下近似分布约简和 $\geqslant$-上近似分布约简之间并无强弱关系.

从决策系统中进行规则提取是决策分析的另一个重要问题. 接下来, 对给定约简, 提出基于 $*$-下和 $*$-上近似分布辨识矩阵的规则提取方法.

定义 7.3.4 设 $S=\langle U, C\cup\{d\}, V, f\rangle$ 为区间值序决策系统, $\boldsymbol{D}_L^*$ 和 $\boldsymbol{D}_H^*$ 分别为 S 的 $*$-下和 $*$-上近似分布辨识矩阵. 对给定 $*$-下近似分布约简 R_1 和 $*$-上近似

分布约简 R_2, 定义 x 分别关于 R_1 和 R_2 的 $*$-下和 $*$-上近似分布辨识函数为

$$N^*_{L_{R_1}}(x) = \wedge\Big\{ \vee \{a : a \in D^*_L(x,y) \cap R_1, \forall y \in U\}\Big\} \tag{7.22}$$

和

$$N^*_{H_{R_2}}(x) = \wedge\Big\{ \vee \{a : a \in D^*_H(x,y) \cap R_2, \forall y \in U\}\Big\}. \tag{7.23}$$

定理 7.3.7　设 $S = \langle U, C \cup \{d\}, V, f\rangle$ 为区间值序决策系统且 $A \subseteq C$, R_1 和 R_2 分别为 S 的 $*$-下和 $*$-上近似分布约简, $N^*_{L_{R_1}}(x)$ 和 $N^*_{H_{R_2}}(x)$ 分别为 x 的 $*$-下和 $*$-上近似分布辨识函数, $*$-下和 $*$-上近似分布辨识函数的极小析取范式分别为

$$\Delta^*_{L_{R_1}}(x) = \bigvee_{k=1}^{p}\left(\bigwedge_{s=1}^{q_k} a_{i_{k,s}}\right) \tag{7.24}$$

和

$$\Delta^*_{H_{R_2}}(x) = \bigvee_{k=1}^{r}\left(\bigwedge_{s=1}^{q_k} a_{j_{k,s}}\right) \tag{7.25}$$

记 $A^*_{L_k} = \{a_{i_{k,s}} : s = 1,2,\cdots,q_k\}$, $A^*_{H_k} = \{a_{j_{k,s}} : s = 1,2,\cdots,q_k\}$, 则 $\{A^*_{L_k} : k = 1,2,\cdots,p\}$ 为 x 关于 R_1 和 R_2 的所有 $*$-下近似分布约简的集合, $\{A^*_{H_k} : k = 1,2,\cdots,r\}$ 为 x 关于 R_1 和 R_2 的所有 $*$-上近似分布约简的集合.

证明　直接由定理 7.3.6 和辨识函数的极小析取范式的定义可得. □

关于 $\geqslant$-下近似分布约简 R, 至多有 $|\underline{\mathrm{AT}}(Cl_2^{\geqslant})| \times \mathrm{C}_{|R|}^{[|R|/2]}$ 条确定 $D_{\geqslant}$-决策规则, 其中 C_m^k 表示从 m 个元素中选出 k 个元素的所有选择的个数.

例 7.3.2 (续例 7.2.1)　找出由系统 S 的 $\geqslant$-下近似分布约简 $R_1 = \{a_1, a_2, a_3\}$ 和 $\leqslant$-下近似分布约简 $R_2 = \{a_1, a_4\}$ 生成的所有决策规则.

很容易计算得 $\Delta^{\geqslant}_{L_{R_1}}(x_1) = \Delta^{\geqslant}_{L_{R_1}}(x_6) = a_1 \wedge a_2$, $\Delta^{\geqslant}_{L_{R_1}}(x_2) = \Delta^{\geqslant}_{L_{R_1}}(x_3) = a_1$, $\Delta^{\geqslant}_{L_{R_1}}(x_8) = a_3$. 因此可以得到下面的 $D_{\geqslant}$-决策规则:

r_1: 若 $f(x,a_1) \geqslant_{L^I} [2.0, 2.4]$, $f(x,a_2) \geqslant_{L^I} [1.5, 3.0]$, 则 $f(x,d) \geqslant 3$. // 由对象 x_1, x_6 支持.

r_2: 若 $f(x,a_1) \geqslant_{L^I} 2.4$, 则 $f(x,d) \geqslant 2$. // 由对象 x_2, x_3, x_8 支持.

r_3: 若 $f(x,a_3) \geqslant_{L^I} [4.8, 8.0]$, 则 $f(x,d) \geqslant 3$. // 由对象 x_8 支持.

而且有 $\Delta^{\leqslant}_{L_{R_2}}(x_4) = \Delta^{\leqslant}_{L_{R_2}}(x_5) = a_1 \vee a_4$, $\Delta^{\leqslant}_{L_{R_2}}(x_7) = a_1 \wedge a_4$. 因此 $D_{\leqslant}$-决策规则可以简化为

$r_{4/5}$: 若 $f(x,a_1) \leqslant_{L^I} [1.2, 1.6]$ 或 $f(x,a_4) \leqslant_{L^I} [1.8, 2.4]$, 则 $f(x,d) \leqslant 2$. // 由对象 x_4 支持.

r_6: 若 $f(x,a_1) \leqslant_{L^I} [2.0, 2.4]$ 且 $f(x,a_4) \leqslant_{L^I} [2.4, 5.4]$, 则 $f(x,d) \leqslant 2$. // 由对象 x_4, x_7 支持.

$r_{7/8}$: 若 $f(x,a_1) \leqslant_{L^I} [0.8,4.0]$ 或 $f(x,a_4) \leqslant_{L^I} [1.2,4.8]$, 则 $f(x,d) \leqslant 1$. // 由对象 x_5 支持.

虽然 $|\underline{C}(Cl_2^{\geqslant})| = 5$ 和 $|\underline{C}(Cl_2^{\leqslant})| = 3$, 关于 R_1 和 R_2 分别有 3 条确定 $D_{\geqslant}$-决策规则和 5 条确定 $D_{\leqslant}$-决策规则. 至于其他类型的决策规则, 读者可以通过类似的方法得到, 在此略去.

7.3.2 计算不一致区间值序决策系统的近似分布约简的算法

本节提出计算不一致区间值序决策系统的近似分布约简的算法, 比如 $\geqslant$-下近似分布约简. 其他类型的约简类似可得.

由 $\geqslant$-下近似分布约简的定义, 我们可以设计如下的算法 7.1.

算法 7.1 计算不一致区间值序决策系统的 $\geqslant$-下近似分布约简

输入: 不一致区间值序决策系统 $S = \langle U, C \cup \{d\}, V, f\rangle$.
输出: 系统 S 的所有 $\geqslant$-下近似分布约简.
1: 置 $k \leftarrow 1, \mathbf{Red}(S) \leftarrow \varnothing$; // $\mathbf{Red}(S)$ 为所有 $\geqslant$-下近似分布约简的集合
2: **for** $|B| = k$ **do** // 测试 C 的势为 k 的子集
  if 存在 $A \in \mathbf{Red}(S)$, $A \subseteq B$ **then**// 若 B 的子集为 $\geqslant$-下近似分布约简
    break;
  elseif $L_B^{\geqslant} = L_C^{\geqslant}$
    $\mathbf{Red}(S) \leftarrow \mathbf{Red}(S) \cup \{B\}$; // B 为 $\geqslant$-下近似分布约简
  end if
  end for
3: **if** $k = |C|$ **then**
4: **输出** $\mathbf{Red}(S)$;
  else $k \leftarrow k+1$, 转至步骤 2;
5: end

计算每个 $Cl_t^{\geqslant}$ 的 A 下近似的复杂度为 $O(|A||U|^2)$. 对于步骤 2, 我们需要计算 $\mathrm{C}_{|\mathrm{AT}|}^k$ 个 $Cl_t^{\geqslant}$ 的下近似, 即在第 k 轮需要 $\underline{B}(Cl_t^{\geqslant})$, 其中 $B \subseteq C$ 且 $|B| = k$. 最悲观的情况即所有的准则都是必要的, 则 $|C|$ 的所有子集都要检验. 因此步骤 2 的最大计算量为 $\sum\limits_{k=1}^{|C|} \mathrm{C}_{|C|}^k nk|U|^2$. 根据 $\sum\limits_{k=1}^{m} k\mathrm{C}_m^k = m2^{m-1}$, 计算所有 $\geqslant$-下近似分布约简的复杂度为 $O(n2^{|C|}|C||U|^2)$.

如果数据集的属性个数非常多, 因为算法与之成指数形式关系, 计算量就会特别大. 因此, 算法 7.1 并不能作为计算近似分布约简的有效算法. 在实际问题中, 寻找到其中一个约简就足够了. 接下来我们给出一种利用相对 d 准则 a 的重要度寻找不一致区间值序决策系统的 $\geqslant$-下近似分布约简.

算法 7.2 的思想解释如下. 为保证 $L_B^{\geqslant} = L_C^{\geqslant}$, 即 $\underline{B}(Cl_t^{\geqslant}) = \underline{C}(Cl_t^{\geqslant}), \forall t \in \{1, 2, \cdots, n\}$, 由下近似的单调性, 我们只需保证 $\sum\limits_{t=1}^{n} |\underline{B}(Cl_t^{\geqslant})| = \sum\limits_{t=1}^{n} |\underline{C}(Cl_t^{\geqslant})|$. 准则集 B 近似 $Cl_t^{\geqslant}$ 的能力, 记为 $\theta_B^{\geqslant}(d)$, 定义为

$$\theta_B^{\geqslant}(d) = \frac{\sum\limits_{t=1}^{n} |\underline{B}(Cl_t^{\geqslant})|}{\sum\limits_{t=1}^{n} |Cl_t^{\geqslant}|}. \tag{7.26}$$

特殊地, 若 $B = \varnothing$, 则 $\theta_{\varnothing}^{\geqslant}(d) = \dfrac{\sum\limits_{t=1}^{n} |\underline{\varnothing}(Cl_t^{\geqslant})|}{\sum\limits_{t=1}^{n} |Cl_t^{\geqslant}|} = \dfrac{|U|}{\sum\limits_{t=1}^{n} |Cl_t^{\geqslant}|}$. 显然, 对任意 $B \subseteq C$, 有 $\theta_{\varnothing}^{\geqslant}(d) \leqslant \theta_B^{\geqslant}(d) \leqslant \theta_C^{\geqslant}(d)$. 因此 B 为 $\geqslant$-下近似分布约简的充要条件为 $\theta_B^{\geqslant}(d) = \theta_C^{\geqslant}(d)$. 若 $\theta_{\varnothing}^{\geqslant}(d) = \theta_C^{\geqslant}(d)$, 则不能提取到有意义的决策规则, 所以我们不考虑此种情形. 准则 a 对 B 近似 $Cl_t^{\geqslant}$ 的重要度, 记为 $\mathrm{sig}^{\geqslant}(a, B, d)$, 定义为

$$\mathrm{sig}^{\geqslant}(a, B, d) = \theta_{B \cup \{a\}}^{\geqslant}(d) - \theta_B^{\geqslant}(d). \tag{7.27}$$

因此, $\mathrm{sig}^{\geqslant}(a, B, d)$ 描述了 B 的近似能力的增长. 显然, $0 \leqslant \mathrm{sig}^{\geqslant}(a, B, d) \leqslant 1$. 若 $a \in B$, 有 $\mathrm{sig}^{\geqslant}(a, B, d) = 0$. 若 $\mathrm{sig}^{\geqslant}(a, B - \{a\}, d) = 0$, 则准则 a 称为相对 d 关于 B 是冗余的.

为了寻找到子集 B 使得 $\theta_B^{\geqslant}(d)$ 的值从 $\theta_{\varnothing}^{\geqslant}(d)$ 尽快达到 $\theta_C^{\geqslant}(d)$, 我们选择若将 a 加入 B 使得 $\theta_B^{\geqslant}(d)$ 增长最快的准则 a. 然而, 这有可能不是最优策略, 因为我们不知道该选择会不会对之后的选择带来帮助. 因此, 从全局角度来看, 这种方式可能不是增长最快的. 我们得到的结果只是近最优约简, 而不一定是最优约简.

对步骤 2, 在第 k 轮, 有 $|C| - k + 1$ 个候选准则, 且计算每个下近似的计算量均为 $k|U|^2$. 因此, 在最坏的情况下, 步骤 2 的计算量为 $\sum\limits_{k=1}^{|C|} (|C| - k + 1)nk|U|^2$. 由等式 $\sum\limits_{k=1}^{m} k(m-k+1) = m(m+1)(m+2)/6$, 步骤 2 的计算量为 $O(n|C|^3|U|^2)$. 在这 m 个数值中选取最大的数, 我们需要 $m-1$ 次比较. 因此步骤 3 的计算量为 $O(|C|)$. 对步骤 4, n 次验证 $\underline{B}(Cl_t^{\geqslant}) = \underline{C}(Cl_t^{\geqslant})$ 的计算量为 $O(n|C||U|^2)$. 因此, 算法 7.2 的计算量为 $O(n|C|^3|U|^2 + |C| + n|C||U|^2) = O(n|C|^3|U|^2)$, 此算法为多项式算法.

例 7.3.3 (续例 7.2.1) 利用算法 7.2 找出表 7.2 的一个 $\geqslant$-下近似分布约简.

首先, 取 $B = \varnothing$. 此时 B 的分类能力为 $\theta_B^{\geqslant}(d) = 0.4444$, 但是 $\theta_C^{\geqslant}(d) = 0.8889$. $a \in C - B$ 相对 B 的重要度分别为 $\mathrm{sig}^{\geqslant}(a_1, B, d) = 0.2222$, $\mathrm{sig}^{\geqslant}(a_2, B, d) = 0$, $\mathrm{sig}^{\geqslant}(a_3, B, d) = 0.1111$, $\mathrm{sig}^{\geqslant}(a_4, B, d) = 0.2778$, $\mathrm{sig}^{\geqslant}(a_5, B, d) = 0.1667$. 因此, 取 $B = \{a_4\}$, 此时 $\theta_B^{\geqslant}(d) = 0.7222$.

算法 7.2 计算不一致区间值序决策系统的 $\geqslant$-下近似分布约简的启发式方法

输入: 区间值序决策系统 $S=\langle U,C\cup\{d\},V,f\rangle$.

输出: 系统 S 的一个 $\geqslant$-下近似分布约简.

1: 置 $B\leftarrow\varnothing$; // B 为 S 的一个 $\geqslant$-下近似分布约简

2: **for** each $a\in C-B$ **do**

计算 $\mathrm{sig}^{\geqslant}(a,B,d)=\dfrac{\sum\limits_{t=1}^{n}|\underline{B\cup\{a\}}(Cl_t^{\geqslant})|}{\sum\limits_{t=1}^{n}|Cl_t^{\geqslant}|}-\dfrac{\sum\limits_{t=1}^{n}|\underline{B}(Cl_t^{\geqslant})|}{\sum\limits_{t=1}^{n}|Cl_t^{\geqslant}|}$;

end for

3: 选取满足 $\mathrm{sig}^{\geqslant}(a,B,d)=\max\limits_{a\in C-B}\mathrm{sig}^{\geqslant}(a,B,d)$ 的准则 a;

$B\leftarrow B\cup\{a\}$;

4: **if** $\theta_B^{\geqslant}(d)=\theta_C^{\geqslant}(d)$ 或 $L_B^{\geqslant}=L_C^{\geqslant}$ **then**

删除 B 中的冗余元素;

输出B;

else 返回步骤 2;

5: end

接下来可以计算得 $\mathrm{sig}^{\geqslant}(a_1,B,d)=\mathrm{sig}^{\geqslant}(a_2,B,d)=\mathrm{sig}^{\geqslant}(a_3,B,d)=0.1111$, $\mathrm{sig}^{\geqslant}(a_5,B,d)=0.0556$. 因此, 取 $B=\{a_1,a_4\}$, 此时 $\theta_B^{\geqslant}(d)=0.8333$.

接下来可以计算得 $\mathrm{sig}^{\geqslant}(a_2,B,d)=0.0556$, $\mathrm{sig}^{\geqslant}(a_3,B,d)=\mathrm{sig}^{\geqslant}(a_5,B,d)=0$. 因此, 取 $B=\{a_1,a_2,a_4\}$, 此时 $\theta_B^{\geqslant}(d)=0.8889$. 因此 B 为一个 $\geqslant$-下近似分布约简.

优势粗糙集理论中知识表达是通过 “if-then” 决策规则表示的. 决策规则的条件部分为合取形式. 条件的个数称为决策规则的长度. 接下来, 我们仅考虑确定型决策规则.

确定 $D_{\geqslant}$-决策规则由上并集的下近似中的元素生成. 对 $x\in\underline{B}(Cl_t^{\geqslant})$, 可以建立决策规则, 形式为: 若 $f(y,a)\geqslant_{L^I}f(x,a),\forall a\in B$, 则 $f(y,d)\geqslant t$. 显然, 若 $x\in\underline{B}(Cl_s^{\geqslant})$, 则对任意 $s>t$, $x\in\underline{B}(Cl_t^{\geqslant})$. 因此可以得到两条决策规则:

r_1: 若 $f(y,a)\geqslant_{L^I}f(x,a),\forall a\in B$, 则 $f(x,d)\geqslant s$(因为 $x\in\underline{B}(Cl_s^{\geqslant})$).

r_2: 若 $f(y,a)\geqslant_{L^I}f(x,a),\forall a\in B$, 则 $f(x,d)\geqslant t$(因为 $x\in\underline{B}(Cl_t^{\geqslant})$).

由决策规则 r_1 可以得到决策规则 r_2, 考虑到规则的极小性, 需要删除 r_2. 因此, 我们只需要对 $x\in\underline{B}(Cl_t^{\geqslant})$ 但是 $x\notin\underline{B}(Cl_{t+1}^{\geqslant})$ 的对象建立结论为 $f(y,d)\geqslant t$ 的规则, 即 $x\in\underline{B}(Cl_t^{\geqslant})-\underline{B}(Cl_{t+1}^{\geqslant})=\underline{B}(Cl_t^{\geqslant})\cap\overline{B}(Cl_t^{\leqslant})$. 类似地, 对结论为 $f(y,d)\leqslant t$ 的确定 $D_{\leqslant}$-决策规则, 仅需考虑 $\underline{B}(Cl_t^{\leqslant})-\underline{B}(Cl_{t-1}^{\leqslant})=\underline{B}(Cl_t^{\leqslant})\cap\overline{B}(Cl_t^{\geqslant})$ 中的元素.

关于 $\geqslant$-下近似分布约简 R, 可以有一系列长度不超过 $|R|$ 的决策规则. 例如,

我们称 r: 若 $f(y,a) \geqslant_{L^I} f(x,a), \forall a \in B$, 则 $f(y,d) \geqslant t$, 其中 $B \subseteq R$ 为正确的, 若 r 在系统中不存在冲突. 也就是说, 满足规则 r 前件的对象要满足 r 的后件. 更精确地, 若 yD_Bx, 则 $y \in Cl_t^{\geqslant}$, 即 $x \in \underline{B}(Cl_t^{\geqslant})$.

这样得到的规则不一定为最优的, 因为可能存在可以由其他规则推出的规则. 为了保证规则的极小性, 不应该存在相同结论但是前提更弱的规则. 有以下两种情形:

(1) r_1: "若 $f(x,a_1) \geqslant_{L^I} [2.0,2.8]$ 且 $f(x,a_2) \geqslant_{L^I} [1.5,3.0]$, 则 $f(x,d) \geqslant 3$" 相对 r_2: "若 $f(x,a_1) \geqslant_{L^I} [2.0,2.8]$, 则 $f(x,d) \geqslant 3$" 不是极小的;

(2) r_1: "若 $f(x,a_1) \geqslant_{L^I} [2.0,2.8]$ 且 $f(x,a_2) \geqslant_{L^I} [1.5,3.0]$, 则 $f(x,d) \geqslant 3$" 相对 r_2: "若 $f(x,a_1) \geqslant_{L^I} [2.0,2.4]$ 且 $f(x,a_2) \geqslant_{L^I} [1.5,3.0]$, 则 $f(x,d) \geqslant 3$" 不是极小的.

基于上述分析, 可以设计关于区间值序决策系统约简的规则提取算法.

算法 7.3　关于区间值序决策系统的 $\geqslant$-下近似分布约简的规则提取算法

输入: 区间值序决策系统 $S = \langle U, C \cup \{d\}, V, f \rangle$, $\geqslant$-下近似分布约简 R.

输出: 所有由 R 生成的确定 $D_{\geqslant}$-决策规则.

1: 置 $t \leftarrow 2, k \leftarrow 1$, rule $\leftarrow \varnothing$, **Ruleset** $\leftarrow \varnothing$;

2: **for** $x \in \underline{R}(Cl_t^{\geqslant}) - \underline{R}(Cl_{t+1}^{\geqslant})$ **do**

　　for $|B| = k$, $B \subseteq R$, **do**

　　　if $x \in \underline{B}(Cl_t^{\geqslant})$ **then**// 保证决策规则的正确性

　　　　rule $\leftarrow$ If $\bigwedge\limits_{a \in B} f(y,a) \geqslant_{L^I} f(x,a)$, then $f(y,d) \geqslant t$;

　　　　Ruleset = **Ruleset** $\cup$ {rule}; rule $\leftarrow \varnothing$;

　　　end if

　　end for

　end for

3: **if** $t = n$ **then**

　　转至步骤 4;

　else

　　$t \leftarrow t + 1$; $k \leftarrow 1$; 转至步骤 2;

　end if

4: **for** each rule in **Ruleset do**

　　验证是否可以由其他规则得到, 如果是, 从 **Ruleset** 中删除此规则;

　end for

5: **输出 Ruleset**

6: end

由规则提取的过程, 可知由算法 7.3 得到的决策规则与系统中的所有对象都兼

容. 步骤 2 的计算复杂度为 $O(|U|^3|R|2^{|R|}) \sim O(|U|^3|C|2^{|C|})$ (类似算法 7.1 的说明). 需要相互比较准则的极小性, 因此算法 7.3 的计算复杂度为 $O(|U|^6|C|^2 2^{2|C|})$.

7.4 近似分布约简的两种等价定义

本节引入近似分布约简的两种等价定义. 首先, 记

$$\gamma_A^{\geqslant} = \frac{1}{|U|}\sum_{t=1}^{n}|\underline{A}(Cl_t^{\geqslant})|, \tag{7.28}$$

$$\eta_A^{\geqslant} = \frac{1}{|U|}\sum_{t=1}^{n}|\overline{A}(Cl_t^{\geqslant})|, \tag{7.29}$$

$$\gamma_A^{\leqslant} = \frac{1}{|U|}\sum_{t=1}^{n}|\underline{A}(Cl_t^{\leqslant})|, \tag{7.30}$$

$$\eta_A^{\leqslant} = \frac{1}{|U|}\sum_{t=1}^{n}|\overline{A}(Cl_t^{\leqslant})|. \tag{7.31}$$

容易发现 $\gamma_A^{\geqslant}$ 和 $\gamma_A^{\leqslant}$ 类似粗糙集理论中近似质量的形式, 但是实际上, 优势粗糙集理论中相对 **Cl** 准则集 A 的近似质量为 $\gamma_A(\mathbf{Cl}) = \dfrac{|U - \bigcup_{t=1}^{n} Bn_A(Cl_t^{\geqslant})|}{|U|} = \dfrac{|U - \bigcup_{t=1}^{n} Bn_A(Cl_t^{\leqslant})|}{|U|}$. 对于例 7.2.1, $\gamma_C(\mathbf{Cl}) = \dfrac{|U - \{x_4, x_7\} \cup \{x_2, x_3\}|}{|U|} = \dfrac{1}{2}$.

值得注意的是, 在粗糙集理论中近似质量定义为 $\gamma_A(D) = \dfrac{1}{|U|}\sum\limits_{X\in U/D}|\underline{A}(X)| = \dfrac{1}{|U|}|\bigcup_{X\in U/D}\underline{A}(X)|$, 其中 A 和 D 为 U 上的两个等价关系. 然而, 我们不能改写为 $\gamma_A^{\geqslant} = \dfrac{1}{|U|}|\bigcup_{t=1}^{n}\underline{A}(Cl_t^{\geqslant})|$ 或 $\gamma_A^{\leqslant} = \dfrac{1}{|U|}|\bigcup_{t=1}^{n}\underline{A}(Cl_t^{\leqslant})|$, 这是因为近似间的单调性, 所以近似存在重合的部分. 实际上, 有 $\dfrac{1}{|U|}|\bigcup_{t=1}^{n}\underline{A}(Cl_t^{\geqslant})| = \dfrac{1}{|U|}|\bigcup_{t=1}^{n}\underline{A}(Cl_t^{\leqslant})| = 1$.

命题 7.4.1 设 $S = \langle U, C\cup\{d\}, V, f\rangle$ 为区间值序决策系统, 则对任意 $A \subseteq C$, 下面表述成立:

(1) $1 \leqslant \gamma_A^{\geqslant} \leqslant \eta_A^{\geqslant} \leqslant n$, $1 \leqslant \gamma_A^{\leqslant} \leqslant \eta_A^{\leqslant} \leqslant n$;

(2) 若 $B \subseteq A$, 则 $\gamma_B^{\geqslant} \leqslant \gamma_A^{\geqslant}$, $\eta_A^{\geqslant} \leqslant \eta_B^{\geqslant}$, $\gamma_B^{\leqslant} \leqslant \gamma_A^{\leqslant}$, $\eta_A^{\leqslant} \leqslant \eta_B^{\leqslant}$;

(3) $\gamma_A^{\geqslant} + \eta_A^{\leqslant} = n + 1$, $\gamma_A^{\leqslant} + \eta_A^{\geqslant} = n + 1$.

证明 仅证 (3).

由于优势粗糙近似 $\underline{A}(Cl_t^{\geqslant})$ 和 $\overline{A}(Cl_{t-1}^{\leqslant})$ 的互补性, 对任意 $A \subseteq C$, $t \in \{1, 2, \cdots,$

$n\}$, 有 $|\underline{A}(Cl_t^{\geqslant})| + |\overline{A}(Cl_{t-1}^{\leqslant})| = |U|$. 因此,

$$\begin{aligned}\gamma_A^{\geqslant} + \eta_A^{\leqslant} &= \frac{1}{|U|}\sum_{t=1}^{n}|\underline{A}(Cl_t^{\geqslant})| + \frac{1}{|U|}\sum_{t=1}^{n}|\overline{A}(Cl_t^{\leqslant})| \\ &= \frac{1}{|U|}|\underline{A}(Cl_1^{\geqslant})| + \frac{1}{|U|}\sum_{t=2}^{n}(|\underline{A}(Cl_t^{\geqslant})| + |\overline{A}(Cl_{t-1}^{\leqslant})|) + \frac{1}{|U|}|\overline{A}(Cl_n^{\leqslant})| \\ &= n+1.\end{aligned}$$

□

定义 7.4.1　设 $S = \langle U, C \cup \{d\}, V, f\rangle$ 为区间值序决策系统且 $A \subseteq C$.

若 $\gamma_A^{\geqslant} = \gamma_C^{\geqslant}$ $(\eta_A^{\geqslant} = \eta_C^{\geqslant})$, 则 A 称为系统 S 的 $\geqslant$-下 (上) 近似一致集. 若 A 为 $\geqslant$-下 (上) 近似一致集且其任何真子集均不为 $\geqslant$-下 (上) 近似一致集, 则 A 称为系统 S 的 $\geqslant$-下 (上) 近似约简.

若 $\gamma_A^{\leqslant} = \gamma_C^{\leqslant}$ $(\eta_A^{\leqslant} = \eta_C^{\leqslant})$, 则 A 称为系统 S 的 $\leqslant$-下 (上) 近似一致集. 若 A 为 $\leqslant$-近似一致集且其任何真子集均不为 $\leqslant$-下 (上) 近似一致集, 则 A 称为系统 S 的 $\leqslant$-下 (上) 近似约简.

定理 7.4.1　设 $S = \langle U, C \cup \{d\}, V, f\rangle$ 为区间值序决策系统且 $A \subseteq C$, 则下面表述成立:

(1) A 为 $\geqslant$-下 (上) 近似分布一致集当且仅当 A 为 $\geqslant$-下 (上) 近似一致集;

(2) A 为 $\leqslant$-下 (上) 近似分布一致集当且仅当 A 为 $\leqslant$-下 (上) 近似一致集.

证明　假如 A 为 $\geqslant$-下近似分布一致集, 则对任意 $Cl_t^{\geqslant}$, 由定义有 $\underline{A}(Cl_t^{\geqslant}) = \underline{C}(Cl_t^{\geqslant})$. 因此 $\gamma_A^{\geqslant} = \frac{1}{|U|}\sum\limits_{t=1}^{n}|\underline{A}(Cl_t^{\geqslant})| = \frac{1}{|U|}\sum\limits_{t=1}^{n}|\underline{C}(Cl_t^{\geqslant})| = \gamma_C^{\geqslant}$, 可得 A 为 $\geqslant$-下近似一致集.

反之, 如果 A 为 $\geqslant$-下近似一致集, 那么 $\gamma_A^{\geqslant} = \gamma_C^{\geqslant}$, 即 $\frac{1}{|U|}\sum\limits_{t=1}^{n}|\underline{A}(Cl_t^{\geqslant})| = \frac{1}{|U|}\sum\limits_{t=1}^{n}|\underline{C}(Cl_t^{\geqslant})|$. 对任意 $Cl_t^{\geqslant}$, 包含关系 $\underline{A}(Cl_t^{\geqslant}) \subseteq \underline{C}(Cl_t^{\geqslant})$ 成立, 因此 $\underline{A}(Cl_t^{\geqslant}) = \underline{C}(Cl_t^{\geqslant})$. 由此, A 为 $\geqslant$-下近似分布一致集.

其余的证明类似. □

例 7.4.1 (续例 7.2.1)　验证 $\{a_1, a_2, a_3\}$ 为表 7.2 的 $\geqslant$-下 ($\leqslant$-上) 下近似一致集且 $\{a_1, a_2\}$ 为 $\geqslant$-上 ($\leqslant$-下) 下近似一致集.

由例 7.2.1 的结果, 有 $\gamma_C^{\geqslant} = 2$, $\eta_C^{\geqslant} = \frac{5}{2}$. 为了方便起见, 记 $A = \{a_1, a_2, a_3\}$, $B = \{a_1, a_2\}$. 通过计算, 有 $\underline{A}(Cl_2^{\geqslant}) = \{x_1, x_2, x_3, x_6, x_8\}$, $\underline{A}(Cl_3^{\geqslant}) = \{x_1, x_6, x_8\}$, $\overline{B}(Cl_2^{\geqslant}) = \{x_1, x_2, x_3, x_4, x_6, x_7, x_8\}$, $\overline{B}(Cl_3^{\geqslant}) = \{x_1, x_2, x_3, x_6, x_8\}$. 因此, 有 $\gamma_A^{\geqslant} = 2$, $\eta_B^{\geqslant} = \frac{5}{2}$.

进一步, 可以验证 $\{a_1, a_2, a_3\}$ 的任何子集都不为 $\geqslant$-下 ($\leqslant$-上) 近似一致集. 因

此 $\{a_1, a_2, a_3\}$ 为 $\geqslant$-下 ($\leqslant$-上) 近似约简. 同样地, 可以计算得 $\{a_1, a_2\}$ 为 $\geqslant$-上 ($\leqslant$-下) 近似约简.

显然, 定理 7.4.1 有下面的推论.

推论 7.4.1 设 $S = \langle U, C \cup \{d\}, V, f\rangle$ 为区间值序决策系统且 $A \subseteq C$, 则下面表述成立:

(1) A 为 $\geqslant$-下 (上) 近似分布约简当且仅当 A 为 $\geqslant$-下 (上) 近似约简;

(2) A 为 $\leqslant$-下 (上) 近似分布约简当且仅当 A 为 $\leqslant$-下 (上) 近似约简.

接下来, 通过广义决策[31](2.5 节) 给出另一个近似分布约简的等价定义.

定义 7.4.2 设 $S = \langle U, C \cup \{d\}, V, f\rangle$ 为区间值序决策系统且 $A \subseteq C$.

(1) 若 $l_A(x) = l_C(x), \forall x \in U$, 则 A 称为系统 S 的 l-一致集. 若 A 为 l-一致集且其任何真子集均不为 l-一致集, 则 A 称为系统 S 的 l-约简.

(2) 若 $u_A(x) = u_C(x), \forall x \in U$, 则 A 称为系统 S 的 u-一致集. 若 A 为 u-一致集且其任何真子集均不为 u-一致集, 则 A 称为系统 S 的 u-约简.

定理 7.4.2 设 $S = \langle U, C \cup \{d\}, V, f\rangle$ 为区间值序决策系统且 $A \subseteq C$, 则下面表述成立:

(1) A 为 l-一致集的充要条件是 A 为 $\geqslant$-下近似分布一致集或 $\leqslant$-上近似分布一致集;

(2) A 为 u-一致集的充要条件是 A 为 $\leqslant$-下近似分布一致集或 $\geqslant$-上近似分布一致集.

证明 只需要证明 $D_A^+(x) \subseteq Cl_t^{\geqslant} \Leftrightarrow l_A(x) \geqslant t$.

"$\Rightarrow$" 若 $D_A^+(x) \subseteq Cl_t^{\geqslant}$, 则对任意 $i < t$, $D_A^+(x) \cap Cl_i = \varnothing$, 由此 $l_A(x) \geqslant t$.

"$\Leftarrow$" 若存在 $y \in U$ 使得 $y \in D_A^+(x)$, 但是 $y \notin Cl_t^{\geqslant}$, 则 $y \in Cl_{t-1}^{\leqslant}$. 因此存在 $i \in T, i \leqslant t-1$ 使得 $D_A^+(x) \cap Cl_i \neq \varnothing$. 因此 $l_A(x) \leqslant i \leqslant t-1$, 得出矛盾.

此证明对 u-一致集类似. □

上面的定理直接可得下面的推论.

推论 7.4.2 设 $S = \langle U, C \cup \{d\}, V, f\rangle$ 为区间值序决策系统且 $A \subseteq C$, 则下面表述成立:

(1) A 为 l-约简的充要条件是 A 为 $\geqslant$-下近似分布约简或 $\leqslant$-上近似分布约简;

(2) A 为 u-约简的充要条件是 A 为 $\leqslant$-下近似分布约简或 $\geqslant$-上近似分布约简.

基于辨识矩阵列出所有的 l-约简和 u-约简的方法由 Kusunoki 和 Inuiguchi[103] 提出. 类似地, 我们可以通过 l-辨识矩阵 $\boldsymbol{M}^l = (m^l(x, y))$ 和 u-辨识矩阵 $\boldsymbol{M}^u = (m^u(x, y))$ 计算不一致区间值序决策系统的 l-约简和 u-约简:

$$m^l(x,y)=\begin{cases}\{a\in C:(x,y)\notin D_a^+\}, & l_C(x)<l_C(y),\\ C, & \text{其他}.\end{cases} \tag{7.32}$$

$$m^u(x,y)=\begin{cases}\{a\in C:(x,y)\notin D_a^+\}, & u_C(x)<u_C(y),\\ C, & \text{其他}.\end{cases} \tag{7.33}$$

相应的 Boolean 函数为

$$F^l=\wedge\big\{\vee\{m^l(x,y):\forall x,y\in U\}\big\}; \tag{7.34}$$

$$F^u=\wedge\big\{\vee\{m^u(x,y):\forall x,y\in U\}\big\}. \tag{7.35}$$

Boolean 函数 F^l 和 F^u 的极小析取范式分别由 l-约简和 u-约简组成.

例 7.4.2 (续例 7.2.1)　计算表 7.2 的 l-约简和 u-约简.

通过计算, U 中元素的 l_C 和 u_C 在表 7.5 中表示.

表 7.5　表 7.2 中 x 的 C-广义决策

U	x_1	x_2	x_3	x_4	x_5	x_6	x_7	x_8
$\delta_C(x)$	3	[2,3]	[2,3]	[1,2]	1	3	[1,2]	3

由表 7.5, 可得 x_2,x_3,x_4,x_7 为 C-不一致的, 这是因为对 $x\in\{x_2,x_3,x_4,x_7\}$, 有 $l_C(x)<u_C(x)$.

可以得到 l-辨识矩阵 $\boldsymbol{M}^l$, 如表 7.6 所示, 而 u-辨识矩阵 $\boldsymbol{M}^u$ 与 $\leqslant$-下近似分布辨识矩阵相同.

表 7.6　表 7.2 的 l-辨识矩阵

U	x_1	x_2	x_3	x_4	x_5	x_6	x_7	x_8
x_1	C	C	C	C	C	C	C	C
x_2	a_2	C	C	C	C	a_2,a_4	C	a_3,a_4
x_3	a_2,a_4,a_5	C	C	C	C	a_1,a_2,a_4,a_5	C	C
x_4	C	C	C	C	C	C	C	C
x_5	a_1,a_4,a_5	a_1,a_4,a_5	a_1,a_4,a_5	C	C	a_1,a_4,a_5	C	a_1,a_3,a_4,a_5
x_6	C	C	C	C	C	C	C	C
x_7	a_2,a_3,a_4	C	a_1,a_3	C	C	C	C	C
x_8	C	C	C	C	C	C	C	C

因此, $F^l=(a_1\wedge a_2\wedge a_3)\vee(a_1\wedge a_2\wedge a_4)\vee(a_2\wedge a_3\wedge a_4)\vee(a_2\wedge a_3\wedge a_5)$, 结果与例 7.3.1 中的结果相同.

注意到若区间值序决策系统为一致的, 则很容易验证 $l_A(x)=f(x,d)=u_A(x)$, $\forall x\in U$, 则 l-辨识矩阵 $\boldsymbol{M}^l$ 和 u-辨识矩阵 $\boldsymbol{M}^u$ 会成为同一矩阵, 它的每个元素

$m(x,y)$ 为

$$m(x,y) = \begin{cases} \{a \in C : (x,y) \notin D_a^+\}, & f(x,d) < f(y,d), \\ C, & \text{其他}. \end{cases} \tag{7.36}$$

该矩阵退化为 Qian 等[143] 提出的一致区间值序决策系统的辨识矩阵. 因此, 不一致区间值序决策系统的近似分布约简可以看作一致区间值序决策系统约简的推广.

7.5 实例分析

本节用审稿人评分报告问题测试本章提出方法的有效性.

高质量论文可以帮助杂志获得较高的科学影响, 而高影响因子的杂志使研究者的论文更容易被其他读者发现. 对任何杂志来讲, 如何评价论文都是工作的重中之重. 一般来说, 编委需要考虑稿件的原创性、实用性、技术方法、论文格式、语言质量、与杂志的相关性. 对每个标准, 杂志会为审稿人提供 5 个选项: 差, 稍差, 一般, 好, 非常好. 有时审稿人会感觉非常难以分配选项. 比如, 审稿人可能会在对论文原创性评价时犹豫, 一般还是好, 而这可能会对最终结果带来不同结果. 因此, 杂志允许审稿人在一个区间内给分 (10 分制). 但是做最终推荐时, 他/她必须从以下选择其一: 拒稿, 大修, 小修, 接收, 强接收. 显然有 "拒稿 < 大修 < 小修 < 接收 < 强接收".

假设表 7.7 为某杂志审稿人 30 份回复报告的汇总. 数据集 $S = \langle U, C \cup \{d\}, f, V\rangle$ 为区间值序决策系统, 其中

$U = \{x_1, x_2, \cdots, x_{30}\}$;

C={o (原创性), u (实用性), t (技术方法), p (格式), l (语言质量), r (相关性)};

d 为最终推荐等级.

例如, $f(x_1, o) = [7.5, 8.0]$ 表达的意思为在此审稿人看来, 稿件 x_1 的原创性至少为 7.5 分, 至多为 8.0 分. 表达式 $f(x_2, o) \leqslant_{L^I} f(x_1, o)$ 表示稿件 x_2 的原创性无论从悲观的角度还是乐观的角度都不如稿件 x_1.

记 $U/d = \{1$ (拒稿), 2 (大修), 3 (小修), 4 (接收), 5 (强接收)$\}$, 因此,

$x \in Cl_1^{\leqslant}$ 表示 "x 为建议拒稿的稿件";

$x \in Cl_2^{\leqslant}$ 表示 "x 为需要大修或拒稿的稿件";

······

$x \in Cl_2^{\geqslant}$ 表示 "x 为需要大修或更好评价的稿件";

······

$x \in Cl_5^{\geqslant}$ 表示 "x 为强接收稿件".

表 7.7　审稿人的 30 份回复报告

U	o	u	t	p	l	r	d
x_1	[7.5, 8.0]	[5.5, 6.0]	[8.0, 8.5]	[4.0, 4.6]	[8.0, 9.0]	[6.0, 6.8]	3
x_2	[6.5, 6.8]	[7.2, 7.7]	[8.5, 8.9]	[7.6, 7.8]	[7.2, 7.8]	[6.8, 7.2]	2
x_3	[8.2, 8.6]	[6.2, 6.8]	[8.5, 8.8]	[8.7, 9.4]	[8.5, 8.9]	[7.8, 8.1]	3
x_4	[7.8, 8.0]	[7.9, 8.2]	7.0	[7.9, 8.3]	[6.6, 7.0]	[7.2, 7.9]	3
x_5	[3.5, 4.0]	[5.1, 5.5]	[7.8, 8.0]	[8.6, 8.9]	[7.4, 7.6]	[5.0, 5.7]	1
x_6	[9.0, 9.6]	[8.5, 9.2]	[8.8, 9.4]	[7.5, 8.0]	[7.2, 8.4]	[9.2, 9.5]	5
x_7	[4.5, 4.8]	5.8	[7.2, 7.6]	[8.4, 8.8]	[8.0, 8.6]	[5.0, 5.4]	1
x_8	[5.8, 6.4]	[8.5, 8.9]	[8.8, 9.0]	[7.6, 8.0]	[8.2, 8.8]	[6.0, 6.6]	2
x_9	[5.0, 5.4]	[6.3, 6.7]	[4.5, 5.0]	[8.0, 8.6]	[7.0, 7.6]	[7.0, 7.8]	1
x_{10}	[8.8, 9.0]	[7.8, 8.1]	[8.8, 9.2]	[7.6, 7.8]	[9.2, 9.5]	[9.0, 9.5]	4
x_{11}	[5.0, 5.4]	[2.5, 3.0]	[7.0, 7.8]	[8.0, 8.6]	[8.8, 9.2]	[7.0, 7.6]	1
x_{12}	[6.8, 7.0]	[8.5, 8.7]	[7.8, 8.2]	[8.6, 8.8]	[7.2, 7.5]	8.0	2
x_{13}	7.8	[8.5, 8.8]	[8.8, 9.2]	[7.4, 7.7]	[8.8, 9.0]	[9.0, 9.4]	2
x_{14}	[8.5, 9.1]	[7.5, 8.0]	[9.0, 9.6]	[8.8, 9.2]	[9.3, 9.7]	[8.5, 9.0]	4
x_{15}	[5.8, 6.0]	[5.1, 5.6]	[7.8, 8.4]	6.5	[6.4, 6.6]	[3.0, 3.5]	1
x_{16}	[7.0, 7.8]	[8.5, 8.8]	[7.8, 8.4]	[8.2, 8.4]	[7.2, 7.8]	[8.0, 8.3]	3
x_{17}	[6.0, 6.8]	8.8	[7.2, 8.0]	[7.4, 8.0]	[9.0, 9.3]	[6.7, 7.1]	2
x_{18}	[4.8, 5.2]	[6.5, 6.8]	[6.8, 7.5]	[6.6, 7.0]	[8.2, 8.8]	[7.0, 7.8]	1
x_{19}	[7.0, 7.4]	[8.5, 8.7]	[6.0, 6.8]	[7.0, 7.6]	[8.1, 8.7]	[8.0, 8.4]	3
x_{20}	[8.8, 9.2]	[7.9, 8.6]	[9.0, 9.2]	[8.6, 8.8]	[9.2, 9.8]	9.0	4
x_{21}	[8.0, 8.4]	[8.5, 8.8]	[7.0, 7.8]	[8.0, 8.6]	[8.6, 8.9]	[8.3, 8.8]	2
x_{22}	[4.8, 5.0]	[6.1, 6.3]	[7.8, 8.2]	[7.6, 7.8]	[7.2, 7.8]	[6.7, 7.2]	1
x_{23}	7.9	[8.2, 8.7]	[7.5, 8.0]	[8.4, 8.7]	[7.3, 7.7]	[7.5, 7.9]	3
x_{24}	[7.1, 7.6]	[6.9, 7.2]	8.4	[6.7, 7.3]	[7.6, 7.8]	[8.0, 8.5]	2
x_{25}	[3.7, 4.1]	[5.7, 6.0]	[6.8, 7.1]	[4.2, 4.5]	[7.1, 7.5]	[4.0, 4.3]	1
x_{26}	[6.0, 6.3]	[7.5, 8.0]	[7.8, 8.4]	[8.2, 8.5]	[8.2, 8.4]	[6.7, 7.1]	2
x_{27}	[7.8, 8.0]	[9.5,10.0]	[9.2, 9.6]	[8.0, 8.5]	8.7	[9.2, 9.6]	5
x_{28}	[8.8, 9.2]	[8.4, 8.9]	[9.1, 9.4]	[9.1, 9.4]	[9.6, 9.8]	[8.7, 9.2]	4
x_{29}	[3.0, 3.4]	[5.5, 6.0]	[7.0, 7.3]	[6.0, 6.6]	[7.8, 8.2]	[7.0, 7.3]	1
x_{30}	[5.8, 6.1]	[7.8, 8.2]	[6.8, 7.4]	[7.6, 7.9]	[8.2, 8.8]	[7.3, 7.7]	2

需要指出此区间值序决策系统不为一致的. 因为, 虽然 x_4 被 x_{21} 关于所有准则占优, 但是 x_{21} 的整体评价比 x_4 差. 同样地, 还有不一致对 (x_{13}, x_{19}) 和 (x_{21}, x_{19}).

我们可以计算 $Cl_t^{\geqslant}$ 和 $Cl_t^{\leqslant}$ 的上、下近似. 可得此系统的近似质量为 0.8667, 条件准则集 C 的上、下近似能力分别为 $\theta_C^{\geqslant}(d) = 0.9718$ 和 $\theta_C^{\leqslant}(d) = 0.9817$.

根据 7.3.1 小节提出的方法, 可以得到近似分布辨识矩阵. 利用吸收律, $\{o\}$, $\{p\}$, $\{t,l\}$ 和 $\{u,t,r\}$ 留在 $\geqslant$-下近似分布辨识矩阵中, 而 $\{o\}$, $\{u,t,r\}$ 和 $\{u,p,l\}$ 留在 $\geqslant$-上近似分布辨识矩阵中. 因此,

$$M_L^{\geqslant} = o \wedge p \wedge (t \vee l) \wedge (u \vee t \vee r) = (o \wedge t \wedge p) \vee (o \wedge u \wedge p \wedge l) \vee (o \wedge p \wedge l \wedge r).$$

$$\begin{aligned} M_H^{\geqslant} &= o \wedge (u \vee t \vee r) \wedge (u \vee p \vee l) \\ &= (o \wedge u) \vee (o \wedge t \wedge p) \vee (o \wedge t \wedge l) \vee (o \wedge p \wedge r) \vee (o \wedge l \wedge r). \end{aligned}$$

这样, $\{o,t,p\}$, $\{o,u,p,l\}$ 和 $\{o,p,l,r\}$ 为 $\geqslant$-下近似分布约简, $\{o,u\}$, $\{o,t,p\}$, $\{o,t,l\}$, $\{o,p,r\}$ 和 $\{o,l,r\}$ 为 $\leqslant$-上近似分布约简.

由算法 7.1, 我们可以得到相同的结果. 由算法 7.2, 我们可以找出保持各决策类的上并集或下并集不变的约简. 寻找 $\geqslant$-下近似分布约简和 $\leqslant$-下近似分布约简的过程分别在图 7.1 和图 7.2 中展示. 在每轮的搜索时, 有最大属性重要度的准则用深色标出, 并将选出的准则逐个加入准约简.

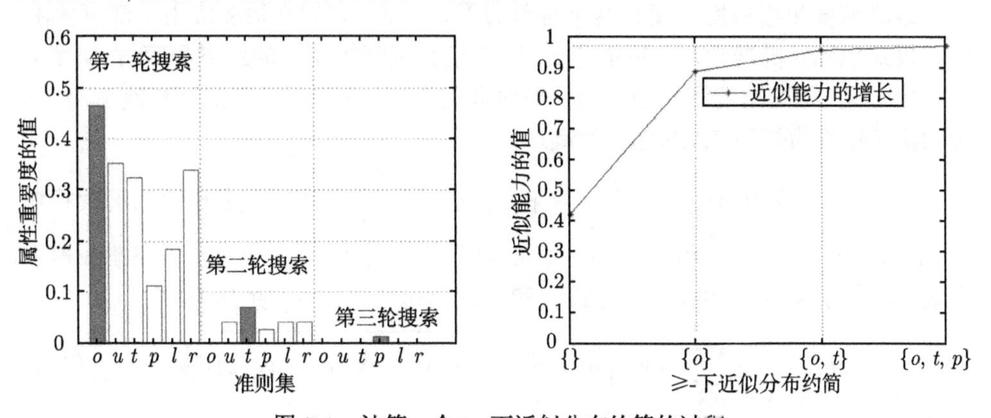

图 7.1 计算一个 $\geqslant$-下近似分布约简的过程

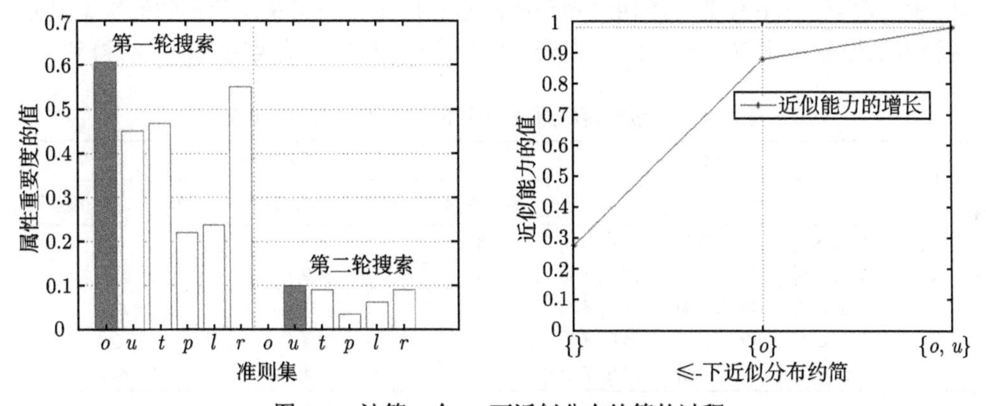

图 7.2 计算一个 $\leqslant$-下近似分布约简的过程

因此, $\{o,t,p\}$ 为 $\geqslant$-下近似分布约简, $\{o,u\}$ 为 $\leqslant$-下近似分布约简. 另外, 由算法 7.3, 可以得到 16 条关于 $\{o,t,p\}$ 的确定 $D_{\geqslant}$-决策规则和 9 条关于 $\{o,u\}$ 的确定 $D_{\leqslant}$-决策规则:

r_1: 若 $f(x,o) \geqslant_{L^I} [5.8,6.1]$, 则 $f(x,d) \geqslant 2$.

r_2: 若 $f(x,o) \geqslant_{L^I} [8.2,8.6]$, 则 $f(x,d) \geqslant 3$.

……

r_{16}: 若 $f(x,t) \geqslant_{L^I} [8.8,9.2]$ 且 $f(x,p) \geqslant_{L^I} [7.6,7.8]$, 则 $f(x,d) \geqslant 4$.

$r_{1'}$: 若 $f(x,o) \leqslant_{L^I} [5.8,6.0]$, 则 $f(x,d) \leqslant 1$.

$r_{2'}$: 若 $f(x,o) \leqslant_{L^I} [6.8,7.0]$, 则 $f(x,d) \leqslant 2$.

……

$r_{9'}$: 若 $f(x,o) \leqslant_{L^I} [8.0,8.4]$ 且 $f(x,u) \leqslant_{L^I} [8.5,8.8]$, 则 $f(x,d) \leqslant 3$.

一个新的稿件 x, 若 $f(x,t) = [9.0,9.3]$ 且 $f(x,p) = 8.0$, 则根据决策规则 r_{16} 它应该被分类为 4 或 5, 即审稿人的最终推荐意见应该从接收和强接中收选择.

距离测度和相似度是度量两个对象的重要工具. 它们在很多应用中都有使用, 比如模式识别、机器学习、决策分析. 现在已有区间模糊集的距离测度/相似度的公理化定义. 距离测度和相似度为一对对偶定义. 本章我们仅考虑距离测度. 经常用的距离测度为规范 Euclidean 距离.

首先, 需要通过 $a_N^{\mathrm{L}}(x) = \dfrac{a^{\mathrm{L}}(x)}{10}$ 和 $a_w^{\mathrm{R}}(x) = \dfrac{a^{\mathrm{R}}(x)}{10}$ 将区间数转化为区间模糊数. 例如, $o^{\mathrm{L}}(x_1) = 7.5$ 和 $o^{\mathrm{U}}(x_1) = 8.0$, 则可以说论文 x_1 属于完美的下隶属度和上隶属度分别为 0.75 和 0.80. 对象 x 和 y 的规范 Euclidean 距离为

$$d_E(x,y) = \sqrt{\frac{1}{6}\sum_{a\in C}\left[\max\left\{(a_N^{\mathrm{L}}(x) - a_N^{\mathrm{L}}(y))^2, (a_N^{\mathrm{R}}(x) - a_N^{\mathrm{R}}(y))^2\right\}\right]}. \tag{7.37}$$

我们发现 $\{o,t,p\}$ 既为 $\geqslant$-下近似分布约简也为 $\leqslant$-下近似分布约简. 为简化问题, 我们选取 o,t,p 作为对象用最短距离原理和用优势粗糙集理论得到的决策规则两种方法做分类比较. 样本 1—5 在表 7.8 中给出, 并且决策类用两种方法得到.

表 7.8　用最短距离原理和决策规则得到的分类比较

序号	样本			决策类		
	o	t	p	距离测度	确定 $D_{\geqslant}$-决策规则	确定 $D_{\leqslant}$-决策规则
1	[8.5, 8.8]	[8.2, 8.5]	[8.6, 9.0]	3	$\geqslant 3$	$\leqslant 3$
2	[7.5, 7.8]	[6.2, 6.5]	[7.4, 7.9]	3	$\geqslant 2$	$\leqslant 3$
3	[5.3, 5.8]	[6.8, 7.4]	[7.8, 8.1]	2	$\geqslant 1$	$\leqslant 1$
4	[7.4, 8.1]	[9.0, 9.4]	[8.0, 8.5]	5	$\geqslant 4$	$\leqslant 4$
5	[8.9, 9.3]	[8.1, 8.9]	[7.5, 7.8]	4	$\geqslant 4$	$\leqslant 4$

正如表 7.8 展示的, 对样本 1, 5 两种分类结果相同. 根据用优势粗糙集理论得到的决策规则, 样本 2 可以划分为类 2 或类 3, 这就给审稿人更灵活的选择. 样本 3, 4 分类成不同的类, 并且由决策规则得到的分类更为合理. 因为在优势粗糙集理论中, 我们更强调论文原创性的重要性. 另外, 在某些情形中, 最短距离原理并不一定有效. 例如, 我们可以找出一个样本与两个不同类的对象都为最短距离, 在这种情形就不知道应该将此样本归为哪个分类.

7.6 本章小结

本章用区间数的序关系 $\leqslant_{L^I}$ 考虑了不一致区间值序决策系统. 将优势粗糙集理论推广到这类序决策系统. 为了生成极小的决策规则, 基于上、下近似, 提出了近似分布约简, 删除了系统中的冗余信息. 该方法说明了如何从区间值序决策系统中直接用上、下近似生成决策规则. 为了更深层次地理解近似分布约简, 介绍了它的两种等价定义. 辨识矩阵方法是计算所有约简的一种常用方法. 然而, 这种方法为 NP-难问题. 因此, 设计了复杂度为 $O(n|\mathrm{AT}|^3|U|^2)$ 的有效方法寻找近似分布约简.

我们介绍了生成所有决策规则的方法, 利用这些规则可以对新对象进行分类. 但是算法复杂度较高, 需要进一步研究用其他策略对新对象进行分类的方法. 另外, 用 VP-DRSA[92, 235] 和 VC-DRSA[8] 处理不一致的系统可以解决上、下近似包含关系的严格性. 在本章的末尾, 需要说明的是虽然本章只讨论了不一致区间值序决策系统, 显然本章提出的方法也适用于不一致集值序决策系统[141, 150].

第8章 直觉模糊序信息系统

从 Zadeh 教授通过元素的隶属度引入模糊集[234] 的概念以后, 出现了许多处理不确定和不精确问题的理论和方法. 作为模糊集的拓展, 保加利亚学者 Atanassov 提出了直觉模糊集 (intuitionistic fuzzy set)[3], 由于它同时考虑了隶属度、非隶属度和犹豫度这三个方面的信息, 因而比 Zadeh 模糊集在处理模糊性和不确定性等方面更具灵活性和实用性, 并且被广泛应用于实际问题, 如决策、医疗诊断、逻辑规划、近似推理和模式识别等领域[4, 19, 29, 66, 71, 177, 207, 208, 247, 248].

将直觉模糊集理论同优势粗糙集理论相结合是研究的一个热点, 研究的主题是直觉模糊序信息系统的属性约简问题[87, 90, 202, 244]. 直觉模糊序信息系统是条件属性值均为直觉模糊值[206] 且带有序关系的信息系统. Huang 等进一步将研究对象推广至区间直觉模糊信息系统[88] 和多尺度直觉模糊信息系统[86].

对于不含决策属性的信息系统, 约简一般定义为保持系统相应关系 (如等价关系、优势关系、相容关系) 的极小子集. 对于决策系统, 根据系统的性质可以分为一致和不一致两种情形. 对于一致决策系统, 相对约简一般定义为保持系统一致性的极小子集. 但是由于在评价决策属性值时的犹豫、在测量和观测中存在的误差、与决策属性值有关的条件属性的缺失以及决策信息系统的不稳定性等原因, 决策系统往往是不一致的[92, 101, 241]. 不一致决策系统的相对约简种类繁多、内容丰富, 每一种相对约简都满足其特定条件, 其中最为常用的是保持分类质量不变. Kryszkiewicz[101] 引入了不一致决策系统的分布约简 (distribution reduct). Zhang 等[241] 提出了最大分布约简 (maximum distribution reduct) 的概念. 其他比较重要的相对约简有部分一致约简 (partially consistent reduct)[238] 和可能约简 (possible reduct)[101]. 本章提出不一致直觉模糊序决策系统的分布约简、最大分布约简、部分一致约简和可能约简的概念, 并根据属性约简的判定定理通过构造对应的辨识矩阵来求解系统所有的分布约简、最大分布约简、部分一致约简和可能约简, 并给出了这些约简应满足条件之间的强弱关系, 进一步丰富优势粗糙集理论.

本章的组织结构如下: 8.1 节介绍直觉模糊序信息系统和直觉模糊序决策系统以及系统中的优势关系; 8.2 节给出直觉模糊序信息系统的属性约简; 8.3 节提出一致直觉模糊序决策系统的相对约简; 8.4 节引入不一致直觉模糊序决策系统的分布约简、最大分布约简、部分一致约简和可能约简的概念, 需要指出的是, 本章均利用属性约简的判定定理来构造相应的辨识矩阵求解这几类约简; 8.5 节对本章内容做了总结.

8.1 基于优势关系的直觉模糊信息系统

传统的模糊集给出了论域中元素的隶属度, 而直觉模糊集不仅给出了论域中元素的隶属度, 而且给出了非隶属度.

定义 8.1.1[3, 4] 论域 U 上一个直觉模糊集是下列形式的对象:

$$A = \{\langle x, \mu_A(x), \nu_A(x)\rangle : x \in U\}, \tag{8.1}$$

其中 $\mu_A(x)$ 为 x 属于 A 的隶属度, $\nu_A(x)$ 为 x 不属于 A 的隶属度, 并且满足关系式 $0 \leqslant \mu_A(x) + \gamma_A(x) \leqslant 1, \forall x \in U$. 称 $1 - \mu_A(x) - \nu_A(x)$ 为 x 属于 A 的犹豫度或不确定度.

由此可见, 直觉模糊集不仅提供了元素属于此集合的隶属度, 而且包括非隶属度和犹豫度方面的信息, 可同时表示肯定、否定和和介于肯定与否定之间的犹豫性.

定义 8.1.2[25] (格 $(L^*, \leqslant_{L^*})$) 为方便说明, 记 $L^* = \{\langle x_1, x_2\rangle \in [0,1]^2 : 0 \leqslant x_1 + x_2 \leqslant 1\}$, L^* 上的关系 $\leqslant_{L^*}$ 如下:

$$\langle x_1, x_2\rangle \leqslant_{L^*} \langle y_1, y_2\rangle \iff x_1 \leqslant y_1, x_2 \geqslant y_2. \tag{8.2}$$

若 $\langle x_1, x_2\rangle \in L^*$, 则 $\langle x_1, x_2\rangle$ 称为直觉模糊值 (intuitionistic fuzzy value). 由上定义可知: 序关系 $\leqslant_{L^*}$ 是 L^* 上的一个偏序关系, 且 $(L^*, \leqslant_{L^*})$ 是一个完备格, 最大元与最小元分别为 $1_{L^*} = \langle 1, 0\rangle$ 和 $0_{L^*} = \langle 0, 1\rangle$. 为简化起见, 接下来我们用 $\leqslant$ 来表示 $\leqslant_{L^*}$.

注 8.1.1 定义 8.1.2 是常用的比较两个直觉模糊值的方法, 另一种常用方法是通过定义得分函数和精确函数来确定: $\forall \alpha = \langle \mu, \nu\rangle \in L^*$,

$$s(\alpha) = \mu - \nu,$$
$$t(\alpha) = \mu + \nu.$$

对于两个直觉模糊值 α, β, 可以根据它们的得分值 $s(\cdot)$ 和精确度 $t(\cdot)$ 用如下方法进行比较:

(1) 若 $s(\alpha) < s(\beta)$, 则 $\alpha \prec \beta$.

(2) 若 $s(\alpha) = s(\beta)$, 且

  (a) 若 $t(\alpha) < t(\beta)$, 则 $\alpha \prec \beta$;

  (b) 若 $t(\alpha) = t(\beta)$, 则 $\alpha = \beta$.

显然, $\prec$ 为 L^* 上的全序关系, 即任意两个直觉模糊值都可以按照此关系来比较大小.

称四元组 $S=\langle U,\mathrm{AT},V,f\rangle$ 为直觉模糊信息系统, 若 V 中的元素全为直觉模糊值, 即 $\forall x\in U,a\in\mathrm{AT}$,

$$f(x,a)\in L^*.$$

定义 8.1.3[90, 202] 若直觉模糊信息系统 $\langle U,\mathrm{AT},V,f\rangle$ 中的所有属性都为准则, 则称其为直觉模糊序信息系统 (intuitionistic fuzzy ordered information system, IFOIS).

例 8.1.1 表 8.1 中表示直觉模糊序信息系统, 其中 $U=\{x_1,x_2,\cdots,x_8\}$, $\mathrm{AT}=\{a_1,a_2,\cdots,a_5\}$.

表 8.1 直觉模糊序信息系统

U	a_1	a_2	a_3	a_4	a_5
x_1	$\langle 0.5,0.4\rangle$	$\langle 0.5,0.0\rangle$	$\langle 0.5,0.4\rangle$	$\langle 0.5,0.4\rangle$	$\langle 0.5,0.4\rangle$
x_2	$\langle 0.7,0.0\rangle$	$\langle 0.7,0.1\rangle$	$\langle 0.6,0.1\rangle$	$\langle 0.6,0.2\rangle$	$\langle 0.6,0.1\rangle$
x_3	$\langle 0.6,0.4\rangle$	$\langle 0.4,0.4\rangle$	$\langle 0.6,0.1\rangle$	$\langle 0.6,0.4\rangle$	$\langle 0.4,0.5\rangle$
x_4	$\langle 0.3,0.6\rangle$	$\langle 0.3,0.6\rangle$	$\langle 0.3,0.7\rangle$	$\langle 0.3,0.6\rangle$	$\langle 0.3,0.6\rangle$
x_5	$\langle 0.2,0.0\rangle$	$\langle 0.7,0.0\rangle$	$\langle 0.6,0.1\rangle$	$\langle 0.2,0.2\rangle$	$\langle 0.2,0.7\rangle$
x_6	$\langle 0.5,0.3\rangle$	$\langle 0.5,0.0\rangle$	$\langle 0.6,0.2\rangle$	$\langle 0.2,0.0\rangle$	$\langle 0.6,0.3\rangle$
x_7	$\langle 0.5,0.4\rangle$	$\langle 0.6,0.4\rangle$	$\langle 0.4,0.0\rangle$	$\langle 0.4,0.1\rangle$	$\langle 0.5,0.4\rangle$
x_8	$\langle 0.7,0.2\rangle$	$\langle 0.5,0.2\rangle$	$\langle 0.6,0.0\rangle$	$\langle 0.6,0.0\rangle$	$\langle 0.6,0.1\rangle$

在本章中我们采用定义 8.1.2 中的关系 $\leqslant$, 对任意 $x,y\in U,a\in\mathrm{AT}$, 若 $f(x,a)\leqslant f(y,a)$, 我们记作 $x\preceq_a y$. 如在例 8.1.1 中, $f(x_1,a_1)=\langle 0.5,0.4\rangle$, $f(x_2,a_1)=\langle 0.7,0.0\rangle$, 因此有 $x_1\preceq_{a_1}x_2$. 再由 $f(x_5,a_1)=\langle 0.2,0.0\rangle$, $x_1\preceq_{a_1}x_5$ 和 $x_5\preceq_{a_1}x_1$ 均不成立, 可见 $\leqslant$ 确实是 L^* 上的一个偏序关系.

直觉模糊序决策系统 (intuitionistic fuzzy ordered decision system, IFODS) $S=\langle U,C\cup\{d\},V,f\rangle$ 是一类特殊的直觉模糊序信息系统, 其中 $\langle U,C\rangle$ 为直觉模糊序信息系统, $d\notin C$ 为决策准则且对任意 $x\in U$, $f(x,d)$ 均为单值的.

8.2 直觉模糊序信息系统的属性约简

在直觉模糊信息系统 $\langle U,\mathrm{AT},V,f\rangle$ 中, 若 $x\preceq_a y$, 我们称 x 关于属性 a 被 y 占优或 y 关于属性 a 占优 x. 对任意 $A\subseteq\mathrm{AT}$, 若 $x\preceq_a y,\forall a\in A$, 则称 x 关于属性集 A 被 y 占优或 y 关于属性集 A 占优 x, 记作 $x\preceq_A y$.

定义 8.2.1 设 $\langle U,\mathrm{AT},V,f\rangle$ 为直觉模糊序信息系统, 对任意 $A\subseteq\mathrm{AT}$, 记 $D_A=\{(x,y)\in U^2:x\succeq_A y\}$ 为该信息系统的优势关系.

例 8.2.1 (续例 8.1.1) 可以计算得由表 8.1 确定的直觉模糊序信息系统关于属性集 AT 的优势关系 $D_{\mathrm{AT}}=\{(x_1,x_1),(x_1,x_4),(x_2,x_2),(x_2,x_3),(x_2,x_4),(x_3,x_3),$

$(x_3,x_4),(x_4,x_4),(x_5,x_5),(x_6,x_6),(x_7,x_4),(x_7,x_7),(x_8,x_3),(x_8,x_4),(x_8,x_8)\}$.

由 D_A 的定义, 易知有下面的性质.

命题 8.2.1 设 $\langle U,\mathrm{AT},V,f\rangle$ 为直觉模糊信息系统, $\forall A\subseteq \mathrm{AT}, D_A$ 为该系统的优势关系, 则

(1) $D_A=\bigcap_{a\in A} D_a$.

(2) $B\subseteq A\subseteq \mathrm{AT}$, $D_B\supseteq D_A$.

(3) D_A 是非对称相似关系 (满足自反性、传递性).

定义 8.2.2 设 $\langle U,\mathrm{AT},V,f\rangle$ 为直觉模糊序信息系统, 对任意 $A\subseteq \mathrm{AT}$, 记 $D_A^+(x)=\{y\in U: y\succeq_A x\}$ 为 x 的 A-占优集, $D_A^-(x)=\{y\in U: x\succeq_A y\}$ 为 A-被占优集.

显然, $D_A^+(x)=\{y\in U:(y,x)\in D_A\}$, $D_A^-(x)=\{y\in U:(x,y)\in D_A\}$.

例 8.2.2 (续例 8.1.1) 可以计算得由表 8.1 确定的直觉模糊序信息系统关于属性集 AT 的占优集和被占优集为

$$
\begin{aligned}
&D_{\mathrm{AT}}^+(x_i)=\{x_i\}, i=1,2,5,6,7,8,\\
&D_{\mathrm{AT}}^+(x_3)=\{x_2,x_3,x_8\}, && D_{\mathrm{AT}}^+(x_4)=\{x_1,x_2,x_3,x_4,x_7,x_8\}.\\
&D_{\mathrm{AT}}^-(x_1)=\{x_1,x_4\}, && D_{\mathrm{AT}}^-(x_2)=\{x_2,x_3,x_4\},\\
&D_{\mathrm{AT}}^-(x_3)=\{x_3,x_4\}, && D_{\mathrm{AT}}^-(x_i)=\{x_i\}, i=4,5,6,\\
&D_{\mathrm{AT}}^-(x_7)=\{x_4,x_7\}, && D_{\mathrm{AT}}^-(x_8)=\{x_3,x_4,x_8\}.
\end{aligned}
$$

由占优集和被占优集的定义, 易知有下面的性质.

命题 8.2.2 设 $\langle U,\mathrm{AT},V,f\rangle$ 为直觉模糊信息系统, $\forall A\subseteq \mathrm{AT}, D_A^+(x)$ 和 $D_A^-(x)$ 分别为占优集和被占优集, 则

(1) $x\in D_A^+(x)$, $x\in D_A^-(x)$;

(2) $D_A^+(x)=\bigcap_{a\in A} D_a^+(x)$, $D_A^-(x)=\bigcap_{a\in A} D_a^-(x)$;

(3) 若 $B\subseteq A\subseteq \mathrm{AT}$, 则 $D_A^+(x)\subseteq D_B^+(x)$ 且 $D_A^-(x)\subseteq D_B^-(x)$;

(4) $x\in D_A^+(y) \iff y\in D_A^-(x) \iff D_A^+(x)\subseteq D_A^+(y) \iff D_A^-(y)\subseteq D_A^-(x)$;

(5) $D_A^+(x)=D_A^+(y) \iff f(x,a)=f(y,a),\forall a\in A \iff D_A^-(x)=D_A^-(y)$.

定义 8.2.3 设 $S=\langle U,\mathrm{AT},V,f\rangle$ 为直觉模糊序信息系统, 若 $A\subseteq \mathrm{AT}$ 且 $D_A=D_{\mathrm{AT}}$, 则称 A 是系统 S 的协调集. 进一步, 若对任意 $a\in A$, $D_{A-\{a\}}\neq D_{\mathrm{AT}}$, 则称 A 是系统 S 的约简. 若所有约简的交集非空, 则称此非空交集为系统 S 的核.

下面我们介绍一种求解系统所有约简的方法.

定义 8.2.4 设 $\langle U,\mathrm{AT},V,f\rangle$ 为直觉模糊序信息系统, 记

$$D_{\mathrm{AT}}(x,y)=\{a\in \mathrm{AT}:(x,y)\notin D_a\} \tag{8.3}$$

为在优势关系下可辨识 x 与 y 的属性集, 矩阵 $\boldsymbol{D}_{\mathrm{AT}}=\{D_{\mathrm{AT}}(x,y):x,y\in U\}$ 称为该信息系统的辨识矩阵.

由于直觉模糊序信息系统中采用的序关系仅为偏序, 一般来说, $D_{\mathrm{AT}}(x,y)\cap D_{\mathrm{AT}}(y,x)=\varnothing$ 不一定成立. 另外, $D_{\mathrm{AT}}(x,y)\neq D_{\mathrm{AT}}(y,x)$, 辨识矩阵 $\boldsymbol{D}_{\mathrm{AT}}$ 不一定为对称矩阵, 不能像经典粗糙集理论那样只写出上半三角阵或下半三角阵.

例 8.2.3 (续例 8.1.1)　可以计算得由表 8.1 确定的直觉模糊序信息系统的辨识矩阵如表 8.2 所示.

表 8.2　表 8.1 的辨识矩阵

U	x_1	x_2	x_3	x_4	x_5	x_6	x_7	x_8
x_1	$\varnothing$	AT	a_1,a_3,a_4	$\varnothing$	a_1,a_2,a_3,a_4	a_1,a_3,a_4,a_5	a_2,a_3,a_4	a_1,a_3,a_4,a_5
x_2	a_2	$\varnothing$	$\varnothing$	$\varnothing$	a_2	a_2,a_4	a_3,a_4	a_3,a_4
x_3	a_2,a_5	a_1,a_2,a_4,a_5	$\varnothing$	$\varnothing$	a_1,a_2,a_4	a_1,a_2,a_4,a_5	a_2,a_3,a_4,a_5	AT
x_4	AT	AT	AT	$\varnothing$	a_1,a_2,a_3,a_4	AT	AT	AT
x_5	a_1,a_4,a_5	a_1,a_4,a_5	a_1,a_4,a_5	a_1,a_4,a_5	$\varnothing$	a_1,a_4,a_5	a_1,a_3,a_4,a_5	a_1,a_3,a_4,a_5
x_6	a_4	AT	a_1,a_3,a_4	a_4	a_1,a_2,a_3	$\varnothing$	a_2,a_3,a_4	a_1,a_3,a_4,a_5
x_7	a_2,a_3,a_4	AT	a_1,a_3,a_4	$\varnothing$	a_1,a_2,a_3	AT	$\varnothing$	AT
x_8	a_2	a_1,a_2	$\varnothing$	$\varnothing$	a_1,a_2	a_2	a_2	$\varnothing$

定理 8.2.1　设 $S=\langle U,\mathrm{AT},V,f\rangle$ 为直觉模糊序信息系统, 且 $A\subseteq\mathrm{AT}$, 则 A 是协调集的充要条件为对任意 $(x,y)\notin D_{\mathrm{AT}}$, 有 $A\cap D_{\mathrm{AT}}(x,y)\neq\varnothing$.

证明　"⇒" 若 A 是协调集, 则 $D_A=D_{\mathrm{AT}}$. 若 $(x,y)\notin D_{\mathrm{AT}}$, 则 $(x,y)\notin D_A$, 因此存在 $a\in A$, 使得 $(x,y)\notin D_a$. 由辨识矩阵的定义, 有 $a\in D_{\mathrm{AT}}(x,y)$ 成立. 因此, $A\cap D_{\mathrm{AT}}(x,y)\neq\varnothing$, $\forall(x,y)\notin D_{\mathrm{AT}}$.

"⇐" 若 $(x,y)\notin D_{\mathrm{AT}}$ 且 $A\cap D_{\mathrm{AT}}(x,y)\neq\varnothing$, 则 $D_{\mathrm{AT}}(x,y)\neq\varnothing$, 并且存在 $a\in A$, 使得 $a\in D_{\mathrm{AT}}(x,y)$ 即 $(x,y)\notin D_a$, 进而有 $(x,y)\notin D_A$. 由此可得 $D_{\mathrm{AT}}\supseteq D_A$.

另一方面, 显然有 $D_{\mathrm{AT}}\subseteq D_A$. 综上有 $D_{\mathrm{AT}}=D_A$, 即 A 是系统的协调集.　□

定义 8.2.5　设 $\langle U,\mathrm{AT},V,f\rangle$ 为直觉模糊序信息系统, 记

$$F(x)=\bigwedge_{y\in U}\vee D_{\mathrm{AT}}(x,y),\tag{8.4}$$

称之为对象 x 的辨识函数. 记

$$F=\bigwedge_{x\in U}F(x)=\bigwedge_{x,y\in U}\vee D_{\mathrm{AT}}(x,y),\tag{8.5}$$

称之为该信息系统的辨识函数.

辨识函数的极小析取范式可以确定信息系统的所有约简.

例 8.2.4 (续例 8.1.1 和例 8.2.3) 计算得由表 8.1 确定的直觉模糊序信息系统的所有约简.

$$\begin{aligned}
F(x_1) &= (a_1 \vee a_3 \vee a_4) \wedge (a_2 \vee a_3 \vee a_4) = (a_1 \wedge a_2) \vee a_3 \vee a_4, \\
F(x_2) &= a_2 \wedge (a_3 \vee a_4) = (a_2 \wedge a_3) \vee (a_2 \wedge a_4), \\
F(x_3) &= (a_2 \vee a_5) \wedge (a_1 \vee a_2 \vee a_4) = a_2 \vee (a_1 \wedge a_5) \vee (a_4 \wedge a_5), \\
F(x_4) &= a_1 \vee a_2 \vee a_3 \vee a_4, \\
F(x_5) &= a_1 \vee a_4 \vee a_5, \\
F(x_6) &= a_4 \wedge (a_1 \vee a_2 \vee a_3) = (a_1 \wedge a_4) \vee (a_2 \wedge a_4) \vee (a_3 \wedge a_4), \\
F(x_7) &= (a_1 \vee a_2 \vee a_3) \wedge (a_1 \vee a_3 \vee a_4) \wedge (a_2 \vee a_3 \vee a_4) \\
&= a_3 \vee (a_1 \wedge a_2) \vee (a_1 \wedge a_4) \vee (a_2 \wedge a_4), \\
F(x_8) &= a_2.
\end{aligned}$$

由此可得

$$F = a_2 \wedge a_4.$$

即该信息系统有唯一约简: $\{a_2, a_4\}$. 可以验证由 $\{a_2, a_4\}$ 生成的优势关系和 AT 生成的相同.

8.3 一致直觉模糊序决策系统的相对约简

对直觉模糊序决策系统 $\langle U, C \cup \{d\}, V, f\rangle$, 记 $D_d = \{(x,y) \in U^2 : f(x,d) \geqslant f(y,d)\}$ 为由决策准则 d 生成的优势关系. 若 $D_C \subseteq D_d$, 则称该决策系统为一致的, 否则称为不一致的.

例 8.3.1 考虑由表 8.1 通过扩充决策准则 d 得到的直觉模糊序决策系统, 如表 8.3 所示.

表 8.3 一致直觉模糊序决策系统

U	a_1	a_2	a_3	a_4	a_5	d
x_1	$\langle 0.5, 0.4\rangle$	$\langle 0.5, 0.0\rangle$	$\langle 0.5, 0.4\rangle$	$\langle 0.5, 0.4\rangle$	$\langle 0.5, 0.4\rangle$	2
x_2	$\langle 0.7, 0.0\rangle$	$\langle 0.7, 0.1\rangle$	$\langle 0.6, 0.1\rangle$	$\langle 0.6, 0.2\rangle$	$\langle 0.6, 0.1\rangle$	3
x_3	$\langle 0.6, 0.4\rangle$	$\langle 0.4, 0.4\rangle$	$\langle 0.6, 0.1\rangle$	$\langle 0.6, 0.4\rangle$	$\langle 0.4, 0.5\rangle$	2
x_4	$\langle 0.3, 0.6\rangle$	$\langle 0.3, 0.6\rangle$	$\langle 0.3, 0.7\rangle$	$\langle 0.3, 0.6\rangle$	$\langle 0.3, 0.6\rangle$	1
x_5	$\langle 0.2, 0.0\rangle$	$\langle 0.7, 0.0\rangle$	$\langle 0.6, 0.1\rangle$	$\langle 0.2, 0.2\rangle$	$\langle 0.2, 0.7\rangle$	1
x_6	$\langle 0.5, 0.3\rangle$	$\langle 0.5, 0.0\rangle$	$\langle 0.6, 0.2\rangle$	$\langle 0.2, 0.0\rangle$	$\langle 0.6, 0.3\rangle$	1
x_7	$\langle 0.5, 0.4\rangle$	$\langle 0.6, 0.4\rangle$	$\langle 0.4, 0.0\rangle$	$\langle 0.4, 0.1\rangle$	$\langle 0.5, 0.4\rangle$	2
x_8	$\langle 0.7, 0.2\rangle$	$\langle 0.5, 0.2\rangle$	$\langle 0.6, 0.0\rangle$	$\langle 0.6, 0.0\rangle$	$\langle 0.6, 0.1\rangle$	3

根据表 8.3 中信息, 有

$$
\begin{aligned}
D_C = \{&(x_1,x_1),(x_1,x_4),(x_2,x_2),(x_2,x_3),(x_2,x_4),(x_3,x_3),(x_3,x_4),(x_4,x_4),(x_5,x_5),\\
&(x_6,x_6),(x_7,x_4),(x_7,x_7),(x_8,x_3),(x_8,x_4),(x_8,x_8)\},\\
D_d = \{&(x_1,x_1),(x_1,x_3),(x_1,x_4),(x_1,x_5),(x_1,x_6),(x_1,x_7),(x_2,x_1),(x_2,x_2),(x_2,x_3),\\
&(x_2,x_4),(x_2,x_5),(x_2,x_6),(x_2,x_7),(x_2,x_8),(x_3,x_1),(x_3,x_3),(x_3,x_4),(x_3,x_5),\\
&(x_3,x_6),(x_3,x_7),(x_4,x_4),(x_4,x_5),(x_4,x_6),(x_5,x_4),(x_5,x_5),(x_5,x_6),(x_6,x_4),\\
&(x_6,x_5),(x_6,x_6),(x_7,x_1),(x_7,x_3),(x_7,x_4),(x_7,x_5),(x_7,x_6),(x_7,x_7),(x_8,x_1),\\
&(x_8,x_2),(x_8,x_3),(x_8,x_4),(x_8,x_5),(x_8,x_6),(x_8,x_7),(x_8,x_8)\}.
\end{aligned}
$$

显然有 $D_C \subseteq D_d$, 因此该系统是一致的.

定义 8.3.1 设 $S = \langle U, C\cup\{d\}, V, f\rangle$ 为一致直觉模糊序决策系统, 若 $A \subseteq C$ 且 $D_A \subseteq D_d$, 则称 A 是该决策系统的相对协调集, 进一步, 若对任意 $a \in A$, $D_{A-\{a\}} \nsubseteq D_d$, 则称 A 是决策系统的一个相对约简. 若所有相对约简的交集非空, 则称此非空交集为系统 S 的相对核.

定义 8.3.2 设 $\langle U, C\cup\{d\}, V, f\rangle$ 为一致直觉模糊序决策系统, 记

$$
D_C^d(x,y) = \begin{cases} \{a \in C : (x,y) \notin D_a\}, & (x,y) \notin D_d, \\ C, & \text{其他} \end{cases} \tag{8.6}
$$

为在优势关系下相对 d 可辨识 x 与 y 的属性集, 矩阵 $\boldsymbol{D}_C^d = \{D_C^d(x,y) : x,y \in U\}$ 称为该决策系统的相对辨识矩阵.

例 8.3.2 (续例 8.3.1) 可以计算得由表 8.3 确定的直觉模糊序决策系统的相对辨识矩阵如表 8.4 所示.

表 8.4 表 8.3 的相对辨识矩阵

U	x_1	x_2	x_3	x_4	x_5	x_6	x_7	x_8
x_1	C	C	C	C	C	C	C	a_1,a_3,a_4,a_5
x_2	C	C	C	C	C	C	C	C
x_3	C	a_1,a_2,a_4,a_5	C	C	C	C	C	C
x_4	C	C	C	C	C	C	C	C
x_5	a_1,a_4,a_5	a_1,a_4,a_5	a_1,a_4,a_5	C	C	C	a_1,a_3,a_4,a_5	a_1,a_3,a_4,a_5
x_6	a_4	C	a_1,a_3,a_4	C	C	C	a_2,a_3,a_4	a_1,a_3,a_4,a_5
x_7	C	C	C	C	C	C	C	C
x_8	C	C	C	C	C	C	C	C

定理 8.3.1 设 $\langle U, C\cup\{d\}, V, f\rangle$ 为一致直觉模糊序决策系统, 且 $A\subseteq C$, 则 A 是相对协调集的充要条件为对任意 $(x,y)\notin D_d$, 有 $A\cap D_C^d(x,y)\neq\varnothing$.

证明 "$\Rightarrow$" 若 A 是相对协调集, 则 $D_A\subseteq D_d$. 若 $(x,y)\notin D_d$, 则 $(x,y)\notin D_A$, 因此存在 $a\in A$, 使得 $(x,y)\notin D_a$. 由定义 8.3.2, 有 $a\in D_C^d(x,y)$. 因此, $A\cap D_C^d(x,y)\neq\varnothing$, $\forall (x,y)\notin D_d$.

"$\Leftarrow$" 若 $(x,y)\notin D_d$ 且 $A\cap D_C^d(x,y)\neq\varnothing$, 则 $D_C^d(x,y)\neq\varnothing$, 并且存在 $a\in A$, 使得 $a\in D_C^d(x,y)$, 即 $(x,y)\notin D_a$, 所以 $(x,y)\notin D_A$. 由此可得 $D_A\subseteq D_d$, 即 A 是系统的相对协调集. □

定义 8.3.3 设 $\langle U, C\cup\{d\}, V, f\rangle$ 为一致直觉模糊序信息系统, $\boldsymbol{D}_C^d$ 为该系统的相对辨识矩阵. 记

$$F_d=\bigwedge_{x,y\in U}\vee D_C^d(x,y), \tag{8.7}$$

称之为该决策系统的相对辨识函数.

相对辨识函数的极小析取范式可以确定决策系统的所有相对约简.

例 8.3.3 (续例 8.3.1 和例 8.3.2) 计算得由表 8.3 确定的直觉模糊序决策系统的所有相对约简.

$$\begin{aligned}F_d&=(a_1\vee a_2\vee a_4\vee a_5)\wedge(a_1\vee a_4\vee a_5)\wedge a_4\wedge(a_1\vee a_3\vee a_4)\wedge(a_2\vee a_3\vee a_4)\\&=a_4,\end{aligned}$$

即该决策系统有唯一相对约简: $\{a_4\}$. 可以验证由 $\{a_4\}$ 生成的优势关系确实是由 $\{d\}$ 生成的优势关系的子集.

注意到此时 $D_{a_4}\supseteq D_C$, 但 $D_{a_4}\neq D_C$, 可知: 一致直觉模糊序决策系统的相对约简只关注系统的一致性, 而不一定保持系统原来的优势关系.

8.4 不一致直觉模糊序决策系统的相对约简

决策准则 d 将 U 划分为有限个类: $\mathbf{Cl}=\{Cl_t, t=1,2,\cdots,n\}$. $\mathbf{Cl}$ 中的决策类为有序的, 即若 $t\leqslant s$, 则可认为 Cl_s 中的对象关于准则 d 优于 Cl_t 中的对象.

例 8.4.1 考虑由表 8.1 通过扩充决策准则 d 得到的直觉模糊序决策系统, 如表 8.5 所示.

由表 8.5 中信息, 有

$$\mathbf{Cl}=\{Cl_1, Cl_2, Cl_3\},$$

其中 $Cl_1=\{x_4,x_5,x_8\}$, $Cl_2=\{x_1,x_6\}$, $Cl_3=\{x_2,x_3,x_7\}$. 因此, $Cl_1^{\geqslant}=U$, $Cl_2^{\geqslant}=\{x_1,x_2,x_3,x_6,x_7\}$, $Cl_3^{\geqslant}=\{x_2,x_3,x_7\}$.

表 8.5　不一致直觉模糊序决策系统

U	a_1	a_2	a_3	a_4	a_5	d
x_1	$\langle 0.5, 0.4\rangle$	$\langle 0.5, 0.0\rangle$	$\langle 0.5, 0.4\rangle$	$\langle 0.5, 0.4\rangle$	$\langle 0.5, 0.4\rangle$	2
x_2	$\langle 0.7, 0.0\rangle$	$\langle 0.7, 0.1\rangle$	$\langle 0.6, 0.1\rangle$	$\langle 0.6, 0.2\rangle$	$\langle 0.6, 0.1\rangle$	3
x_3	$\langle 0.6, 0.4\rangle$	$\langle 0.4, 0.4\rangle$	$\langle 0.6, 0.1\rangle$	$\langle 0.6, 0.4\rangle$	$\langle 0.4, 0.5\rangle$	3
x_4	$\langle 0.3, 0.6\rangle$	$\langle 0.3, 0.6\rangle$	$\langle 0.3, 0.7\rangle$	$\langle 0.3, 0.6\rangle$	$\langle 0.3, 0.6\rangle$	1
x_5	$\langle 0.2, 0.0\rangle$	$\langle 0.7, 0.0\rangle$	$\langle 0.6, 0.1\rangle$	$\langle 0.2, 0.2\rangle$	$\langle 0.2, 0.7\rangle$	1
x_6	$\langle 0.5, 0.3\rangle$	$\langle 0.5, 0.0\rangle$	$\langle 0.6, 0.2\rangle$	$\langle 0.2, 0.0\rangle$	$\langle 0.6, 0.3\rangle$	2
x_7	$\langle 0.5, 0.4\rangle$	$\langle 0.6, 0.4\rangle$	$\langle 0.4, 0.0\rangle$	$\langle 0.4, 0.1\rangle$	$\langle 0.5, 0.4\rangle$	3
x_8	$\langle 0.7, 0.2\rangle$	$\langle 0.5, 0.2\rangle$	$\langle 0.6, 0.0\rangle$	$\langle 0.6, 0.0\rangle$	$\langle 0.6, 0.1\rangle$	1

需要指出的是, 此决策系统为不一致的. 这是因为 $(x_8, x_3) \in D_C$, 但是 $(x_8, x_3) \notin D_d$.

8.4.1　分布约简和最大分布约简

设 $\langle U, C \cup \{d\}, V, f\rangle$ 为直觉模糊决策信息系统, 对任意 $x \in U, A \subseteq C$, 记

$$\mu_A(x) = \left(\frac{|D_A^+(x) \cap Cl_1^{\geqslant}|}{|U|}, \frac{|D_A^+(x) \cap Cl_2^{\geqslant}|}{|U|}, \cdots, \frac{|D_A^+(x) \cap Cl_n^{\geqslant}|}{|U|}\right), \tag{8.8}$$

称 $\mu_A(x)$ 为关于属性集 A 的分布函数.

$$\gamma_A(x) = \max\left\{\frac{|D_A^+(x) \cap Cl_1^{\geqslant}|}{|U|}, \frac{|D_A^+(x) \cap Cl_2^{\geqslant}|}{|U|}, \cdots, \frac{|D_A^+(x) \cap Cl_n^{\geqslant}|}{|U|}\right\}, \tag{8.9}$$

称 $\gamma_A(x)$ 为关于属性集 A 的最大分布函数.

实际上,

$$\gamma_A(x) = \frac{|D_A^+(x)|}{|U|}. \tag{8.10}$$

例 8.4.2 (续例 8.4.1)　计算表 8.5 给出的不一致直觉模糊决策信息系统关于属性集 C 的分布函数和最大分布函数.

由计算得

$$\mu_C(x_1) = \mu_C(x_6) = \frac{1}{8}(1, 1, 0), \qquad \mu_C(x_2) = \mu_C(x_7) = \frac{1}{8}(1, 1, 1),$$

$$\mu_C(x_3) = \frac{1}{8}(3, 2, 2), \qquad \mu_C(x_4) = \frac{1}{8}(6, 4, 3),$$

$$\mu_C(x_5) = \mu_C(x_8) = \frac{1}{8}(1, 0, 0).$$

另外,

$$\gamma_C(x_1) = \gamma_C(x_2) = \gamma_C(x_5) = \gamma_C(x_6) = \gamma_C(x_7) = \gamma_C(x_8) = \frac{1}{8},$$

$$\gamma_C(x_3) = \frac{3}{8},$$

$$\gamma_C(x_4) = \frac{3}{4}.$$

定义 8.4.1 设 $\alpha = (a_1, a_2, \cdots, a_n)^{\mathrm{T}}$, $\beta = (b_1, b_2, \cdots, b_n)^{\mathrm{T}}$ 为两个 n 维向量, 若 $a_i \geqslant b_i, i = 1, 2, \cdots, n$, 称向量 α 大于等于向量 β, 记作 $\alpha \succeq \beta$. 若存在某个 i_0 使得 $a_{i_0} < b_{i_0}$, 称向量 α 不大于等于向量 β, 记作 $\alpha \not\succeq \beta$.

命题 8.4.1 设 $\langle U, C \cup \{d\}, V, f \rangle$ 为直觉模糊决策信息系统, $\mu_A(x)$ 和 $\gamma_A(x)$ 为关于属性集 A 的分布函数和最大分布函数, 则

(1) 若 $B \subseteq A \subseteq C$, 则对任意 $x \in U$ 有 $\mu_B(x) \succeq \mu_A(x)$;

(2) 若 $B \subseteq A \subseteq C$, 则对任意 $x \in U$ 有 $\gamma_B(x) \geqslant \gamma_A(x)$;

(3) 对 $x, y \in U$, 若 $D_A^+(x) \subseteq D_A^+(y)$, 则 $\mu_A(x) \preceq \mu_A(y)$;

(4) 对 $x, y \in U$, 若 $D_A^+(x) \subseteq D_A^+(y)$, 则 $\gamma_A(x) \leqslant \gamma_A(y)$.

定义 8.4.2 设 $\langle U, C \cup \{d\}, V, f \rangle$ 为直觉模糊决策系统, 若对任意 $x \in U$ 有 $\mu_A(x) = \mu_C(x)$, 则称 A 为分布协调集. 进一步, 若 A 的任何真子集均不是分布协调集, 则称 A 为决策系统的分布约简.

定义 8.4.3 设 $\langle U, C \cup \{d\}, V, f \rangle$ 为直觉模糊决策系统, 若对任意 $x \in U$ 有 $\gamma_A(x) = \gamma_C(x)$, 则称 A 为最大分布协调集. 进一步, 若 A 的任何真子集均不是最大分布协调集, 则称 A 为决策系统的最大分布约简.

定理 8.4.1 设 $\langle U, C \cup \{d\}, V, f \rangle$ 为直觉模糊序决策系统, 且 $A \subseteq C$, 则 A 为分布协调集的充要条件是 A 为最大分布协调集.

证明 由分布协调集和最大分布协调集的定义,

$$\begin{aligned}
& A \text{ 为分布协调集} \\
\Longleftrightarrow\ & \frac{|D_A^+(x) \cap Cl_t^{\geqslant}|}{|U|} = \frac{|D_C^+(x) \cap Cl_t^{\geqslant}|}{|U|}, \forall x \in U, \quad \forall t = 1, 2, \cdots, n \\
\Longleftrightarrow\ & D_A^+(x) \cap Cl_t^{\geqslant} = D_C^+(x) \cap Cl_t^{\geqslant}, \forall x \in U, \quad \forall t = 1, 2, \cdots, n \\
\Longleftrightarrow\ & D_A^+(x) = D_C^+(x), \forall x \in U \\
\Longleftrightarrow\ & \frac{|D_A^+(x)|}{|U|} = \frac{|D_C^+(x)|}{|U|} \\
\Longleftrightarrow\ & A \text{ 为最大分布协调集}.
\end{aligned}$$

□

由定理 8.4.1 的证明过程知, (最大) 分布约简实际上为保持信息系统部分的优势关系的极小子集. 接下来我们只给出分布约简的计算方法, 用此方法得到的结果同时也是最大分布约简.

定义 8.4.4　设 $\langle U, C\cup\{d\}, V, f\rangle$ 为直觉模糊序决策系统, 记

$$D_\mu(x,y)=\{a\in C:(x,y)\notin D_a\} \tag{8.11}$$

为在优势关系下相对 d 可辨识 x 与 y 的分布辨识属性集, 矩阵 $\boldsymbol{D}_\mu=\{D_\mu(x,y):x,y\in U\}$ 称为该决策系统的分布辨识矩阵.

定义 8.4.5　设 $\langle U, C\cup\{d\}, V, f\rangle$ 为不一致直觉模糊序信息系统, $\boldsymbol{D}_\mu$ 为系统的分布辨识矩阵, 记

$$F_\mu=\bigwedge_{x,y\in U}\vee D_\mu(x,y), \tag{8.12}$$

称之为该决策系统的分布辨识函数.

分布辨识函数的极小析取范式可以确定决策系统的所有分布约简.

例 8.4.3 (续例 8.4.1)　可以计算得由表 8.5 确定的直觉模糊序决策系统的分布辨识矩阵和表 8.2 相同. 因此,

$$F_\mu=a_2\wedge a_4,$$

即该决策系统有唯一 (最大) 分布约简: $\{a_2,a_4\}$.

8.4.2　部分一致约简

设 $\langle U, C\cup\{d\}, V, f\rangle$ 为直觉模糊决策信息系统, 对任意 $x\in U, A\subseteq C$, 记

$$\delta_A(x)=\{Cl_t^{\geqslant}:D_A^+(x)\subseteq Cl_t^{\geqslant}\}, \tag{8.13}$$

称 $\delta_A(x)$ 为关于属性集 A 的部分一致函数.

例 8.4.4 (续例 8.4.1)　计算表 8.5 给出的不一致直觉模糊决策信息系统关于属性集 C 的部分一致函数.

由计算得

$$\begin{aligned}
&\delta_C(x_1)=\delta_C(x_6)=\{Cl_1^{\geqslant},Cl_2^{\geqslant}\},\\
&\delta_C(x_2)=\delta_C(x_7)=\{Cl_1^{\geqslant},Cl_2^{\geqslant},Cl_3^{\geqslant}\},\\
&\delta_C(x_3)=\delta_C(x_4)=\delta_C(x_5)=\mu_C(x_8)=\{Cl_1^{\geqslant}\}.
\end{aligned}$$

命题 8.4.2　设 $\langle U, C\cup\{d\}, V, f\rangle$ 为直觉模糊决策信息系统, $\delta_A(x)$ 为关于属性集 A 的部分一致函数, 则

(1) 若 $B \subseteq A \subseteq C$, 则对任意 $x \in U$ 有 $\delta_B(x) \subseteq \delta_A(x)$;

(2) 对 $x, y \in U$, 若 $D_A^+(x) \subseteq D_A^+(y)$, 则 $\delta_A(x) \supseteq \delta_A(y)$;

(3) 直觉模糊系统为一致的充要条件是对任意 $x \in U$, $\delta_C(x) = \{Cl_1^{\geqslant}, Cl_2^{\geqslant}, \cdots, Cl_i^{\geqslant}\}$, 其中 $f(x,d) = i$.

定义 8.4.6 设 $\langle U, C \cup \{d\}, V, f \rangle$ 为直觉模糊决策信息系统, 若对任意 $x \in U$ 有 $\delta_A(x) = \delta_C(x)$, 则称 A 为部分一致协调集. 进一步, 若 A 的任何真子集均不是部分一致协调集, 则称 A 为部分一致约简.

命题 8.4.3 设 $\langle U, C \cup \{d\}, V, f \rangle$ 为一致直觉模糊决策信息系统, 则 A 为部分一致协调集的充要条件是 A 为相对协调集.

推论 8.4.1 设 $\langle U, C \cup \{d\}, V, f \rangle$ 为一致直觉模糊决策信息系统, 则 A 为部分一致约简的充要条件是 A 为相对约简.

该推论表明部分一致约简为相对约简在不一致系统中的有效推广. 下面给出部分一致约简的判定定理.

定理 8.4.2 设 $\langle U, C \cup \{d\}, V, f \rangle$ 为直觉模糊序决策系统, 且 $A \subseteq C$, 则 A 是部分一致协调集的充要条件为对任意 $x, y \in U$, 当 $\delta_C(x) \not\supseteq \delta_C(y)$ 时, 有 $(x, y) \notin D_A$.

证明 "⇒" 若 A 是部分一致协调集, 则 $\delta_A(x) = \delta_C(x), \forall x \in U$. 若当 $\delta_C(x) \not\supseteq \delta_C(y)$ 时, 有 $(x, y) \in D_A$, 因此 $D_A^+(x) \subseteq D_A^+(y)$. 由命题 8.4.2, 有 $\delta_A(x) \supseteq \delta_A(y)$. 因此, $\delta_C(x) \supseteq \delta_C(y)$, 与假设矛盾.

"⇐" 若对任意 $x, y \in U$, 当 $\delta_C(x) \not\supseteq \delta_C(y)$ 时, 有 $(x, y) \notin D_A$ 成立. 因此, 当 $(x, y) \in D_A$ 时, 可得 $\delta_C(x) \supseteq \delta_C(y)$. 则对任意 $y \in D_A^+(x)$, 有 $\delta_C(x) \subseteq \delta_C(y)$. 对任意 $Cl_t^{\geqslant} \in \delta_C(x)$ 有 $Cl_t^{\geqslant} \in \delta_C(y)$, 即 $D_C^+(x) \subseteq Cl_t^{\geqslant}$. 另外由 $D_A^+(x) = \bigcup_{y \in D_A^+(x)} D_C^+(y)$ 知 $D_A^+(x) \subseteq Cl_t^{\geqslant}$, 于是有 $Cl_t^{\geqslant} \in \delta_A(x)$. 因此 $\delta_A(x) \supseteq \delta_C(x)$.

另一方面, 由命题 8.4.2 有 $\delta_A(x) \subseteq \delta_C(x)$, 综上所述有 $\delta_A(x) = \delta_C(x)$ 成立, 即 A 为系统的部分一致协调集. □

定义 8.4.7 设 $\langle U, C \cup \{d\}, V, f \rangle$ 为直觉模糊序决策系统, 记

$$D_\delta(x, y) = \begin{cases} \{a \in C : (x, y) \notin D_a\}, & \delta_C(x) \not\supseteq \delta_C(y), \\ C, & \text{其他} \end{cases} \tag{8.14}$$

为在优势关系下相对 d 可辨识 x 与 y 的部分一致辨识属性集, 矩阵 $\boldsymbol{D}_\delta = \{D_\delta(x, y) : x, y \in U\}$ 称为该决策系统的部分一致辨识矩阵.

例 8.4.5 (续例 8.4.1) 可以计算得由表 8.5 确定的直觉模糊序决策系统的部分一致辨识矩阵如表 8.6 所示.

表 8.6　表 8.5 的部分一致辨识矩阵

U	x_1	x_2	x_3	x_4	x_5	x_6	x_7	x_8
x_1	C	C	C	C	C	C	a_2,a_3,a_4	C
x_2	C	C	C	C	C	C	C	C
x_3	a_2,a_5	a_1,a_2,a_4,a_5	C	C	C	a_1,a_2,a_4,a_5	a_2,a_3,a_4,a_5	C
x_4	C	C	C	C	C	C	C	C
x_5	a_1,a_4,a_5	a_1,a_4,a_5	C	C	C	a_1,a_4,a_5	a_1,a_3,a_4,a_5	C
x_6	C	C	C	C	C	C	a_2,a_3,a_4	C
x_7	C	C	C	C	C	C	C	C
x_8	a_2	a_1,a_2	C	C	C	a_2	a_2	C

定义 8.4.8　设 $\langle U, C\cup\{d\}, V, f\rangle$ 为直觉模糊序信息系统, $\boldsymbol{D}_\delta$ 为系统的部分一致辨识矩阵, 记

$$F_\delta = \bigwedge_{x,y\in U} \vee D_\delta(x,y), \tag{8.15}$$

称 F_δ 为该决策系统的部分一致辨识函数.

利用部分一致辨识函数的极小析取范式可以确定决策系统的所有部分一致约简.

例 8.4.6 (续例 8.3.1 和例 8.3.2)　计算得由表 8.5 确定的直觉模糊序决策系统的所有部分一致约简.

应用吸收律, $\{a_2\}$ 和 $\{a_1,a_4,a_5\}$ 留在了部分一致辨识矩阵. 因此,

$$F_\delta = (a_1\vee a_4\vee a_5)\wedge a_2 = (a_1\wedge a_2)\vee(a_2\wedge a_4)\vee(a_2\wedge a_5),$$

即该决策系统有 3 个部分一致约简: $\{a_1,a_2\}$, $\{a_2,a_4\}$ 和 $\{a_2,a_5\}$.

由于系统的 (最大) 分布协调集保持了优势关系, 因此, (最大) 分布协调集必为部分一致协调集. 反之不成立. 如在此例中, $\{a_1,a_2\}$ 或 $\{a_2,a_5\}$ 为部分一致协调集, 但不为 (最大) 分布协调集.

如取 $A=\{a_1,a_2\}$, 有

$$D_A^+(x_1)=\{x_1,x_6\}, \qquad D_A^+(x_i)=\{x_i\}, i=2,5,6,$$
$$D_A^+(x_3)=\{x_2,x_3,x_8\}, \qquad D_A^+(x_4)=\{x_1,x_2,x_3,x_4,x_6,x_7,x_8\}.$$
$$D_A^+(x_7)=\{x_2,x_7\}, \qquad D_A^+(x_8)=\{x_2,x_8\}.$$

则

$$\mu_A(x_1)=\frac{1}{8}(2,2,0)\neq\mu_C(x_1), \qquad \mu_A(x_4)=\frac{1}{8}(7,5,3)\neq\mu_C(x_4),$$
$$\mu_A(x_7)=\frac{1}{8}(2,2,2)\neq\mu_C(x_7), \qquad \mu_A(x_8)=\frac{1}{8}(2,1,1)\neq\mu_C(x_8).$$

8.4.3 可能约简

设 $\langle U, C\cup\{d\}, V, f\rangle$ 为直觉模糊决策信息系统, 对任意 $x\in U, A\subseteq C$, 记

$$\rho_A(x)=\{Cl_t^{\geqslant}: D_A^-(x)\cap Cl_t^{\geqslant}\neq\varnothing\}, \tag{8.16}$$

称 $\rho_A(x)$ 为关于属性集 A 的可能函数.

例 8.4.7 (续例 8.4.1) 计算表 8.5 给出的不一致直觉模糊决策信息系统关于属性集 C 的可能函数.

由计算得

$$\begin{aligned}
&\rho_C(x_1)=\rho_C(x_6)=\{Cl_1^{\geqslant}, Cl_2^{\geqslant}\},\\
&\rho_C(x_2)=\rho_C(x_3)=\rho_C(x_7)=\rho_C(x_8)=\{Cl_1^{\geqslant}, Cl_2^{\geqslant}, Cl_3^{\geqslant}\},\\
&\rho_C(x_4)=\rho_C(x_5)=\{Cl_1^{\geqslant}\}.
\end{aligned}$$

命题 8.4.4 设 $\langle U, C\cup\{d\}, V, f\rangle$ 为直觉模糊决策信息系统, $\rho_A(x)$ 为关于属性集 A 的可能函数, 则

(1) 若 $B\subseteq A\subseteq C$, 则对任意 $x\in U$ 有 $\rho_B(x)\supseteq\rho_A(x)$;

(2) 对 $x,y\in U$, 若 $D_A^-(x)\supseteq D_A^-(y)$, 则 $\rho_A(x)\supseteq\rho_A(y)$;

(3) 直觉模糊系统为一致的充要条件是对任意 $x\in U$, $\rho_C(x)=\{Cl_1^{\geqslant}, Cl_2^{\geqslant},\cdots, Cl_i^{\geqslant}\}$, 其中 $f(x,d)=i$.

证明 (1), (2) 直接由可能函数的定义可得, 接下来只证明 (3).

"$\Rightarrow$" 若 $f(x,d)=i$, 即 $x\in Cl_i$, 则 $x\in Cl_j^{\geqslant}, j\leqslant i$. 由优势关系的自反性, $D_C^-(x)\cap Cl_j^{\geqslant}\neq\varnothing$, 即 $\rho_C(x)\supseteq\{Cl_1^{\geqslant}, Cl_2^{\geqslant},\cdots, Cl_i^{\geqslant}\}$.

由于系统是一致的, 即 $D_C^-(x)\subseteq Cl_i^{\leqslant}, \forall x\in U$. 对任意 $j>i$, $D_C^-(x)\cap Cl_j^{\geqslant}=\varnothing$. 因此, $\rho_C(x)\subseteq\{Cl_1^{\geqslant}, Cl_2^{\geqslant},\cdots, Cl_i^{\geqslant}\}$. 综上有 $\rho_C(x)=\{Cl_1^{\geqslant}, Cl_2^{\geqslant},\cdots, Cl_i^{\geqslant}\}$.

"$\Leftarrow$" 若系统为不一致的, 则存在 $x,y\in U$ 使得 $y\in D_C^-(x)$ 且 $i=f(x,d)<f(y,d)=j$. 因此, $D_C^-(x)\cap Cl_j^{\geqslant}\neq\varnothing$, 即 $Cl_j^{\geqslant}\in\rho_C(x)$, 与 $\rho_C(x)=\{Cl_1^{\geqslant}, Cl_2^{\geqslant},\cdots, Cl_i^{\geqslant}\}$ 矛盾. □

定义 8.4.9 设 $\langle U, C\cup\{d\}, V, f\rangle$ 为直觉模糊决策信息系统, 若对任意 $x\in U$ 有 $\rho_A(x)=\rho_C(x)$, 则称 A 为可能协调集. 进一步, 若 A 的任何真子集均不是可能协调集, 则称 A 为可能约简.

命题 8.4.5 设 $\langle U, C\cup\{d\}, V, f\rangle$ 为一致直觉模糊决策信息系统, 则 A 为可能协调集的充要条件是 A 为相对协调集.

推论 8.4.2 设 $\langle U, C\cup\{d\}, V, f\rangle$ 为一致直觉模糊决策信息系统, 则 A 为可能约简的充要条件是 A 为相对约简.

该推论表明可能约简为相对约简在不一致系统中的有效推广. 下面给出可能约简的判定定理.

定理 8.4.3　设 $\langle U, C\cup\{d\}, V, f\rangle$ 为直觉模糊序决策系统, 且 $A\subseteq C$, 则 A 是可能协调集的充要条件为对任意 $x,y\in U$, 当 $\rho_C(x)\not\supseteq\rho_C(y)$ 时, 有 $(x,y)\notin D_A$.

证明　"$\Rightarrow$" 若 A 是可能协调集, 则 $\rho_A(x)=\rho_C(x),\forall x\in U$. 若当 $\rho_C(x)\not\supseteq\rho_C(y)$ 时, 有 $(x,y)\in D_A$, 即 $D_A^-(x)\supseteq D_A^-(y)$. 由命题 8.4.4(2), 有 $\rho_A(x)\supseteq\rho_A(y)$. 因此有 $\rho_C(x)\supseteq\rho_C(y)$, 与假设矛盾.

"$\Leftarrow$" 由命题 8.4.4(1) 有 $\rho_A(x)\supseteq\rho_C(x),\forall x\in U$, 要证明 A 为可能协调集只需证明 $\rho_A(x)\subseteq\rho_C(x)$.

若对任意 $x,y\in U$, 当 $\rho_C(x)\not\supseteq\rho_C(y)$ 时, 有 $(x,y)\notin D_A$ 成立. 因此, 当 $(x,y)\in D_A$ 时, 可得 $\rho_C(x)\supseteq\rho_C(y)$. 对任意 $Cl_t^{\geqslant}\in\rho_A(x)$, 即 $D_A^-(x)\cap Cl_t^{\geqslant}\neq\varnothing$, 存在 $y\in Cl_t^{\geqslant}$ 且 $y\in D_A^-(x)$, 即 $(x,y)\in D_A$. 由假设有 $\rho_C(x)\supseteq\rho_C(y)$. 显然 $Cl_t^{\geqslant}\in\rho_C(y)$, 因此 $Cl_t^{\geqslant}\in\rho_C(x)$, 由此 $\rho_A(x)\subseteq\rho_C(x)$. □

定义 8.4.10　设 $\langle U, C\cup\{d\}, V, f\rangle$ 为直觉模糊序决策系统, 记

$$D_\rho(x,y)=\begin{cases}\{a\in C:(x,y)\notin D_a\}, & \rho_C(x)\not\supseteq\rho_C(y),\\ C, & \text{其他}\end{cases}\tag{8.17}$$

为在优势关系下相对 d 可辨识 x 与 y 的可能辨识属性集, 矩阵 $\boldsymbol{D}_\rho=\{D_\rho(x,y): x,y\in U\}$ 称为该决策系统的可能辨识矩阵.

例 8.4.8 (续例 8.4.1)　可以计算得由表 8.5 确定的直觉模糊序决策系统的可能辨识矩阵如表 8.7 所示.

表 8.7　表 8.5 的可能辨识矩阵

U	x_1	x_2	x_3	x_4	x_5	x_6	x_7	x_8
x_1	C	C	a_1,a_3,a_4	C	C	C	a_2,a_3,a_4	a_1,a_3,a_4,a_5
x_2	C	C	C	C	C	C	C	C
x_3	C	C	C	C	C	C	C	C
x_4	C	C	C	C	C	C	C	C
x_5	a_1,a_4,a_5	a_1,a_4,a_5	a_1,a_4,a_5	C	C	a_1,a_4,a_5	a_1,a_3,a_4,a_5	a_1,a_3,a_4,a_5
x_6	C	C	a_1,a_3,a_4	C	C	C	a_2,a_3,a_4	a_1,a_3,a_4,a_5
x_7	C	C	C	C	C	C	C	C
x_8	C	C	C	C	C	C	C	C

定义 8.4.11　设 $\langle U, C\cup\{d\}, V, f\rangle$ 为直觉模糊序信息系统, $\boldsymbol{D}_\rho$ 为系统的可能辨识矩阵, 记

$$F_\rho=\bigwedge_{x,y\in U}\vee D_\rho(x,y),\tag{8.18}$$

称 F_ρ 为该决策系统的可能辨识函数.

利用可能辨识函数的极小析取范式可以确定决策系统的所有可能约简.

例 8.4.9(续例 8.3.1 和例 8.3.2) 计算得由表 8.5 确定的直觉模糊序决策系统的所有可能约简.

应用吸收律, $\{a_1, a_3, a_4\}$, $\{a_1, a_4, a_5\}$ 和 $\{a_2, a_3, a_4\}$ 留在了可能辨识矩阵. 因此,

$$F_\rho = (a_1 \vee a_3 \vee a_4) \wedge (a_1 \vee a_4 \vee a_5) \wedge (a_2 \vee a_3 \vee a_4) = a_4 \vee (a_1 \wedge a_2) \vee (a_1 \wedge a_3) \vee (a_3 \wedge a_5).$$

即该决策系统有 4 个可能约简: $\{a_4\}$, $\{a_1, a_2\}$, $\{a_1, a_3\}$ 和 $\{a_3, a_5\}$.

由于系统的 (最大) 分布协调集保持了优势关系, 因此, (最大) 分布协调集必为可能协调集. 反之不成立. 如在此例中, $\{a_4\}$ 为可能协调集, 但不为 (最大) 分布协调集. 关于部分一致协调集和可能协调集, 两者条件并无强弱关系. 如在此例中, $\{a_1, a_3\}$ 为可能协调集, 但不为部分一致协调集; $\{a_2, a_5\}$ 为部分一致协调集, 但不为可能协调集.

如取可能协调集 $A = \{a_1, a_3\}$, 有

$$\begin{aligned}
&D_A^+(x_1) = \{x_1, x_2, x_3, x_6, x_8\}, && D_A^+(x_i) = \{x_i\},\ i = 2, 8, \\
&D_A^+(x_i) = \{x_2, x_i, x_8\}, i = 3, 6, && D_A^+(x_4) = \{x_1, x_2, x_3, x_4, x_8\}. \\
&D_A^+(x_5) = \{x_2, x_5\}, && D_A^+(x_7) = \{x_7, x_8\}.
\end{aligned}$$

则

$$\begin{aligned}
\delta_A(x_i) &= \{Cl_1^{\geqslant}\} \neq \{Cl_1^{\geqslant}, Cl_2^{\geqslant}\} = \delta_C(x_i), \quad i = 1, 6, \\
\delta_A(x_7) &= \{Cl_1^{\geqslant}\} \neq \{Cl_1^{\geqslant}, Cl_2^{\geqslant}, Cl_3^{\geqslant}\} = \delta_C(x_7).
\end{aligned}$$

取部分一致协调集 $A = \{a_2, a_5\}$, 有

$$\begin{aligned}
&D_A^-(x_i) = \{x_i, x_3, x_4\},\ i = 1, 7, 8, && D_A^-(x_2) = \{x_2, x_3, x_4, x_7, x_8\}, \\
&D_A^-(x_3) = \{x_3, x_4\}, && D_A^-(x_i) = \{x_i\},\ i = 4, 5, \\
&D_A^-(x_6) = \{x_1, x_3, x_4, x_6\}.
\end{aligned}$$

则

$$\rho_A(x_i) = \{Cl_1^{\geqslant}, Cl_2^{\geqslant}, Cl_3^{\geqslant}\} \neq \{Cl_1^{\geqslant}, Cl_2^{\geqslant}\} = \rho_C(x_i), \quad i = 1, 6.$$

8.5 本章小结

直觉模糊信息系统是一种常见的信息系统, 其中属性值为直觉模糊值. 本章研究基于优势关系的直觉模糊信息系统即直觉模糊序信息系统的约简问题. 首先, 给

出直觉模糊序信息系统保持系统优势关系的属性约简. 然后, 提出一致直觉模糊序决策系统保持系统一致性的相对约简. 最后, 引入不一致直觉模糊序决策系统的分布约简、最大分布约简、部分一致约简和可能约简的概念. 其中,

(1) 分布约简和最大分布约简等价;

(2) 部分一致约简和可能约简为相对约简在不一致直觉模糊序决策系统的推广;

(3) (最大) 分布约简的条件相对部分一致约简和可能约简的条件更强;

(4) 部分一致约简与可能约简的要求满足的条件没有强弱关系.

针对各种类型的约简, 本章均利用对应的判定定理来构造辨识矩阵和辨识函数进行求解, 进一步丰富了优势粗糙集理论的研究内容.

第 9 章 优势粗糙模糊集理论

模糊集理论和粗糙集理论是两种相互联系又相互补充的软计算方法, 两者分别处理带有含糊性 (vagueness) 和粗糙性 (coarseness) 的不确定性问题. 为了更好地处理不精确信息, 需要将两者结合考虑, 这样就可以得到粗糙模糊集 (rough fuzzy set) 和模糊粗糙集 (fuzzy rough set). 本章我们用优势粗糙模糊集处理序模糊决策系统 (ordered fuzzy decision system), 其中条件属性带有序关系且决策类既有序又是模糊的.

法国学者 Dubois 和 Prade 提出了 Pawlak 近似空间中模糊集的上、下近似[40, 41], 将粗糙集推广到模糊环境, 得到了粗糙模糊集. 设 (U, R) 为 Pawlak 近似空间, $A \in \mathcal{F}(U)$, 则 A 的上、下近似分别为

$$\overline{R}(A) = \left\{\left(x, \max_{y\in[x]_R} A(y)\right) : x \in U\right\},$$
$$\underline{R}(A) = \left\{\left(x, \min_{y\in[x]_R} A(y)\right) : x \in U\right\}.$$

迄今, 关于粗糙模糊集理论的研究主要集中在以下三个方面: 理论基础[6, 20, 91, 157]、模型扩展 [49, 68, 112, 173, 193, 246] 和实际应用[5, 38, 140, 164].

用优势粗糙集理论研究模糊集的粗糙近似, 这方面的开创性工作是由 Greco 等完成的, 其思想与将粗糙集和模糊集相结合类似. 基于带序的隶属度, Greco 等[51] 提出模糊上、下近似的概念, 可以生成带有语义和语构的模糊决策规则. 另外, 在参考文献 [57] 中证明了经典粗糙近似是模糊信息系统中粗糙近似的特例. 优势粗糙模糊集 (dominance-based rough fuzzy set) 理论引入了累积模糊决策 (cumulated fuzzy decision) 的优势粗糙近似, 即系统的知识粒为经典集而被近似的集合为模糊集. 然而, 在该理论框架内还没有考虑属性约简和规则提取等问题. 本章在对上、下累积模糊集作了修正的前提下研究了这两个问题. 值得注意的是, 按照 Greco 等的观点, 每个决策类都是论域上的模糊集. 在其他参考文献中, 只用一个反映每个对象属于最优决策的隶属度也可以表达类似结果. 例如, Huang[85] 研究了序模糊决策系统的属性约简和规则提取. 之后, 结果进一步推广到了决策为直觉模糊集[87] 和区间直觉模糊集的情形[88]. 沿着这个研究思路, Zhang 等[245] 将条件属性的取值抽象到格值的情况, 在这种情形下条件属性值之间就自然地具有序关系. 本章在序模糊决策系统中定义了新型上、下累积模糊集, 进而定义了优势粗糙模糊近似集, 并证明其为优势粗糙近似的模糊推广, 进而研究了此类系统的属性约简问题.

本章的组织结构如下: 9.1 节提出累积模糊集的上、下优势粗糙近似, 并研究了它们的性质; 9.2 节用辨识矩阵方法和约简构造技术研究序模糊决策系统的属性约简问题; 9.3 节给出规则提取的具体方法; 9.4 节用希腊公司破产风险评估数据验证方法的有效性; 9.5 节对本章内容做了小结并指出之后的研究方向.

9.1 优势粗糙模糊集

本节在序模糊决策系统中引入累积模糊集的概念并给出其优势粗糙模糊近似, 而且研究了它们的性质.

9.1.1 上、下累积模糊决策

现实生活中, 由于在给样本分类时存在不确定性, 决策类经常用论域上的模糊集表示.

本章考虑带模糊决策的序决策系统, 简称为序模糊决策系统. 正如其名, 序模糊决策系统是指条件属性均为准则、决策类为论域上的模糊集的这类决策系统. 例如, 在已知学生课程成绩, 给他们做综合评价的问题中, 条件属性根据成绩记录为 A, B, C 或 D, 综合评价包含差、中和优. 根据其表达意义有 "$A > B > C > D$" 和 "差 $<$ 中 $<$ 优". 注意到每个语言值在人们的认知里实际上为一个模糊集, 所以我们很可能得到这样的结论: 学生 s_1 是一个优等生的隶属度为 0.8, 或学生 s_2 是一个差生的隶属度为 0.4.

对序模糊决策系统, Cl_t $(1 \leqslant t \leqslant n)$ 是论域上的模糊集, 即 $Cl_t \in \mathcal{F}(U)$. $Cl_t(x)$ 的值反映了 x 属于决策类 Cl_t 的可信度 (credibility). $\{Cl_t\}_{t=1}^{n}$ 构成了 U 上的一个模糊覆盖[122, 165], 即 $Cl_t \neq \varnothing, \forall t \in T$ 且 $\max\limits_{t\in T} Cl_t(x) > 0, \forall x \in U$. 需要指出的是, 序决策系统是一类特殊的序模糊决策系统, 前者满足条件: 对任意 $x \in U$, 存在 $t \in T$ 使得对 $s \neq t$ 有 $Cl_t(x) = 1$ 和 $Cl_s(x) = 0$.

上、下累积模糊决策 $Cl_t^{\geqslant}$ 和 $Cl_t^{\leqslant}$ 是由 Cl_t 生成的模糊集: $\forall x \in U$,

$$Cl_t^{\geqslant}(x) = \max_{s\geqslant t} Cl_s(x), \tag{9.1}$$

$$Cl_t^{\leqslant}(x) = \max_{s\leqslant t} Cl_s(x). \tag{9.2}$$

$Cl_t^{\geqslant}(x)$ 的值反映了论断 "x 至少属于决策类 Cl_t" 的可信性, $Cl_t^{\leqslant}(x)$ 的值反映了论断 "x 至多属于决策类 Cl_t" 的可信性. $Cl_t^{\geqslant}$ 和 $Cl_t^{\leqslant}$ 其实是上、下并集 $Cl_t^{\geqslant}$ 和 $Cl_t^{\leqslant}$ 在模糊环境下的推广. 显然, 由 (9.1) 式和 (9.2) 式, 有 $Cl_n^{\geqslant} = Cl_n$ 和 $Cl_1^{\leqslant} = Cl_1$ 成立. 另外, $Cl_1^{\geqslant} = Cl_n^{\leqslant} = U$ 成立当且仅当 $\max\limits_{t\in T} Cl_t(x) = 1, \forall x \in U$.

例如, 假定 $Cl_1(x) = 0.2$, $Cl_2(x) = 0.7$, $Cl_3(x) = 0.1$, 有

$$Cl_1^{\geqslant}(x) = 0.7, \qquad Cl_2^{\geqslant}(x) = 0.7, \qquad Cl_3^{\geqslant}(x) = 0.1.$$
$$Cl_1^{\leqslant}(x) = 0.2, \qquad Cl_2^{\leqslant}(x) = 0.7, \qquad Cl_3^{\leqslant}(x) = 0.7.$$

注 9.1.1 在参考文献 [54,57] 中, 模糊集 $Cl_t^{\geqslant}$ 和 $Cl_t^{\leqslant}$ 分别定义为: $\forall x \in U$,

$$Cl_t^{\geqslant}(x) = \begin{cases} 1, & \exists s \in T: Cl_s(x) > 0 \text{ 和 } s > t, \\ Cl_t(x), & \text{其他} \end{cases} \tag{9.3}$$

和

$$Cl_t^{\leqslant}(x) = \begin{cases} 1, & \exists s \in T: Cl_s(x) > 0 \text{ 和 } s < t, \\ Cl_t(x), & \text{其他}. \end{cases} \tag{9.4}$$

现在我们重新考虑刚才的例子. 如果采用此定义, 有

$$Cl_1^{\geqslant}(x) = 1, \quad Cl_2^{\geqslant}(x) = 1, \quad Cl_3^{\geqslant}(x) = 0.1.$$
$$Cl_1^{\leqslant}(x) = 0.2, \quad Cl_2^{\leqslant}(x) = 1, \quad Cl_3^{\leqslant}(x) = 1.$$

那么一些信息 (也许是此例最重要的信息 $Cl_2(x) = 0.7$) 丢失了. 然而, 如果不存在 $s < t < s'$ 使得对任意 $x \in U$, $Cl_t(x) < Cl_s(x)$ 和 $Cl_t(x) < Cl_{s'}(x)$, 即, 不存在两边大、中间小的情况, 用我们的定义方式可以验证 $Cl_t = Cl_t^{\geqslant} \cap Cl_t^{\leqslant}$ $[Cl_t(x) = \min\{Cl_t^{\geqslant}(x), Cl_t^{\leqslant}(x)\}, \forall x \in U]$, $\forall t \in T$. 事实上, 对任意 $x \in U$, 记 $Cl_s(x) = \max\limits_{t \in T} Cl_t(x)$, 下面分两种情况讨论:

(1) 若 $t \geqslant s$, 则 $Cl_t^{\geqslant}(x) = Cl_t(x)$, $Cl_t^{\leqslant}(x) = Cl_s(x)$;

(2) 若 $t < s$, 则 $Cl_t^{\geqslant}(x) = Cl_s(x)$, $Cl_t^{\leqslant}(x) = Cl_t(x)$.

对于这两种情形总有 $Cl_t(x) = \min\{Cl_t^{\geqslant}(x), Cl_t^{\leqslant}(x)\}$ 成立. 这个假设与我们的常识一致. 例如, 我们不会有如下的假设: 一个学生以 0.4 的隶属度为 "差" 等生, 以 0.1 的隶属度为 "中" 等生, 以 0.5 的隶属度为 "优" 等生.

9.1.2 优势粗糙模糊集的定义

在优势粗糙模糊集理论中, 被近似的对象为上、下累积模糊集 $Cl_t^{\geqslant}$ 和 $Cl_t^{\leqslant}$. 它们的上、下近似定义如下.

定义 9.1.1 设 $S = \langle U, C \cup \{d\}, V, f \rangle$ 为序模糊决策系统且 $A \subseteq C$. 上累积模糊集 $Cl_t^{\geqslant}$ 关于 A 的上、下近似是 U 上的模糊集, 记为 $\overline{A}(Cl_t^{\geqslant})$ 和 $\underline{A}(Cl_t^{\geqslant})$, 它们的隶属函数分别为: $\forall x \in U$,

$$\overline{A}(Cl_t^{\geqslant})(x) = \max\{Cl_t^{\geqslant}(y) : y \in D_A^-(x)\}, \tag{9.5}$$

$$\underline{A}(Cl_t^{\geqslant})(x) = \min\{Cl_t^{\geqslant}(y) : y \in D_A^+(x)\}. \tag{9.6}$$

$(\underline{A}(Cl_t^{\geqslant}), \overline{A}(Cl_t^{\geqslant}))$ 是 $Cl_t^{\geqslant}$ 关于 A 的上优势粗糙模糊集.

下累积模糊集 $Cl_t^{\leqslant}$ 关于 A 的上、下近似是 U 上的模糊集, 记为 $\overline{A}(Cl_t^{\geqslant})$ 和 $\underline{A}(Cl_t^{\geqslant})$, 它们的隶属函数分别为: $\forall x \in U$,

$$\overline{A}(Cl_t^{\leqslant})(x) = \max\{Cl_t^{\leqslant}(y) : y \in D_A^+(x)\}, \tag{9.7}$$

$$\underline{A}(Cl_t^{\leqslant})(x) = \min\{Cl_t^{\leqslant}(y) : y \in D_A^-(x)\}. \tag{9.8}$$

$(\underline{A}(Cl_t^{\leqslant}), \overline{A}(Cl_t^{\leqslant}))$ 是 $Cl_t^{\leqslant}$ 关于 A 的下优势粗糙模糊集.

特别地, 若 Cl_t 为经典集合, 定义 9.1.1 中的上、下近似则转化为定义 2.3.2 中的形式. 事实上, $\underline{A}(Cl_t^{\geqslant})(x) = 1 \iff y \in Cl_t^{\geqslant}, \forall y \in D_A^+(x) \iff D_A^+(x) \subseteq Cl_t^{\geqslant}$, 且 $\overline{A}(Cl_t^{\geqslant})(x) = 1 \iff \exists y \in D_A^-(x)$ 使得 $y \in Cl_t^{\geqslant} \iff D_A^-(x) \cap Cl_t^{\geqslant} \neq \varnothing$.

例 9.1.1 考虑如表 9.1 所示的序模糊决策系统 S, 其中 $U = \{x_1, x_2, \cdots, x_8\}$, $C = \{a_1, a_2, \cdots, a_5\}$, $\mathbf{Cl} = \{Cl_1, Cl_2\}$.

表 9.1 序模糊决策系统 S

U	a_1	a_2	a_3	a_4	a_5	Cl_1	Cl_2
x_1	2	3	2	1	1	0.7	0.5
x_2	3	1	1	2	1	0.1	0.8
x_3	1	2	1	2	1	1	0.5
x_4	1	3	1	3	2	0.6	0.4
x_5	3	2	2	3	2	0.2	0.9
x_6	2	2	3	1	3	0.3	0.9
x_7	3	3	2	3	3	0	1
x_8	2	1	3	2	3	0.3	0.8

通过计算, 有

$$Cl_2^{\geqslant} = Cl_2 = \frac{0.5}{x_1} + \frac{0.8}{x_2} + \frac{0.5}{x_3} + \frac{0.4}{x_4} + \frac{0.9}{x_5} + \frac{0.9}{x_6} + \frac{1}{x_7} + \frac{0.8}{x_8},$$

$$Cl_1^{\leqslant} = Cl_1 = \frac{0.7}{x_1} + \frac{0.1}{x_2} + \frac{1}{x_3} + \frac{0.6}{x_4} + \frac{0.2}{x_5} + \frac{0.3}{x_6} + \frac{0}{x_7} + \frac{0.3}{x_8},$$

$$Cl_1^{\geqslant} = Cl_2^{\leqslant} = \frac{0.7}{x_1} + \frac{0.8}{x_2} + \frac{1}{x_3} + \frac{0.6}{x_4} + \frac{0.9}{x_5} + \frac{0.9}{x_6} + \frac{1}{x_7} + \frac{0.8}{x_8}.$$

另外, 所有的 C-(被) 占优集为

$$
\begin{aligned}
&D_C^+(x_1) = \{x_1, x_7\}, && D_C^-(x_1) = \{x_1\},\\
&D_C^+(x_2) = \{x_2, x_5, x_7\}, && D_C^-(x_2) = \{x_2\},\\
&D_C^+(x_3) = \{x_3, x_4, x_5, x_7\}, && D_C^-(x_3) = \{x_3\},\\
&D_C^+(x_4) = \{x_4, x_7\}, && D_C^-(x_4) = \{x_3, x_4\},\\
&D_C^+(x_5) = \{x_5, x_7\}, && D_C^-(x_5) = \{x_2, x_3, x_5\},\\
&D_C^+(x_6) = \{x_6\}, && D_C^-(x_6) = \{x_6\},\\
&D_C^+(x_7) = \{x_7\}, && D_C^-(x_7) = \{x_1, x_2, x_3, x_4, x_5, x_7\},\\
&D_C^+(x_8) = \{x_8\}, && D_C^-(x_8) = \{x_8\}.
\end{aligned}
$$

根据定义 9.1.1, 有 $\underline{C}(Cl_2^{\geqslant})(x_4) = \min\{Cl_2^{\geqslant}(y) : y \in D_C^+(x_4)\} = \min\{Cl_2^{\geqslant}(x_4), Cl_2^{\geqslant}(x_7)\} = \min\{0.4, 1\} = 0.4$, 表明 x_4 属于 $Cl_2^{\geqslant}$ 的隶属度至少是 0.4. 另外, 有 $\overline{C}(Cl_2^{\geqslant})(x_4) = \max\{Cl_2^{\geqslant}(y) : y \in D_C^-(x_4)\} = 0.5$, 表明 x_4 属于 $Cl_2^{\geqslant}$ 的隶属度至多是 0.5. 类似地, 我们可以计算所有累积模糊集关于 C 的上、下近似, 结果在表 9.2 中表示.

表 9.2 累积模糊集关于 C 的上、下近似

U	$\underline{C}(Cl_1^{\geqslant})$	$\overline{C}(Cl_1^{\geqslant})$	$\underline{C}(Cl_2^{\geqslant})$	$\overline{C}(Cl_2^{\geqslant})$	$\underline{C}(Cl_1^{\leqslant})$	$\overline{C}(Cl_1^{\leqslant})$	$\underline{C}(Cl_2^{\leqslant})$	$\overline{C}(Cl_2^{\leqslant})$
x_1	0.7	0.7	0.5	0.5	0.7	0.7	0.7	1
x_2	0.8	0.8	0.8	0.8	0.1	0.2	0.8	1
x_3	0.6	1	0.4	0.5	1	1	1	1
x_4	0.6	1	0.4	0.5	0.6	0.6	0.6	1
x_5	0.9	1	0.9	0.9	0.1	0.2	0.8	1
x_6	0.9	0.9	0.9	0.9	0.3	0.3	0.9	0.9
x_7	1	1	1	1	0	0	0.6	1
x_8	0.8	0.8	0.8	0.8	0.3	0.3	0.8	0.8

如表 9.2 所示, 虽然 $Cl_1^{\geqslant} = Cl_2^{\leqslant}$, 但是它们关于 C 的近似并不相等, 即 $\underline{C}(Cl_1^{\geqslant}) \neq \underline{C}(Cl_2^{\leqslant})$, $\overline{C}(Cl_1^{\geqslant}) \neq \overline{C}(Cl_2^{\leqslant})$. 这是由于它们所考虑的 (被) 占优集不尽相同.

另外, 需要指出的是, 上、下近似的差值依赖于系统的不一致度. 在 x_4 属于决策类 Cl_1 和 Cl_2 的隶属度发生变化的情况下, 累积模糊集的上、下近似在 x_4 处的隶属度如图 9.1 所示. 在每个子图中, x 轴表示 x_4 属于 Cl_1 的隶属度, y 轴表示 x_4 属于 Cl_2 的隶属度. 从此图中, 我们可以看出系统的不一致度越大, 上、下近似的差值越大. 例如, 取 $Cl_1(x_4) = 0.4$, $Cl_2(x_4) = 0.6$, 则关于对象 x_4 并无不一致产生, 即 $\overline{C}(Cl_2^{\geqslant})(x_4) - \underline{C}(Cl_2^{\geqslant})(x_4) = 0$ 且 $\overline{C}(Cl_1^{\leqslant})(x_4) - \underline{C}(Cl_1^{\leqslant})(x_4) = 0$. 取 $Cl_1(x_4) = 0.7$, $Cl_2(x_4) = 0.3$, 则关于对象 x_4 产生不一致, 可以计算得 $\underline{C}(Cl_2^{\geqslant})(x_4) = 0.3$ 且 $\overline{C}(Cl_2^{\geqslant})(x_4) = 0.5$. 上、下近似的差值 (0.2) 大于原例中的差值 (0.1).

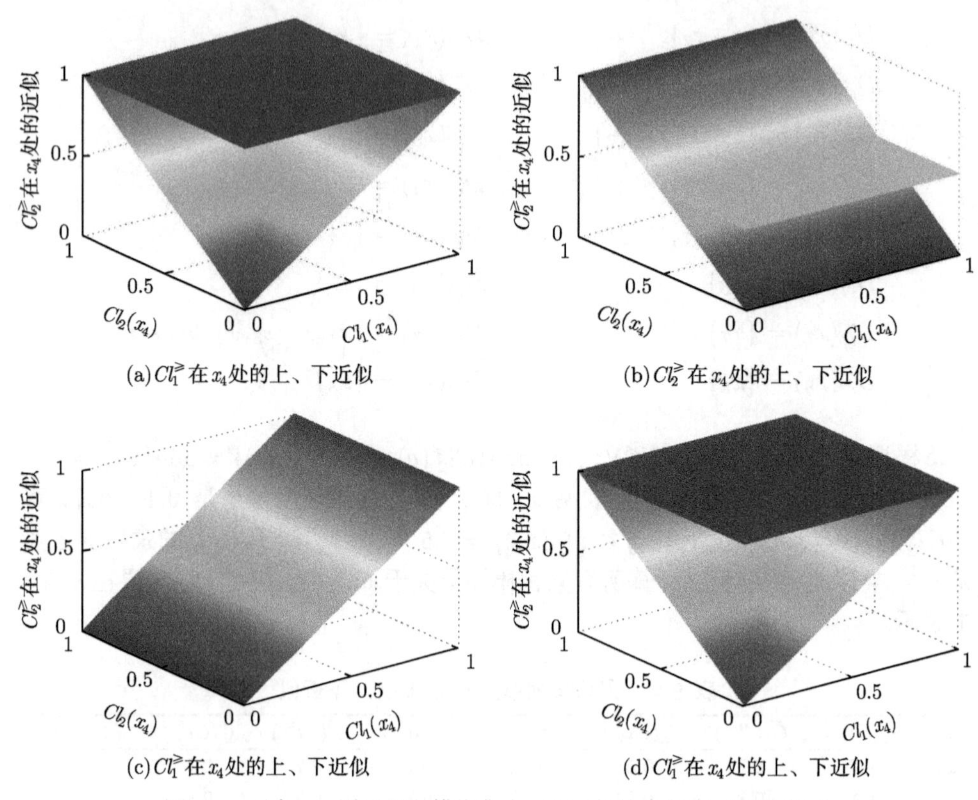

(a) $Cl_1^{\geqslant}$ 在 x_4 处的上、下近似　　(b) $Cl_2^{\geqslant}$ 在 x_4 处的上、下近似

(c) $Cl_1^{\geqslant}$ 在 x_4 处的上、下近似　　(d) $Cl_1^{\geqslant}$ 在 x_4 处的上、下近似

图 9.1　对象 x_4 属于累积模糊集上、下近似的隶属度 (后附彩图)

9.1.3　上、下近似的性质

优势粗糙模糊集 $\underline{A}(Cl_t^{\geqslant})$, $\underline{A}(Cl_t^{\leqslant})$, $\overline{A}(Cl_t^{\geqslant})$ 和 $\overline{A}(Cl_t^{\leqslant})$ 满足以下基本性质.

定理 9.1.1　设 $S=\langle U, C\cup\{d\}, V, f\rangle$ 为序模糊决策系统且 $A\subseteq C$, 则 $\forall x, y\in U$,

(1) (粗包含)

$$\underline{A}(Cl_t^{\geqslant})(x)\leqslant Cl_t^{\geqslant}(x)\leqslant \overline{A}(Cl_t^{\geqslant})(x),$$
$$\underline{A}(Cl_t^{\leqslant})(x)\leqslant Cl_t^{\leqslant}(x)\leqslant \overline{A}(Cl_t^{\leqslant})(x).$$

(2) (近似关于准则集的单调性) 若 $B\subseteq A\subseteq C$, 则

$$\underline{B}(Cl_t^{\geqslant})(x)\leqslant \underline{A}(Cl_t^{\geqslant})(x),\quad \overline{B}(Cl_t^{\geqslant})(x)\geqslant \overline{A}(Cl_t^{\geqslant})(x),$$
$$\underline{B}(Cl_t^{\leqslant})(x)\leqslant \underline{A}(Cl_t^{\leqslant})(x),\quad \overline{B}(Cl_t^{\leqslant})(x)\geqslant \overline{A}(Cl_t^{\leqslant})(x).$$

(3) (近似关于占优集的单调性) 若 $D_A^+(x)\subseteq D_A^+(y)$, 则

$$\underline{A}(Cl_t^{\geqslant})(x)\geqslant \underline{A}(Cl_t^{\geqslant})(y),\quad \overline{A}(Cl_t^{\geqslant})(x)\geqslant \overline{A}(Cl_t^{\geqslant})(y),$$
$$\underline{A}(Cl_t^{\leqslant})(x)\leqslant \underline{A}(Cl_t^{\leqslant})(y),\quad \overline{A}(Cl_t^{\leqslant})(x)\leqslant \overline{A}(Cl_t^{\leqslant})(y).$$

(4) (近似关于累积模糊集的单调性) 若 $1 \leqslant t \leqslant s \leqslant n$, 则

$$\underline{A}(Cl_t^{\geqslant})(x) \geqslant \underline{A}(Cl_s^{\geqslant})(x), \quad \overline{A}(Cl_t^{\geqslant})(x) \geqslant \overline{A}(Cl_s^{\geqslant})(x),$$
$$\underline{A}(Cl_t^{\leqslant})(x) \leqslant \underline{A}(Cl_s^{\leqslant})(x), \quad \overline{A}(Cl_t^{\leqslant})(x) \leqslant \overline{A}(Cl_s^{\leqslant})(x).$$

证明 (1) 由定义 9.1.1 和优势关系 D_A 的自反性, 有

$$\underline{A}(Cl_t^{\geqslant})(x) = \min\{Cl_t^{\geqslant}(y) : y \in D_A^+(x)\} \leqslant Cl_t^{\geqslant}(x),$$
$$\overline{A}(Cl_t^{\leqslant})(x) = \max\{Cl_t^{\leqslant}(y) : y \in D_A^+(x)\} \geqslant Cl_t^{\leqslant}(x).$$

(2) 若 $B \subseteq A \subseteq C$, 由命题 2.3.1(2), 有 $D_A^+(x) \subseteq D_B^+(x)$,

$$\begin{aligned}\underline{B}(Cl_t^{\geqslant})(x) &= \min\{Cl_t^{\geqslant}(y) : y \in D_B^+(x)\} \\ &\leqslant \min\{Cl_t^{\geqslant}(y) : y \in D_A^+(x)\} = \underline{A}(Cl_t^{\geqslant})(x), \\ \overline{B}(Cl_t^{\leqslant})(x) &= \max\{Cl_t^{\leqslant}(y) : y \in D_B^+(x)\} \\ &\geqslant \max\{Cl_t^{\leqslant}(y) : y \in D_A^+(x)\} = \overline{A}(Cl_t^{\leqslant})(x).\end{aligned}$$

(3) 若 $x \in D_A^+(y)$, 由命题 2.3.1(3), 有 $D_A^+(x) \subseteq D_A^+(y)$,

$$\begin{aligned}\underline{A}(Cl_t^{\geqslant})(x) &= \min\{Cl_t^{\geqslant}(z) : z \in D_A^+(x)\} \\ &\geqslant \min\{Cl_t^{\geqslant}(z) : z \in D_A^+(y)\} = \underline{A}(Cl_t^{\geqslant})(y), \\ \overline{A}(Cl_t^{\leqslant})(x) &= \max\{Cl_t^{\leqslant}(z) : z \in D_A^+(x)\} \\ &\leqslant \max\{Cl_t^{\leqslant}(z) : z \in D_A^+(y)\} = \overline{A}(Cl_t^{\leqslant})(y).\end{aligned}$$

其他性质类似可证. □

第一个性质说明模糊集 $Cl_t^{\geqslant}$ 和 $Cl_t^{\leqslant}$ 介于它的上、下近似之间. 第二个性质说明增大准则集, 下近似不减, 上近似不增. 第三个性质说明上、下近似关于占优集单调. 更精确地, 上累积模糊集的近似关于占优集不增, 下累积模糊集的近似关于占优集不减. 第四个性质说明关于被近似累积模糊集上、下近似均不减. 这些性质在之后的判定定理证明中至关重要.

另外, 指出定理 9.1.1 (2)—(4) 与参考文献 [8] 引入的性质 (m1), (m4) 和 (m3) 相关. 从这个角度, $\underline{A}(Cl_t^{\geqslant})(x)$ ($\underline{A}(Cl_t^{\leqslant})(x)$) 可以理解为 x 属于 $Cl_t^{\geqslant}$ ($Cl_t^{\leqslant}$)"获得"(gain) 类型的一致度. 然而, $\overline{A}(Cl_t^{\geqslant})$ ($\overline{A}(Cl_t^{\leqslant})$) 既不是 "获得" 类型也不是 "损失"(cost) 类型的一致度.

注 9.1.2 互补律 $\underline{A}(Cl_t^{\geqslant}) = N(\overline{A}(Cl_{t-1}^{\leqslant}))$, $t = 2, 3, \cdots, n$, 并不成立, 其中 $N(r) = 1 - r, \forall r \in [0, 1]$. 这是因为 $Cl_t^{\geqslant}$ 和 $Cl_{t-1}^{\leqslant}$, 正如前面的例子中出现的那样, 一般并不是互补的.

9.2 序模糊决策系统的属性约简

约简是给定信息系统的条件属性与全部条件属性具有相同分类能力的极小子集. 本节提出序模糊决策系统上、下约简的概念, 并且给出了可以计算约简的具体方法.

定义 9.2.1 设 $S=\langle U, C\cup\{d\}\rangle$ 为序模糊决策系统且 $A\subseteq C$.

(1) 若 $\underline{A}(Cl_t^{\geqslant})(x)=\underline{C}(Cl_t^{\geqslant})(x)$ $(\overline{A}(Cl_t^{\geqslant})(x)=\overline{C}(Cl_t^{\geqslant})(x))$, $\forall x\in U$, 则 A 称为相对 $Cl_t^{\geqslant}$ 系统 S 的下 (上) 一致集. 若 A 为相对 $Cl_t^{\geqslant}$ 的下 (上) 一致集且其任意非空真子集均不为相对 $Cl_t^{\geqslant}$ 的下 (上) 一致集, 则 A 称为相对 $Cl_t^{\geqslant}$ 系统 S 的下 (上) 约简.

(2) 若 $\underline{A}(Cl_t^{\leqslant})(x)=\underline{C}(Cl_t^{\leqslant})(x)$ $(\overline{A}(Cl_t^{\leqslant})(x)=\overline{C}(Cl_t^{\leqslant})(x))$, $\forall x\in U$, 则 A 称为相对 $Cl_t^{\leqslant}$ 系统 S 的下 (上) 一致集. 若 A 为相对 $Cl_t^{\leqslant}$ 的下 (上) 一致集且其任意非空真子集均不为相对 $Cl_t^{\leqslant}$ 的下 (上) 一致集, 则 A 称为相对 $Cl_t^{\leqslant}$ 系统 S 的下 (上) 约简.

相对 $Cl_t^{\geqslant}$ 的下 (上) 一致集是保持 $Cl_t^{\geqslant}$ 下 (上) 近似的条件子集. 相对 $Cl_t^{\leqslant}$ 的下 (上) 一致集是保持 $Cl_t^{\leqslant}$ 下 (上) 近似的条件子集.

在现实生活中, 决策者经常考虑某个特定的而不是所有的决策类. 例如, 在风险分析问题中, 一些投资人可能只对可接受公司感兴趣, 而不关心不可接受或不确定公司. 因此, 在我们的定义中每类约简都是针对某类具体的累积模糊集定义的.

在粗糙集理论中, 经常用下近似作为指标评价属性集. 例如, 近似质量定义为下近似并集的势与论域的势之比 (可以验证如果将下近似换成上近似, 则任何非空属性集比值都等于 1), 然而在粗糙模糊集理论中, 据笔者所知, 尚未开展哪种近似 (上近似还是下近似) 在分类方面优于另一种近似这方面的研究. 因此, 在定义不同类型约简时两种近似都有用到, 见参考文献 [85,92,103,245]. 事实上, 对象属于决策类的上、下近似分别反映了对象可以划分为此决策类的最大值和最小值. 因此, 选择哪种类型的约简, 下约简或上约简, 依赖于决策者采用的策略, 悲观的还是乐观的, 这点与经典粗糙集理论不同. 从计算角度看, 最为重要的是如果知道对应单独条件的约简结果, 我们可以得到满足定义中条件的任何组合的约简, 因此按照定义 9.2.1 所定义的约简更为灵活. 具体生成方法在 9.2.1 小节末尾介绍.

辨识矩阵方法和约简生成技术是信息系统属性约简的两种常用方法. 为了让本章内容更系统、更完备, 这两种方法在以下两小节分别介绍.

9.2.1 辨识矩阵方法

辨识矩阵方法[167] 是计算信息系统所有约简的常用方法. 下面将这种方法推

广到序模糊决策系统的情形. 首先给出此方法的核心——属性约简判定定理.

定理 9.2.1 (第一属性约简判定定理) 设 $S=\langle U,C\cup\{d\}\rangle$ 为序模糊决策系统且 $A\subseteq C$.

(1) A 为相对 $Cl_t^{\geqslant}$ 的下一致集当且仅当 (对任意 $x,y\in U$, 若 $\underline{C}(Cl_t^{\geqslant})(x)<\underline{C}(Cl_t^{\geqslant})(y)$, 则 $x\notin D_A^+(y)$).

(2) A 为相对 $Cl_t^{\geqslant}$ 的上一致集当且仅当 (对任意 $x,y\in U$, 若 $\overline{C}(Cl_t^{\geqslant})(y)>\overline{C}(Cl_t^{\geqslant})(x)$, 则 $y\notin D_A^-(x)$).

(3) A 为相对 $Cl_t^{\leqslant}$ 的下一致集当且仅当 (对任意 $x,y\in U$, 若 $\underline{C}(Cl_t^{\leqslant})(y)<\underline{C}(Cl_t^{\leqslant})(x)$, 则 $y\notin D_A^-(x)$).

(4) A 为相对 $Cl_t^{\leqslant}$ 的上一致集当且仅当 (对任意 $x,y\in U$, 若 $\overline{C}(Cl_t^{\leqslant})(x)>\overline{C}(Cl_t^{\leqslant})(y)$, 则 $x\notin D_A^+(y)$).

证明 我们只给出 (1) 的证明, 其他类似可证.

"$\Rightarrow$"(反证法) 若存在 $x\in D_A^+(y)$ 使得 $\underline{C}(Cl_t^{\geqslant})(x)<\underline{C}(Cl_t^{\geqslant})(y)$. 如果 A 为相对 $Cl_t^{\geqslant}$ 的下一致集, 有 $\underline{A}(Cl_t^{\geqslant})(x)<\underline{A}(Cl_t^{\geqslant})(y)$. 因为 $x\in D_A^+(y)$, 由定理 9.1.1(3) 可得 $\underline{A}(Cl_t^{\geqslant})(x)\geqslant\underline{A}(Cl_t^{\geqslant})(y)$, 得出矛盾.

"$\Leftarrow$" 若 A 不为相对 $Cl_t^{\geqslant}$ 的下一致集, 则存在 $y_0\in U$ 使得 $\underline{A}(Cl_t^{\geqslant})(y_0)\neq\underline{C}(Cl_t^{\geqslant})(y_0)$. 因此 $\underline{A}(Cl_t^{\geqslant})(y_0)<\underline{C}(Cl_t^{\geqslant})(y_0)$. 由 $\underline{A}(Cl_t^{\geqslant})(y_0)$ 的定义, 存在 $x_0\in D_A^+(y_0)$ 使得 $Cl_t^{\geqslant}(x_0)=\underline{A}(Cl_t^{\geqslant})(y_0)$. 紧接着, 有 $\underline{C}(Cl_t^{\geqslant})(x_0)\leqslant Cl_t^{\geqslant}(x_0)<\underline{C}(Cl_t^{\geqslant})(y_0)$. 由假设有 $x_0\notin D_A^+(y_0)$, 产生矛盾. □

定理 9.2.2 (第二属性约简判定定理) 设 $S=\langle U,C\cup\{d\}\rangle$ 为序模糊决策系统且 $A\subseteq C$.

(1) A 为相对 $Cl_t^{\geqslant}$ 的下一致集当且仅当 (对任意 $x,y\in U$, 若 $Cl_t^{\geqslant}(x)<\underline{C}(Cl_t^{\geqslant})(y)$, 则 $x\notin D_A^+(y)$).

(2) A 为相对 $Cl_t^{\geqslant}$ 的上一致集当且仅当 (对任意 $x,y\in U$, 若 $Cl_t^{\geqslant}(y)>\overline{C}(Cl_t^{\geqslant})(x)$, 则 $y\notin D_A^-(x)$).

(3) A 为相对 $Cl_t^{\leqslant}$ 的下一致集当且仅当 (对任意 $x,y\in U$, 若 $Cl_t^{\leqslant}(y)<\underline{C}(Cl_t^{\leqslant})(x)$, 则 $y\notin D_A^-(x)$).

(4) A 为相对 $Cl_t^{\leqslant}$ 的上一致集当且仅当 (对任意 $x,y\in U$, 若 $Cl_t^{\leqslant}(x)>\overline{C}(Cl_t^{\leqslant})(y)$, 则 $x\notin D_A^+(y)$).

证明 (1) "$\Rightarrow$"(反证法) 如果存在 $x\in D_A^+(y)$ 使得 $Cl_t^{\geqslant}(x)<\underline{C}(Cl_t^{\geqslant})(y)$. 若 A 为相对 $Cl_t^{\geqslant}$ 的下一致集, 则 $Cl_t^{\geqslant}(x)<\underline{A}(Cl_t^{\geqslant})(y)$. 因为 $x\in D_A^+(y)$, 由定理 9.1.1(1) 和 (3), 可得 $Cl_t^{\geqslant}(x)\geqslant\underline{A}(Cl_t^{\geqslant})(x)\geqslant\underline{A}(Cl_t^{\geqslant})(y)$, 这与刚才的结论相左.

"$\Leftarrow$" 由假设, 那么对任意 $y\in U$, 若 $x\in D_A^+(y)$, 则 $Cl_t^{\geqslant}(x)\geqslant\underline{C}(Cl_t^{\geqslant})(y)$. 由定义 9.1.1, $\underline{A}(Cl_t^{\geqslant})(y)=\min\{Cl_t^{\geqslant}(x):x\in D_A^+(y)\}\geqslant\underline{C}(Cl_t^{\geqslant})(y)$. 另一方面, 由定理 9.1.1(2), 有 $\underline{A}(Cl_t^{\geqslant})(y)\leqslant\underline{C}(Cl_t^{\geqslant})(y)$, 则 $\underline{A}(Cl_t^{\geqslant})(y)=\underline{C}(Cl_t^{\geqslant})(y)$, 因此 A 为相对

$Cl_t^{\geqslant}$ 的下一致集.

其他类似可证, 在此略去证明. □

注 9.2.1 由定理 9.1.1(1), 对任意 $x, y \in U$, 若 $Cl_t^{\geqslant}(x) < \underline{C}(Cl_t^{\geqslant})(y)$, 则 $\underline{C}(Cl_t^{\geqslant})(x) < \underline{C}(Cl_t^{\geqslant})(y)$, 但是反过来不一定成立. 比较这两个判定定理, 后者的条件更弱, 因此, 接下来只用后者构造辨识矩阵.

定义 9.2.2 设 $S = \langle U, C \cup \{d\} \rangle$ 为序模糊决策系统, 记

$$\underline{m}_t^{\geqslant}(x,y) = \begin{cases} \{a \in C : x \notin D_a^+(y)\}, & Cl_t^{\geqslant}(x) < \underline{C}(Cl_t^{\geqslant})(y), \\ C, & \text{其他}; \end{cases} \tag{9.9}$$

$$\overline{m}_t^{\geqslant}(x,y) = \begin{cases} \{a \in C : y \notin D_a^-(x)\}, & Cl_t^{\geqslant}(y) > \overline{C}(Cl_t^{\geqslant})(x), \\ C, & \text{其他}; \end{cases} \tag{9.10}$$

$$\underline{m}_t^{\leqslant}(x,y) = \begin{cases} \{a \in C : y \notin D_a^-(x)\}, & Cl_t^{\leqslant}(y) < \underline{C}(Cl_t^{\leqslant})(x), \\ C, & \text{其他}; \end{cases} \tag{9.11}$$

$$\overline{m}_t^{\leqslant}(x,y) = \begin{cases} \{a \in C : x \notin D_a^+(y)\}, & Cl_t^{\leqslant}(x) > \overline{C}(Cl_t^{\leqslant})(y), \\ C, & \text{其他}. \end{cases} \tag{9.12}$$

$\underline{m}_t^{\geqslant}(x,y)$ ($\overline{m}_t^{\geqslant}(x,y)$) 称为对象 x 和 y 之间相对 $Cl_t^{\geqslant}$ 的下 (上) 辨识属性集. $\underline{m}_t^{\leqslant}(x,y)$ ($\overline{m}_t^{\leqslant}(x,y)$) 称为对象 x 和 y 之间相对 $Cl_t^{\leqslant}$ 的下 (上) 辨识属性集.

进一步, $\underline{\boldsymbol{M}}_t^{\geqslant} = \{\underline{m}_t^{\geqslant}(x,y) : x, y \in U\}$ ($\overline{\boldsymbol{M}}_t^{\geqslant} = \{\overline{m}_t^{\geqslant}(x,y) : x, y \in U\}$) 称为相对 $Cl_t^{\geqslant}$ 的下 (上) 辨识矩阵. $\underline{\boldsymbol{M}}_t^{\leqslant} = \{\underline{m}_t^{\leqslant}(x,y) : x, y \in U\}$ ($\overline{\boldsymbol{M}}_t^{\leqslant} = \{\overline{m}_t^{\leqslant}(x,y) : x, y \in U\}$) 称为相对 $Cl_t^{\leqslant}$ 的下 (上) 辨识矩阵.

由辨识矩阵的构造, 可以发现这四类约简之间没有包含关系. 换句话说, 在约简的定义中各个条件之间并无强弱关系.

这样定义的辨识矩阵有下面的特征.

定理 9.2.3 设 $S = \langle U, C \cup \{d\} \rangle$ 为序模糊决策系统且 $A \subseteq C$, 则下面的叙述成立:

(1) A 为相对 $Cl_t^{\geqslant}$ 的下 (上) 一致集当且仅当 $A \cap \underline{m}_t^{\geqslant}(x,y) \neq \varnothing$ ($A \cap \overline{m}_t^{\geqslant}(x,y) \neq \varnothing$) 对任意 $x, y \in U$ 成立.

(2) A 为相对 $Cl_t^{\leqslant}$ 的下 (上) 一致集当且仅当 $A \cap \underline{m}_t^{\leqslant}(x,y) \neq \varnothing$ ($A \cap \overline{m}_t^{\leqslant}(x,y) \neq \varnothing$) 对任意 $x, y \in U$ 成立.

证明 两者证明类似, 所以我们只证明 (1).

对任意 $x, y \in U$, 若 $Cl_t^{\geqslant}(x) < \underline{C}(Cl_t^{\geqslant})(y)$, 由假设, 可得 $A \cap \underline{m}_t^{\geqslant}(x,y) \neq \varnothing$, 则存在 $a \in A$ 使得 $a \in \underline{m}_t^{\geqslant}(x,y)$, 即 $x \notin D_a^+(y)$. 进一步, 有 $x \notin D_A^+(y)$ 成立. 由定理 9.2.2(1), 所以 A 为相对 $Cl_t^{\geqslant}$ 的下一致集.

反之, 证明分为两种情形.

(1) 对于 $x, y \in U$, 若 $Cl_t^{\geqslant}(x) < \underline{C}(Cl_t^{\geqslant})(y)$, 由定理 9.2.2(1), 有 $x \notin D_A^+(y)$. 因此, 存在 $a \in A$ 使得 $x \notin D_a^+(y)$. 由 $\underline{m_t^{\geqslant}}(x,y)$ 的定义, 有 $a \in \underline{m_t^{\geqslant}}(x,y)$. 因此 $A \cap \underline{m_t^{\geqslant}}(x,y) \neq \varnothing$.

(2) 对于其他情形, 有 $\underline{m_t^{\geqslant}}(x,y) = C$ 成立. 因此 $A \cap \underline{m_t^{\geqslant}}(x,y) \neq \varnothing$. □

利用辨识矩阵, 立即可得它们对应的辨识函数. 接下来用 $*$ 代表 $\leqslant$ 或 $\geqslant$.

定义 9.2.3 设 $S = \langle U, C \cup \{d\} \rangle$ 为序模糊决策系统且 $A \subseteq C$, $\underline{\boldsymbol{M}_t^*}$ 和 $\overline{\boldsymbol{M}_t^*}$ 分别为相对 Cl_t^* 的下辨识矩阵和上辨识矩阵. 记

$$\underline{F_t^*} = \bigwedge_{x,y \in U} \vee \{a : a \in \underline{m_t^*}(x,y)\} \tag{9.13}$$

和

$$\overline{F_t^*} = \bigwedge_{x,y \in U} \vee \{a : a \in \overline{m_t^*}(x,y)\}, \tag{9.14}$$

其中 $\vee$ 和 $\wedge$ 分别代表逻辑算子析取和合取. 例如, 表达式 $\vee\{a : a \in \underline{m_t^*}(x,y)\} \triangleq \vee \underline{m_t^*}(x,y)$ 是 $\underline{m_t^*}(x,y)$ 中所有元素的析取. 表达式 $\wedge \vee \underline{m_t^*}(x,y)$ 是所有 $\vee \underline{m_t^*}(x,y)$ 的合取. $\underline{F_t^*}$ 和 $\overline{F_t^*}$ 分别为相对 Cl_t^* 的下辨识函数和上辨识函数.

已经证明寻找信息系统的约简问题可以通过将单调 Boolean 函数 (为合取范式) 转化为极小析取范式来解决[167]. 对于序模糊决策系统, 此过程可以由如下定理描述.

定理 9.2.4 设 $S = \langle U, C \cup \{d\} \rangle$ 为序模糊决策系统且 $A \subseteq C$, $\underline{F_t^*}$ 和 $\overline{F_t^*}$ 分别为相对 Cl_t^* 的下辨识函数和上辨识函数. 假设 $\underline{F_t^*}$ 和 $\overline{F_t^*}$ 的极小析取范式可以表示为

$$\underline{F_t^*} = \bigvee_{k=1}^{p} \left(\bigwedge_{s=1}^{q_k} a_{i_{k,s}} \right) \tag{9.15}$$

和

$$\overline{F_t^*} = \bigvee_{k=1}^{r} \left(\bigwedge_{s=1}^{q_k} a_{j_{k,s}} \right). \tag{9.16}$$

记 $\underline{A_{t_k}^*} = \{a_{i_{k,s}} : s = 1, 2, \cdots, q_k\}$, $\overline{A_{t_k}^*} = \{a_{j_{k,s}} : s = 1, 2, \cdots, q_k\}$, $\underline{F_t^*}$ 和 $\overline{F_t^*}$ 可以简化为

$$\underline{F_t^*} = \bigvee_{k=1}^{p} \left(\wedge \underline{A_{t_k}^*} \right) \quad 和 \quad \overline{F_t^*} = \bigvee_{k=1}^{r} \left(\wedge \overline{A_{t_k}^*} \right). \tag{9.17}$$

则 $\{\underline{A_{t_k}^*} : k = 1, 2, \cdots, p\}$ 为相对 Cl_t^* 的所有下约简的集合, $\{\overline{A_{t_k}^*} : k = 1, 2, \cdots, r\}$ 为相对 Cl_t^* 的所有上约简的集合.

证明 可以直接由定理 9.2.3 和极小析取范式的定义证明. □

根据上述分析, 求解序模糊决策系统的所有约简方法, 例如相对 $Cl_t^{\geqslant}$ 的所有下约简, 由算法 9.1 描述, 其中步骤 16 可通过应用分配率和吸收律 (如果需要) 完成.

算法 9.1 计算序模糊决策系统相对 $Cl_t^{\geqslant}$ 的所有下约简的辨识矩阵方法

输入: 序模糊决策系统 $S=\langle U, C\cup\{d\}, V, f\rangle$.

输出: 系统 S 相对 $Cl_t^{\geqslant}$ 的所有下约简.

1: **for** each $x, y\in U$ **do**
2: $\underline{m_t^{\geqslant}}(x,y)\leftarrow\varnothing$; // 初始化辨识矩阵 $\underline{\boldsymbol{M}_t^{\geqslant}}$
3: **for** each $a\in C$ **do**
4: **if** $Cl_t^{\geqslant}(x)<\underline{C}(Cl_t^{\geqslant})(y)$ and $f(x,a)<f(y,a)$ **then**
5: $\underline{m_t^{\geqslant}}(x,y)\leftarrow\underline{m_t^{\geqslant}}(x,y)\cup\{a\}$; // 将 a 加入 $\underline{m_t^{\geqslant}}(x,y)$
6: **end if**
7: **end for**
8: **end for**
9: $F_{\wedge(\vee)}\leftarrow 1$; // 初始化辨识函数 $\underline{F_t^{\geqslant}}$
10: **for** each $x, y\in U$ **do**
11: **if** $\underline{m_t^{\geqslant}}(x,y)\neq\varnothing$ **then**
12: $F_{x,y}\leftarrow\vee\{a: a\in\underline{m_t^{\geqslant}}(x,y)\}$; // $\underline{m_t^{\geqslant}}(x,y)$ 的析取形式
13: **end if**
14: $F_{\wedge(\vee)}\leftarrow F_{\wedge(\vee)}\wedge F_{x,y}$; // $\underline{F_t^{\geqslant}}$ 的合取形式
15: **end for**
16: $F_{\vee(\wedge)}\leftarrow F_{\wedge(\vee)}$; // 应用分配率和吸收律将 $\underline{F_t^{\geqslant}}$ 转化为极小析取范式 $F_{\vee(\wedge)}$
17: **输出 RED** $\leftarrow\{\text{Red}:\text{Red}\in F_{\vee(\wedge)}\}$; // **RED** 为相对 $Cl_t^{\geqslant}$ 的所有下约简构成的集合

已经证明计算辨识函数的极小析取范式 (算法 9.1 的步骤 16) 是 NP-难问题[167]. 用辨识矩阵求解约简非常耗时尤其是数据集拥有成千上万个属性时. 为了降低计算量, 经常用吸收律先化简辨识矩阵. 注意到算法 9.1 是利用辨识函数来求解约简, 从另一个角度, Susmaga 等[175] 提出利用广度优先搜索策略求与简化辨识矩阵非空元素有非空交集的极小集, 关于这种生成所有约简的具体方法, 详情请看 3.1 节.

下面的例子来说明此方法的运行机理.

例 9.2.1(续例 9.1.1) 通过计算辨识函数的极小析取范式求解表 9.1 所示的序模糊决策系统所有类型的约简.

表 9.3 为此系统相对 $Cl_2^{\geqslant}$ 的下辨识矩阵, 包含 U^2 中任意元素 (x,y) 对应的 $\underline{m_2^{\geqslant}}(x,y)$.

应用吸收律, 辨识矩阵 $\underline{\boldsymbol{M}}_2^{\geqslant}$ 中的一些元素可以删除. 化简之后, 辨识矩阵只留下 $\{a_1\}$, $\{a_2\}$ 和 $\{a_3,a_5\}$. 因此,

$$\underline{F}_2^{\geqslant}=a_1\wedge a_2\wedge(a_3\vee a_5)=(a_1\wedge a_2\wedge a_3)\vee(a_1\wedge a_2\wedge a_5).$$

因此此系统有两个相对 $Cl_2^{\geqslant}$ 的下约简: $\{a_1,a_2,a_3\}$ 和 $\{a_1,a_2,a_5\}$. 类似地, 我们可以得到各种类型的所有约简, 结果列在表 9.4 中.

表 9.3 系统相对 $Cl_2^{\geqslant}$ 的下辨识矩阵

U	x_1	x_2	x_3	x_4	x_5	x_6	x_7	x_8
x_1	C	a_1,a_4	C	C	a_1,a_4,a_5	a_3,a_5	a_1,a_4,a_5	a_3,a_4,a_5
x_2	C	C	C	C	a_2,a_3,a_4,a_5	a_2,a_3,a_5	a_2,a_3,a_4,a_5	C
x_3	C	a_1	C	C	a_1,a_3,a_4,a_5	a_1,a_3,a_5	C	a_1,a_3,a_5
x_4	a_1,a_3	a_1	C	C	a_1,a_3	a_1,a_3,a_5	a_1,a_3,a_5	a_1,a_3,a_5
x_5	C	C	C	C	C	C	a_2,a_5	C
x_6	C	C	C	C	C	C	a_1,a_2,a_4	C
x_7	C	C	C	C	C	C	C	C
x_8	C	C	C	C	a_1,a_2,a_4	a_2	a_1,a_2,a_4	C

表 9.4 系统各种类型的所有约简

$\mathcal{F}(U)$	约简类型	$t=1$	$t=2$
$Cl_t^{\geqslant}$	下约简	$\{a_1,a_2,a_3\}$, $\{a_1,a_2,a_5\}$	$\{a_1,a_2,a_3\}$, $\{a_1,a_2,a_5\}$
	上约简	$\{a_2,a_3,a_4\}$, $\{a_2,a_4,a_5\}$	$\{a_1,a_2,a_3\}$, $\{a_1,a_2,a_5\}$
$Cl_t^{\leqslant}$	下约简	$\{a_1,a_2,a_3,a_4\}$, $\{a_1,a_5\}$	$\{a_1,a_2,a_4\}$
	上约简	$\{a_1,a_2,a_3,a_4\}$, $\{a_1,a_5\}$	$\{a_3,a_4\}$

接下来介绍根据已有结果生成其他类型约简的方法. 若我们想要得到满足条件 1 和条件 2 的约简, 两种条件分别对应辨识函数 F_1 和 F_2, 则这种类型的约简由 $F_1\wedge F_2$ 确定. 用这种方式我们可以得到任何类型的约简. 例如, 我们要得到同时保持 $Cl_1^{\geqslant}$ 的上、下近似的所有约简, 由于 $\{a_1,a_2,a_3\}$, $\{a_1,a_2,a_5\}$ 为保持 $Cl_1^{\geqslant}$ 的下近似的约简, $\{a_2,a_3,a_4\}$, $\{a_2,a_4,a_5\}$ 为保持 $Cl_1^{\geqslant}$ 的上近似的约简. 则由

$$\begin{aligned}&\big((a_1\wedge a_2\wedge a_3)\vee(a_1\wedge a_2\wedge a_5)\big)\wedge\big((a_2\wedge a_3\wedge a_4)\vee(a_2\wedge a_4\wedge a_5)\big)\\=&(a_1\wedge a_2\wedge a_3\wedge a_4)\vee(a_1\wedge a_2\wedge a_4\wedge a_5)\end{aligned}$$

可得 $\{a_1,a_2,a_3,a_4\}$ 和 $\{a_1,a_2,a_4,a_5\}$ 是同时保持 $Cl_1^{\geqslant}$ 的上、下近似的所有约简. 为了得到同时保持 $Cl_1^{\leqslant}$ 和 $Cl_2^{\leqslant}$ 的上近似的全部约简, 利用 $\{a_1,a_2,a_3,a_4\}$, $\{a_1,a_5\}$ 为保持 $Cl_1^{\leqslant}$ 的上近似的约简, $\{a_3,a_4\}$ 为保持 $Cl_2^{\leqslant}$ 的上近似的约简. 因为

$$\big((a_1\wedge a_2\wedge a_3\wedge a_4)\vee(a_1\wedge a_5)\big)\wedge(a_3\wedge a_4)=(a_1\wedge a_2\wedge a_3\wedge a_4)\vee(a_1\wedge a_3\wedge a_4\wedge a_5),$$

可得 $\{a_1, a_2, a_3, a_4\}$ 和 $\{a_1, a_3, a_4, a_5\}$ 是同时保持 $Cl_1^{\leqslant}$ 和 $Cl_2^{\leqslant}$ 的上近似的全部约简. 另外, 需要指出, 因为 C 本身为任意类型的一致集, 所以对应任意条件的非空约简总是存在的.

9.2.2 约简生成技术

约简构造技术是另一个经常用到的属性约简方法. 在约简构造过程中, 属性的选择由其提供的启发信息决定. 本节提出序模糊决策系统的启发式属性约简算法.

为了刻画本节开头引入的约简, 分别记 $\underline{S}_t^*(A) = \sum\limits_{x\in U} \underline{A}(Cl_t^*)(x)/|U|$ 和 $\overline{S}_t^*(A) = \sum\limits_{x\in U} \overline{A}(Cl_t^*)(x)/|U|$ 为关于 A 相对 Cl_t^* 的相对下和 (relative lower sum) 和相对上和 (relative upper sum). 事实上, 它们根据经典粗糙集理论中近似质量的定义形式启发所得. 而在优势粗糙集理论中, 关于 A 的近似质量为

$$\gamma_A(\mathbf{Cl}) = \frac{\left|\bigcup_{t=1}^{n} \left(\underline{A}(Cl_t^{\geqslant}) \cap \underline{A}(Cl_t^{\leqslant})\right)\right|}{|U|}.$$

由近似关于准则集的单调性, 如果 $B \subseteq A \subseteq C$, 有 $\underline{S}_t^*(B) \leqslant \underline{S}_t^*(A)$ 和 $\overline{S}_t^*(B) \geqslant \overline{S}_t^*(A)$. 进一步, 我们有下面的定理.

定理 9.2.5 设 $S = \langle U, C \cup \{d\}\rangle$ 为序模糊决策系统且 $A \subseteq C$.

(1) A 为相对 $Cl_t^{\geqslant}$ 的下一致集当且仅当 $\underline{S}_t^*(A) = \underline{S}_t^*(C)$;

(2) A 为相对 $Cl_t^{\geqslant}$ 的上一致集当且仅当 $\overline{S}_t^*(A) = \overline{S}_t^*(C)$.

定理 9.2.6 设 $S = \langle U, C \cup \{d\}\rangle$ 为序模糊决策系统且 $A \subseteq C$.

(1) A 为相对 Cl_t^* 的下约简当且仅当 $\underline{S}_t^*(A) = \underline{S}_t^*(C)$, 且对任意非空子集 $B \subsetneq A$, $\underline{S}_t^*(B) < \underline{S}_t^*(C)$.

(2) A 为相对 Cl_t^* 的上约简当且仅当 $\overline{S}_t^*(A) = \overline{S}_t^*(C)$, 且对任意非空子集 $B \subsetneq A$, $\overline{S}_t^*(B) > \overline{S}_t^*(C)$.

Chouchoulas 和 Shen[21] 提出了用向前爬山搜索策略寻找一个约简的快速约简算法. 利用类似的思想, 我们可以设计一个计算相对 Cl_t^* 下约简的快速约简算法. 通过一些修改, 会产生之后介绍的另一种方法. 两种方法的不同在于开始阶段, 即, 是否先计算下核 (所有下约简的交集). 我们引入参数 λ 表示在约简生成过程是否计算下核. 这两个过程合并为一个框架正如算法 9.2 所示. 在 while 循环中, 每个准则的选取由 $\underline{S}_t^*(A \cup \{a\}) - \underline{S}_t^*(A)$ 决定, 相对 Cl_t^* 准则 a 对 A 的下重要度, 记为 $\mathrm{sig}_l(a, A, Cl_t^*)$. 它反映了相对 Cl_t^* 关于 A 由于加入 a 相对上和的增长. 类似地, 我们可以引入 $\mathrm{sig}_u(a, A, Cl_t^*)$, 相对 Cl_t^* 准则 a 对 A 的上重要度. 至于寻找相对 Cl_t^* 上约简的情形, 过程类似, 我们在此省略上约简的生成过程.

如果取 $\lambda = 0$, 算法 9.2 描述的过程为快速约简算法. 它工作程序如下: 准约简 A 从空集开始每轮加入一个达到 $\max \mathrm{sig}_l(a, A, Cl_t^*)$ 的元素 a (当然不属于 A). 这

算法 9.2 寻找序模糊决策系统一个相对 Cl_t^* 的下约简基本框架

输入: 序模糊决策系统 $S=\langle U,C\cup\{d\},V,f\rangle$, λ.
输出: 系统 S 一个相对 Cl_t^* 的下约简.
1: 置 $A\leftarrow\varnothing$;
2: **if** $\lambda=1$ **then**
3: 将 a 加入 A 若 $\mathrm{sig}_l(a,C-\{a\},Cl_t^*)\neq 0$;
4: **end if**
5: **while** $\underline{S}_t^*(A)\neq\underline{S}_t^*(C)$ **do**
6: 将 a 加入 A, 其中 a 满足 $a=\arg\max\limits_{a\notin A}\mathrm{sig}_l(a,A,Cl_t^*)$;
7: **end while**
8: **for** each $a\in A$ **do**
9: 从 A 中删除 a 若 $\mathrm{sig}_l(a,A-\{a\},Cl_t^*)=0$;
10: **end for**
11: **输出**A;

个过程持续直到满足停机条件 $\underline{S}_t^*(A)=\underline{S}_t^*(C)$. 之后, 通过检验 A 中元素的冗余性删除冗余准则. 相对下和的单调性保障快速约简算法的有效性.

计算 Cl_t^* 需要不超过 $n|U|$ 的计算量. 计算 Cl_t^* 关于 A 的近似的时间复杂度为 $O(|A||U|^2)$. 因为在第 i 轮循环有 $|C|-i+1$ 个候选, 每个候选需要计算量 $i|U|^2$, 在最坏的情况下, 算法 9.2 的计算量为 $\sum\limits_{i=1}^{|C|}i(|C|-i+1)|U|^2$. 综上, 算法 9.2 的复杂度为 $O(|C|^3|U|^2)$.

与辨识矩阵算法不同, 由算法 9.2, 我们不能得到所有约简而只能得到一个约简. 另外, 算法 9.2 的 while 循环实际上为贪婪选择的思想.

注意到在算法 9.2 的步骤 6 可能不止一个准则达到最大值. 如果是这种情况, 我们可以从中随机选取一个. 这就意味着快速约简算法产生的结果严重依赖于数据集中准则的位置, 特别是当很多准则同时达到最优值的情形. 另一方面, 快速约简算法并没有考虑约简的结构, 核元素是条件准则中不可缺少的, 所以我们可以先将核元素选入候选约简. 这样一来, 从某种程度上, 可以减小准则位置对所得结果的影响. 下面的定理揭示了核元素的特征.

定理 9.2.7 设 $S=\langle U,C\cup\{d\}\rangle$ 为序模糊决策系统且 $a\in C$,
(1) 若 $\underline{S}_t^*(C)>\underline{S}_t^*(C-\{a\})$, 则 a 为相对 Cl_t^* 的下核;
(2) 若 $\overline{S}_t^*(C)<\overline{S}_t^*(C-\{a\})$, 则 a 为相对 Cl_t^* 的上核.

证明 (1) 假设存在相对 Cl_t^* 下约简 A 使得 $a\notin A$, 即, $A\subseteq C-\{a\}$, $\underline{S}_t^*(A)\leqslant\underline{S}_t^*(C-\{a\})$, 则根据条件 $\underline{S}_t^*(C)>\underline{S}_t^*(C-\{a\})$ 有 $\underline{S}_t^*(A)<\underline{S}_t^*(C)$, 这与 A 为相对

Cl_t^* 下约简矛盾.

(2) 的证明类似 (1). □

如果取 $\lambda = 1$, 算法 9.2 描述了利用核元素寻找一个下约简的过程. 由步骤 2—步骤 4, 通过验证 C 中每个元素的不可缺少性计算所有核元素. 从核开始的增加过程由 while 循环完成, 每次根据准则的下重要度 $\text{sig}_l(a, A, Cl_t^*)$ 选取准则直到满足停机条件. 删除过程由步骤 8—步骤 10 完成, 目的是删除 A 中的冗余准则.

接下来, 用一个数值实例来说明算法 9.2 的执行过程.

例 9.2.2 (续例 9.2.1)　用算法 9.2, 寻找表 9.1 所示的序模糊决策系统的每个类型 (定义 9.2.1) 的一个约简.

我们以用算法 9.2 寻找相对 $Cl_2^{\geqslant}$ 的一个下约简为例. 首先, 取 $\lambda = 0$, $A = \varnothing$. 计算有 $\underline{S_2^{\geqslant}}(a_1) = \mathbf{0.5875}$, $\underline{S_2^{\geqslant}}(a_2) = \underline{S_2^{\geqslant}}(a_4) = 0.4000$, $\underline{S_2^{\geqslant}}(a_3) = 0.5375$, $\underline{S_2^{\geqslant}}(a_5) = 0.5500$, 我们取 $A = \{a_1\}$, 此时 $\underline{S_2^{\geqslant}}(A) = 0.5875$.

由 $\underline{S_2^{\geqslant}}(\{a_1, a_2\}) = 0.6250$, $\underline{S_2^{\geqslant}}(\{a_1, a_3\}) = 0.6875$, $\underline{S_2^{\geqslant}}(\{a_1, a_4\}) = 0.6500$, $\underline{S_2^{\geqslant}}(\{a_1, a_5\}) = \mathbf{0.7000}$, 我们取 $A = \{a_1, a_5\}$, 此时 $\underline{S_2^{\geqslant}}(A) = 0.7000$.

由 $\underline{S_2^{\geqslant}}(\{a_1, a_2, a_5\}) = \mathbf{0.7125}$, $\underline{S_2^{\geqslant}}(\{a_1, a_3, a_5\}) = \underline{S_2^{\geqslant}}(\{a_1, a_4, a_5\}) = 0.7000$, 我们取 $A = \{a_1, a_2, a_5\}$, 此时 $\underline{S_2^{\geqslant}}(A) = 0.7125 = \underline{S_2^{\geqslant}}(C)$. 这样我们得到 A 为相对 $Cl_2^{\geqslant}$ 一个下约简.

现在我们取 $\lambda = 1$. 首先, 通过计算有 $\underline{S_2^{\geqslant}}(C - \{a_1\}) = 0.6625 < \underline{S_2^{\geqslant}}(C)$, $\underline{S_2^{\geqslant}}(C - \{a_2\}) = 0.7000 < \underline{S_2^{\geqslant}}(C)$, $\underline{S_2^{\geqslant}}(C - \{a_3\}) = \underline{S_2^{\geqslant}}(C - \{a_4\}) = \underline{S_2^{\geqslant}}(C - \{a_5\}) = \underline{S_2^{\geqslant}}(C)$, 我们取 $\text{core} = \{a_1, a_2\}$, $A = \text{core}$. 此时 $\underline{S_2^{\geqslant}}(A) = 0.6250$.

所有不在 A 中元素的相对 A 的下重要度为 $\text{sig}_l(a_3, A, Cl_2^{\geqslant}) = \text{sig}_l(a_5, A, Cl_2^{\geqslant}) = \mathbf{0.0875}$, $\text{sig}_l(a_4, A, Cl_2^{\geqslant}) = 0.0375$. 我们取 $A = \{a_1, a_2, a_3\}$, 此时 $\underline{S_2^{\geqslant}}(A) = 0.7125 = \underline{S_2^{\geqslant}}(C)$. 这样我们得到 A 为相对 $Cl_2^{\geqslant}$ 一个下约简.

对于其他类型的约简, 结果如表 9.5 所示. 当取 $\lambda = 1$ 时, 为了区分约简中的核元素和可替代元, 核元素用下划线加以强调. 另外, 我们在括号中展示了在寻找约简的过程中相对上、下和的变化.

表 9.5　系统各种类型的一个约简

$\mathcal{F}(U)$	约简类型	取 $\lambda = 0$	取 $\lambda = 1$
$Cl_1^{\geqslant}$	下约简	$\{a_1, a_5, a_2\}$ (0.7125, 0.7750, 0.7875)	$\{\underline{a_1}, \underline{a_2}, a_3\}$ (0.7500, 0.7875)
	上约简	$\{a_2, a_4, a_3\}$ (0.9500, 0.9250, 0.9000)	$\{\underline{a_2}, \underline{a_4}, a_3\}$ (0.9250, 0.9000)
$Cl_1^{\leqslant}$	下约简	$\{a_1, a_5\}$ (0.2625, 0.3875)	$\{\underline{a_1}, a_5\}$ (0.2625, 0.3875)
	上约简	$\{a_1, a_5\}$ (0.5875, 0.4125)	$\{\underline{a_1}, a_5\}$ (0.5875, 0.4125)
$Cl_2^{\geqslant}$	下约简	$\{a_1, a_5, a_2\}$ (0.5875, 0.7000, 0.7125)	$\{\underline{a_1}, \underline{a_2}, a_3\}$ (0.6250, 0.7125)
	上约简	$\{a_1, a_5, a_2\}$ (0.8375, 0.7500, 0.7375)	$\{\underline{a_1}, \underline{a_2}, a_3\}$ (0.7875, 0.7375)
$Cl_2^{\leqslant}$	下约简	$\{a_2, a_4, a_1\}$ (0.7250, 0.7500, 0.7750)	$\{\underline{a_1}, \underline{a_2}, \underline{a_4}\}$ (0.7750)
	上约简	$\{a_3, a_4\}$ (0.9750, 0.9625)	$\{\underline{a_3}, \underline{a_4}\}$ (0.9625)

9.3 序模糊决策系统的规则提取

规则提取是经典粗糙集及其推广理论的一个重要应用. 本节提出优势粗糙模糊集理论框架中的规则提取方法.

决策规则是从上、下优势粗糙模糊集中得到的, 其语法结构如下: $A=\{a_1, a_2,\cdots,a_m\}$, $f(y,A)=(\nu_{a_1},\nu_{a_2},\cdots,\nu_{a_m})\in V_{a_1}\times V_{a_2}\times\cdots\times V_{a_m}$,

(1 型) 若 $(f(x,a_1)\geqslant \nu_{a_1})\wedge(f(x,a_2)\geqslant \nu_{a_2})\wedge\cdots\wedge(f(x,a_m)\geqslant \nu_{a_m})$, 则 $x\in Cl_t^{\geqslant}$ 的可信性至少为 $\underline{A}(Cl_t^{\geqslant})(y)$.

(2 型) 若 $(f(x,a_1)\leqslant \nu_{a_1})\wedge(f(x,a_2)\leqslant \nu_{a_2})\wedge\cdots\wedge(f(x,a_m)\leqslant \nu_{a_m})$, 则 $x\in Cl_t^{\geqslant}$ 的可信性至多为 $\overline{A}(Cl_t^{\geqslant})(y)$.

(3 型) 若 $(f(x,a_1)\leqslant \nu_{a_1})\wedge(f(x,a_2)\leqslant \nu_{a_2})\wedge\cdots\wedge(f(x,a_m)\leqslant \nu_{a_m})$, 则 $x\in Cl_t^{\leqslant}$ 的可信性至少为 $\underline{A}(Cl_t^{\leqslant})(y)$.

(4 型) 若 $(f(x,a_1)\geqslant \nu_{a_1})\wedge(f(x,a_2)\geqslant \nu_{a_2})\wedge\cdots\wedge(f(x,a_m)\geqslant \nu_{a_m})$, 则 $x\in Cl_t^{\leqslant}$ 的可信性至多为 $\overline{A}(Cl_t^{\leqslant})(y)$.

正如之后所讨论的, 实际中决策规则中条件部分只有一部分用来决策就足够了.

例如, 在例 9.1.1 中, 由 $\underline{C}(Cl_2^{\geqslant})(x_1)=\overline{C}(Cl_2^{\geqslant})(x_1)=0.5$, 则可以生成下面的决策规则:

r_1: 若 $f(x,a_1)\geqslant 2\wedge f(x,a_2)\geqslant 3\wedge f(x,a_3)\geqslant 2\wedge f(x,a_4)\geqslant 1\wedge f(x,a_5)\geqslant 1$, 则 $x\in Cl_2^{\geqslant}$ 的可信性至少为 0.5.

r_2: 若 $f(x,a_1)\leqslant 2\wedge f(x,a_2)\leqslant 3\wedge f(x,a_3)\leqslant 2\wedge f(x,a_4)\leqslant 1\wedge f(x,a_5)\leqslant 1$, 则 $x\in Cl_2^{\geqslant}$ 的可信性至多为 0.5.

在决策规则中, 如果两条决策规则前件相同, 可以根据后件的语义复合计算. 例如, 现在我们联合 r_1 和 r_3:

r_3: 若 $f(x,a_1)\geqslant 2\wedge f(x,a_2)\geqslant 3\wedge f(x,a_3)\geqslant 2\wedge f(x,a_4)\geqslant 1\wedge f(x,a_5)\geqslant 1$, 则 $x\in Cl_2^{\geqslant}$ 的可信性至少为 0.6.

由规则 r_3 可以推出规则 r_1, 因此在包含规则 r_1 和 r_3 的规则集合中, r_1 是冗余的.

对于规则 r, 我们称 x 被规则 r 覆盖, 若 x 满足规则 r 的前件; 称 x 支持规则 r, 若 x 满足规则 r 的前件和后件; 称 x 为 r 的基 (basis), 若规则 r 由 x 生成的.

为了使决策规则具有广泛性, 需要生成极小规则 (minimal rule). 经常用约简来简化规则. 值得注意的是, 所用约简必须与决策规则的类型相对应. 例如, 在例 9.2.1 中, $\{a_1,a_2,a_5\}$ 是相对 $Cl_2^{\geqslant}$ 下约简, 因此可以用来简化规则 r_1. 这样 r_1 可以简化为

r'_1: 若 $f(x,a_1) \geqslant 2 \wedge f(x,a_2) \geqslant 3 \wedge f(x,a_5) \geqslant 1$, 则 $x \in Cl_2^{\geqslant}$ 的可信性至少为 0.5. // 对象 x_1, x_7 支持此规则.

给定序模糊决策系统 $S = \langle U, C \cup \{d\} \rangle$, 针对对象 $x \in U$, A 称为 x 的相对 Cl_t^* 的下 (上) 约简若 A 是 C 的满足

$$\underline{A}(Cl_t^*)(x) = \underline{C}(Cl_t^*)(x) \quad (\overline{A}(Cl_t^*)(x) = \overline{C}(Cl_t^*)(x)) \tag{9.18}$$

的极小集. 约简可以用来简化对应的一系列决策规则. 而对于某个对象支持的规则, 对应此对象的约简可以用来得到规则的所有极小规则. 实际上, 对于元素的约简可以用相应辨识函数来计算. 更精确地, 记

$$\overline{F}_t^*(x) = \bigwedge_{y \in U} \vee \{a : a \in \overline{m}_t^*(y,x)\}, \tag{9.19}$$

$$\underline{F}_t^*(x) = \bigwedge_{y \in U} \vee \{a : a \in \underline{m}_t^*(y,x)\}. \tag{9.20}$$

$\underline{F}_t^*(x)$ 和 $\overline{F}_t^*(x)$ 分别称为 x 的相对 Cl_t^* 的上辨识函数和下辨识函数. 这两个辨识函数与定义 9.2.3 中的辨识函数类似. 则 x 相对 Cl_t^* 的上、下约简可以由定理 9.2.4 中的方法求解. 例如, 由例 9.2.1, 有

$$\underline{F}_2^{\geqslant}(x_1) = a_1 \vee a_3.$$

因此 $\{a_1\}$ 是 x_1 的相对 $Cl_2^{\geqslant}$ 下约简. 因此, r'_1 可以进一步简化为

r''_1: 若 $f(x,a_1) \geqslant 2$, 则 $x \in Cl_2^{\geqslant}$ 的可信性至少为 0.5. // 由对象 $x_1, x_2, x_5, x_6, x_7, x_8$ 支持.

至于 $\{a_1, a_2, a_5\}$, 用类似产生 r''_1 的方法, 可以得到另外 13 条规则, 其中每条规则的基我们用下划线标出.

r'_2: 若 $f(x,a_1) \geqslant 3$, 则 $x \in Cl_2^{\geqslant}$ 的可信性至少为 0.8. // 由对象 $\underline{x_2}, x_5, x_7$ 支持.

r'_3: 若 $f(x,a_1) \geqslant 1$, 则 $x \in Cl_2^{\geqslant}$ 的可信性至少为 0.4. // 由对象 $x_1, x_2, \underline{x_3}, \underline{x_4}, x_5, x_6, x_7, x_8$ 支持.

r'_4: 若 $f(x,a_2) \geqslant 2$, 则 $x \in Cl_2^{\geqslant}$ 的可信性至少为 0.4. // 由对象 $x_1, \underline{x_3}, x_4, x_5, x_6, x_7$ 支持.

r'_5: 若 $f(x,a_5) \geqslant 1$, 则 $x \in Cl_2^{\geqslant}$ 的可信性至少为 0.4. // 由对象 $x_1, x_2, \underline{x_3}, x_4, x_5, x_6, x_7, x_8$ 支持.

r'_6: 若 $f(x,a_2) \geqslant 3$, 则 $x \in Cl_2^{\geqslant}$ 的可信性至少为 0.4. // 由对象 $x_1, \underline{x_4}, x_7$ 支持.

r'_7: 若 $f(x,a_5) \geqslant 2$, 则 $x \in Cl_2^{\geqslant}$ 的可信性至少为 0.4. // 由对象 $\underline{x_4}, x_5, x_6, x_7, x_8$ 支持.

r'_8: 若 $f(x,a_1) \geqslant 3 \wedge f(x,a_2) \geqslant 2$, 则 $x \in Cl_2^{\geqslant}$ 的可信性至少为 0.9. // 由对象 $\underline{x_5}, x_7$ 支持.

r'_9: 若 $f(x,a_1) \geqslant 3 \wedge f(x,a_5) \geqslant 2$, 则 $x \in Cl_2^{\geqslant}$ 的可信性至少为 0.9. // 由对象 $\underline{x_5}, x_7$ 支持.

r'_{10}: 若 $f(x,a_2) \geqslant 2 \wedge f(x,a_5) \geqslant 3$, 则 $x \in Cl_2^{\geqslant}$ 的可信性至少为 0.9. // 由对象 $\underline{x_6}, x_7$ 支持.

r'_{11}: 若 $f(x,a_1) \geqslant 3 \wedge f(x,a_2) \geqslant 3$, 则 $x \in Cl_2^{\geqslant}$ 的可信性为 1. // 由对象 $\underline{x_7}$ 支持.

r'_{12}: 若 $f(x,a_1) \geqslant 3 \wedge f(x,a_5) \geqslant 3$, 则 $x \in Cl_2^{\geqslant}$ 的可信性为 1. // 由对象 $\underline{x_7}$ 支持.

r'_{13}: 若 $f(x,a_2) \geqslant 3 \wedge f(x,a_5) \geqslant 3$, 则 $x \in Cl_2^{\geqslant}$ 的可信性为 1. // 由对象 $\underline{x_7}$ 支持.

r'_{14}: 若 $f(x,a_5) \geqslant 3$, 则 $x \in Cl_2^{\geqslant}$ 的可信性至少是 0.8. // 由对象 $x_6, x_7, \underline{x_8}$ 支持.

但是, 这样产生的规则并不能直接放入规则集. 规则集中规则的极小性要求不能存在两个后件相同但前件有强弱关系的规则 (例如, 规则 r'_6 可由规则 r'_4 得到, 所以应该删除规则 r'_6).

类似地, 可以获取关于另一个相对 $Cl_2^{\geqslant}$ 下约简或者其他类型约简对应的简化决策规则. 需要指出, 因为提取所有极小规则与定理 9.2.4 基本原理相同, 所以此问题也是 NP-难问题.

另外, 应该考虑决策者的要求. 决策规则称为可信的若规则 (1 型规则) 的可信性超过 α, 称为不可信的若规则 (2 型规则) 的可信性不足 β. 这些阈值由决策者给出. 如果这些阈值在规则提取时未知, 我们就先提取全部规则, 然后挑选出满足决策者要求的规则. 若在规则提取之前阈值已知, 只有满足条件的对象用来生成规则. 在此例中如果取 $\alpha = 0.7$, 只有对象 r'_2, r'_8—r'_{14} 可以用来生成可以分类为 $Cl_2^{\geqslant}$ 的规则. 这些规则由满足条件 $\underline{C}(Cl_2^{\geqslant})(x) > 0.7$ 的对象支持.

用所提出的方法, 我们可以得到所有的极小规则. 然而, 对于覆盖数据集中所有样本的规则的极小集的提取, 在优势粗糙集理论中, Greco 等[56] 提出算法 DomLEM, 该算法启发式地减少规则的个数. 在变一致优势粗糙集理论中, Błaszczyński 等[9] 引入算法 VC-DomLEM 来获取满足要求的带有概率的决策规则. 这两个算法先构造一条规则, 这条准则覆盖论域的一部分对象, 则从论域中删除这些对象, 然后再获取其他规则, 又覆盖余下的对象 …… 直到所有元素都被覆盖到. 这种思想与我们提出的方法不同, 在此我们不考虑这种思想在优势粗糙模糊集理论的具体情况.

9.4 实 例 分 析

表 9.6 中的数据改编自资助工商企业的某希腊工业开发银行[56, 169]. 论域 $U = \{x_1, x_2, \cdots, x_{39}\}$ 是由 39 家企业构成的样本空间, 条件属性 $C = \{a_1, a_2, \cdots, a_{12}\}$ 由 12 个用来评价公司的准则构成 (详见 3.4 节), 且三种决策类 Cl_1, Cl_2, Cl_3 分别代表不可接受公司、不确定公司和可接受公司. 条件准则的取值为: 1 (劣), 2 (差), 3 (中), 4 (良), 5 (优). 则根据这些取值代表的意义, 所有准则的值域都按照升序排列.

在模糊环境下, Cl_1, Cl_2, Cl_3 均为论域上的模糊集. 例如, 公司 x_1 以 0.1 的隶属度划分为不可接受公司, 以 0.3 的隶属度划分为不确定公司, 以 0.7 的隶属度划分为可接受公司. 由表 9.6 通过下面的转化可以回到原始决策系统:

$$x \in Cl_t \iff Cl_t(x) = \max_{s \in T} Cl_s(x).$$

表 9.6　破产分析的模糊评价

公司	a_1	a_2	a_3	a_4	a_5	a_6	a_7	a_8	a_9	a_{10}	a_{11}	a_{12}	Cl_1	Cl_2	Cl_3
x_1	2	2	2	2	1	3	5	3	5	4	2	4	0.1	0.3	0.7
x_2	4	5	2	3	3	3	5	4	5	5	4	5	0	0	1
x_3	3	5	1	1	2	2	5	3	5	5	3	5	0.1	0.3	0.8
x_4	2	3	2	1	2	4	5	2	5	4	3	4	0	0.3	0.8
x_5	3	4	3	2	2	2	5	3	5	5	3	5	0	0.2	0.9
x_6	3	5	3	3	3	2	5	3	4	4	3	4	0	0.1	0.9
x_7	3	5	2	3	4	4	5	4	4	5	3	5	0	0	1
x_8	1	1	4	1	2	3	5	2	4	4	1	4	0.3	0.4	0.6
x_9	3	4	3	3	2	4	4	2	4	3	1	3	0	0.3	0.8
x_{10}	3	4	2	1	2	2	4	2	4	4	1	4	0.1	0.3	0.7
x_{11}	2	5	1	1	3	4	4	3	4	4	3	4	0.1	0.2	0.8
x_{12}	3	3	4	4	3	4	4	2	4	4	1	3	0	0.2	0.8
x_{13}	1	1	2	1	1	3	4	2	4	4	1	4	0.3	0.4	0.5
x_{14}	2	1	1	1	4	3	4	2	4	4	3	3	0.2	0.4	0.6
x_{15}	2	3	2	1	1	2	4	4	4	4	2	5	0.1	0.3	0.7
x_{16}	2	3	4	3	1	5	4	2	4	3	2	3	0	0.3	0.8
x_{17}	2	2	2	1	1	4	4	4	4	4	2	4	0.1	0.3	0.7
x_{18}	2	1	3	1	1	3	5	2	4	2	1	3	0.3	0.5	0.6
x_{19}	2	1	2	1	1	3	4	2	4	4	2	4	0.3	0.4	0.6
x_{20}	2	1	2	1	1	5	4	2	4	4	2	4	0.2	0.4	0.6
x_{21}	2	1	1	1	1	3	2	2	4	4	2	3	0.3	0.8	0.2
x_{22}	1	1	3	1	2	1	3	4	4	4	3	4	0.3	0.6	0.5

续表

公司	a_1	a_2	a_3	a_4	a_5	a_6	a_7	a_8	a_9	a_{10}	a_{11}	a_{12}	Cl_1	Cl_2	Cl_3
x_{23}	2	1	2	1	1	2	4	3	3	2	1	2	0.3	0.8	0.1
x_{24}	1	1	1	1	1	1	3	2	4	4	2	3	0.4	0.6	0.2
x_{25}	2	2	2	1	1	3	3	2	4	4	2	3	0.2	0.6	0.4
x_{26}	2	2	1	1	1	3	2	2	4	4	2	3	0.1	0.9	0.1
x_{27}	2	1	2	1	1	3	2	2	4	4	2	4	0.3	0.6	0.5
x_{28}	1	1	4	1	3	1	2	2	3	3	1	2	0.4	0.8	0.1
x_{29}	3	4	4	3	2	3	3	4	4	4	3	4	0.1	0.7	0.6
x_{30}	3	1	3	3	1	2	2	3	4	4	2	3	0.2	0.9	0.5
x_{31}	1	1	2	1	1	1	3	3	4	4	2	3	0.5	0.4	0.3
x_{32}	3	5	2	1	1	1	3	2	3	4	1	3	0.7	0.6	0.5
x_{33}	2	2	1	1	1	1	3	3	3	4	3	4	0.5	0.4	0.2
x_{34}	2	1	1	1	1	1	2	2	3	4	3	4	0.6	0.5	0.2
x_{35}	1	1	2	1	1	1	2	1	4	3	1	2	0.8	0.2	0.1
x_{36}	1	1	3	1	2	1	2	1	3	3	2	3	0.6	0.3	0.2
x_{37}	1	1	1	1	1	1	2	2	4	4	2	3	0.7	0.3	0.1
x_{38}	1	1	3	1	1	1	1	1	4	3	1	3	0.9	0.3	0.2
x_{39}	2	1	1	1	1	1	1	1	2	1	1	2	1	0	0

若用 Greco 等在文献 [57] 中的方法, 计算有 $\underline{C}(Cl_1^{\leqslant})(x_1) = 0.1$ (即对象 x_1 划分为 $Cl_1^{\leqslant}$ 的可信性至少为 0.1), 这与 $\underline{C}(Cl_2^{\geqslant})(x_1) = 1$ (即对象 x_1 完全属于 $Cl_2^{\geqslant}$) 矛盾. 而采用上述方法, 有 $\underline{C}(Cl_1^{\leqslant})(x_1) = 0.1$ 和 $\underline{C}(Cl_2^{\geqslant})(x_1) = 0.7$, 这个结果相比较而言更容易接受.

进一步, 我们可以得到相对某一累积模糊集的所有约简. 但是决策者只关心 $Cl_3^{\geqslant}$ 或 $Cl_1^{\leqslant}$. 在接下来的分析中, 讨论的模糊集仅限于 $Cl_3^{\geqslant}$ 和 $Cl_1^{\leqslant}$. 由算法 9.1, 我们可以得到所有相对 $Cl_3^{\geqslant}$ 的下约简:

$$\begin{aligned}\mathbf{RED} = \Big\{&\{a_1, a_2, a_3, a_7, a_{12}\}, \{a_1, a_3, a_5, a_7, a_8, a_{12}\}, \{a_1, a_3, a_7, a_8, a_{11}, a_{12}\},\\ &\{a_2, a_3, a_4, a_7, a_{11}, a_{12}\}, \{a_2, a_3, a_6, a_7, a_{11}, a_{12}\}, \{a_2, a_3, a_7, a_8, a_{11}, a_{12}\},\\ &\{a_2, a_3, a_7, a_9, a_{11}, a_{12}\}, \{a_2, a_3, a_7, a_{10}, a_{11}, a_{12}\}\Big\}.\end{aligned}$$

用算法 9.2 寻找一个相对 $Cl_3^{\geqslant}/Cl_1^{\leqslant}$ 的下/上约简的过程如图 9.2 所示.

从图 9.2 可以看出, 随着准约简中准则的增加, 相对下和增加而相对上和减少. 在准约简中的整数代表表 9.6 中相应位置的属性. 例如, 相对 $Cl_3^{\geqslant}$ 的下约简为 $\mathrm{Red}_1 = \{a_1, a_2, a_3, a_7, a_{12}\}$ (取 $\lambda = 1$), 相对 $Cl_1^{\leqslant}$ 的上约简为 $\mathrm{Red}_2 = \{a_2, a_3, a_6, a_7, a_{11}\}$ (取 $\lambda = 0$ 或 $\lambda = 1$). 可以检验约简均包含在由各自辨识矩阵得到的约简集合中, 因此两个算法的正确性得到验证.

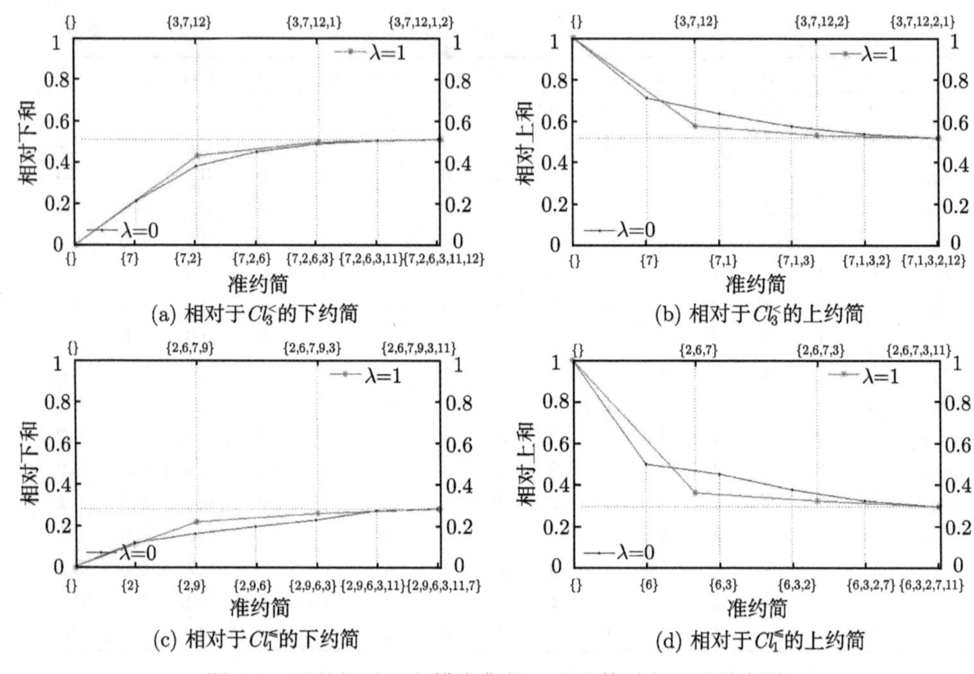

(a) 相对于$Cl_3^{\leqslant}$的下约简　　(b) 相对于$Cl_3^{\leqslant}$的上约简

(c) 相对于$Cl_1^{\leqslant}$的下约简　　(d) 相对于$Cl_1^{\leqslant}$的上约简

图 9.2　寻找相对累积模糊集的一个约简过程 (后附彩图)

如果取 $\alpha = 0.75$, 关于约简 Red_1, 用上节描述的过程可得基于 10 个对象的 16 条可信的决策规则. 其中 3 条代表性的规则如下:

r_1: 若 $f(x, a_1) \geqslant 4$, 则 $x \in Cl_3^{\geqslant}$ 的可信性为 1.

r_2: 若 $f(x, a_2) \geqslant 5 \wedge f(x, a_3) \geqslant 3$, 则 $x \in Cl_3^{\geqslant}$ 的可信性至少为 0.9.

r_3: 若 $f(x, a_1) \geqslant 3 \wedge f(x, a_3) \geqslant 3 \wedge f(x, a_7) \geqslant 4$, 则 $x \in Cl_3^{\geqslant}$ 的可信性至少为 0.8. 规则 r_2 可以用语言解释为:

如果公司的净利润与资产净值的比值为优且负债总额/总资产至少为中, 则此公司很大程度上是可接受的.

关于约简 Red_2, 有下面有代表性的规则:

r_1': 若 $f(x, a_{11}) \geqslant 4$, 则 $x \in Cl_1^{\leqslant}$ 的可信性为 0.

r_2': 若 $f(x, a_2) \geqslant 3 \wedge f(x, a_6) \geqslant 2$, 则 $x \in Cl_1^{\leqslant}$ 的可信性至多为 0.1.

r_3': 若 $f(x, a_2) \geqslant 2 \wedge f(x, a_3) \geqslant 2 \wedge f(x, a_{11}) \geqslant 2$, 则 $x \in Cl_1^{\leqslant}$ 的可信性至多为 0.2.

规则 r_2' 可以从语言上解释为:

如果公司的净利润与资产净值的比值至少为中且利息开支与销售额的比值至少为差, 则公司基本不是不可接受的.

用得到的规则支持不能把待分类公司划分为 $Cl_1^{\leqslant}$.

9.5 本章小结

粗糙模糊集的概念来自结合两类处理不确定性 (粗糙集对应粗糙性和模糊集对应含糊性) 的工具. 优势粗糙集理论因为考虑了决策者的偏好, 所以是粗糙集理论的一个重要分支. 本章考虑了序模糊决策系统中上、下累积模糊集的优势粗糙近似, 然后通过保持累积模糊集的上、下近似定义了相应的约简. 利用辨识矩阵和辨识函数可以获取所有约简. 另外, 提出了寻找一个约简的启发式属性约简方法, 该方法复杂度为多项式. 决策规则的简化通过利用相对应约简实现. 之后, 引入了基于对象的约简生成所有极小规则的方法. 另外, 利用公司破产风险评估的实例分析来验证提出方法的正确性.

值得注意的是, 本章的讨论仅限于优势粗糙模糊集理论, 其中优势关系为论域上的一个经典二元关系. 而模糊优势关系可以处理偏好间的模糊性. 这种思想实际上就需要考虑优势模糊粗糙集[28, 42, 44, 57, 80, 81, 132, 211]. 优势模糊粗糙集理论中的问题包括属性约简和规则提取, 需要进一步研究.

参考文献

[1] Abo-Tabl E A. A comparison of two kinds of definitions of rough approximations based on a similarity relation. Information Sciences, 2011, 181(12): 2587-2596.

[2] Akama S, Kudo Y, Murai T. Topics in Rough Set Theory: Current Applications to Granular Computing. Cham: Springer, 2020.

[3] Atanassov K T. Intuitionistic fuzzy sets. Fuzzy Sets and Systems, 1986, 20(1): 87-96.

[4] Atanassov K T. On Intuitionistic Fuzzy Sets Theory. Berlin, Heidelberg: Springer-Verlag, 2012.

[5] Bai H. Ge Y, Wang J, Li D, Liao Y, Zheng X. A method for extracting rules from spatial data based on rough fuzzy sets. Knowledge-Based Systems, 2014, 57: 28-40.

[6] Banerjee M, Pal S K. Roughness of a fuzzy set. Information Sciences, 1996, 93(3-4): 235-246.

[7] Belton V, Stewart T. Multiple Criteria Decision Analysis: An Integrated Approach. Dordrecht: Kluwer Academic Publishers, 2002.

[8] Błaszczyński J, Greco S, Słowiński R, Szelag M. Monotonic variable consistency rough set approaches. International Journal of Approximate Reasoning, 2009, 50(7): 979-999.

[9] Błaszczyński J, Słowiński R, Szelag M. Sequential covering rule induction algorithm for variable consistency rough set approaches. Information Sciences, 2011, 181(5): 987-1002.

[10] Blyth T S. Lattices and Ordered Algebraic Structures. London: Springer-Verlag, 2005.

[11] Breiman L, Friedman J, Stone C J, Olshen R A. Classification and Regression Trees. Wadsworth: CRC Press, 1984.

[12] Che X, Mi J, Chen D. Information fusion and numerical characterization of a multi-source information system. Knowledge-Based Systems, 2018, 145: 121-133.

[13] Chen D, Li W, Zhang X, Kwong S. Evidence-theory-based numerical algorithms of attribute reduction with neighborhood-covering rough sets. International Journal of Approximate Reasoning, 2014, 55(3): 908-923.

[14] Chen D, Yang Y. Attribute reduction for heterogeneous data based on the combination of classical and fuzzy rough set models. IEEE Transactions on Fuzzy Systems, 2014, 22(5): 1325-1334.

[15] Chen D, Yang Y, Dong Z. An incremental algorithm for attribute reduction with variable precision rough sets. Applied Soft Computing, 2016, 45: 129-149.

[16] Chen D, Zhang L, Zhao S, Hu Q, Zhu P. A novel algorithm for finding reducts with fuzzy rough sets. IEEE Transactions on Fuzzy Systems, 2012, 20(2): 385-389.

[17] Chen D, Zhao S, Zhang L, Yang Y, Zhang X. Sample pair selection for attribute reduction with rough set. IEEE Transactions on Knowledge and Data Engineering, 2012, 24(11): 2080-2093.

[18] Chen H, Li T, Ruan D. Maintenance of approximations in incomplete ordered decision systems while attribute values coarsening or refining. Knowledge-Based Systems, 2012, 31: 140-161.

[19] Chen S M, Cheng S H, Lan T C. A novel similarity measure between intuitionistic fuzzy sets based on the centroid points of transformed fuzzy numbers with applications to pattern recognition. Information Sciences, 2016, 343-344: 15-40.

[20] Cheng Y. The incremental method for fast computing the rough fuzzy approximations. Data and Knowledge Engineering, 2011, 70(1): 84-100.

[21] Chouchoulas A, Shen Q. Rough set-aided keyword reduction for text categorization. Applied Artificial Intelligence, 2001, 15(9): 843-873.

[22] Clark P G, Grzymala-Busse J W, Rzasa W. Mining incomplete data with singleton, subset and concept probabilistic approximations. Information Sciences, 2014, 280: 368-384.

[23] Clark P G, Grzymala-Busse J W, Rzasa W. Consistency of incomplete data. Information Sciences, 2015, 322: 197-222.

[24] Cornelis C, De Cock M, Kerre E E. Intuitionistic fuzzy rough sets: At the crossroads of imperfect knowledge. Expert Systems, 2003, 20(5): 260-270.

[25] Cornelis C, Deschrijver G, Kerre E E. Implication in intuitionistic fuzzy and interval-valued fuzzy set theory: Construction, classification, application. International Journal of Approximate Reasoning, 2004, 35(1): 55-95.

[26] Cortes C, Vapnik V. Support-vector networks. Machine Learning, 1995, 20(3): 273-297.

[27] Dai J, Tian H. Fuzzy rough set model for set-valued data. Fuzzy Sets and Systems, 2013, 229: 54-68.

[28] Dai J, Yan Y, Li Z, Liao B. Dominance-based fuzzy rough set approach for incomplete interval-valued data. Journal of Intelligent and Fuzzy Systems, 2018, 34(1): 423-436.

[29] Danish Lohani Q M, Solanki R, Muhuri P K. Novel adaptive clustering algorithms based on a probabilistic similarity measure over atanassov intuitionistic fuzzy set. IEEE Transactions on Fuzzy Systems, 2018, 26(6): 3715-3729.

[30] Dash M, Liu H. Feature selection for classification. Intelligent Data Analysis, 1997, 1(1-4): 131-156.

[31] Dembczyński K, Greco S, Słowiński R. Second-order rough approximations in multi-criteria classification with imprecise evaluations and assignments. Lecture Notes in

Computer Science, 2005, 3641: 54-63.
[32] Dembczyński K, Greco S, Słowiński R. Rough set approach to multiple criteria classification with imprecise evaluations and assignments. European Journal of Operational Research, 2009, 198(2): 626-636.
[33] Dempster A P. Upper and lower probabilities induced by a multivalued mapping. The Annals of Mathematical Statistics, 1967, 38(2): 325-339.
[34] Dong Z, Sun M, Yang Y. Fast algorithms of attribute reduction for covering decision systems with minimal elements in discernibility matrix. International Journal of Machine Learning and Cybernetics, 2016, 7(2): 297-310.
[35] Du W S, Hu B Q. Approximate distribution reducts in inconsistent interval-valued ordered decision tables. Information Sciences, 2014, 271: 93-114.
[36] Du W S, Hu B Q. Dominance-based rough set approach to incomplete ordered information systems. Information Sciences, 2016, 346-347: 106-129.
[37] Du W S, Hu B Q. Attribute reduction in ordered decision tables via evidence theory. Information Sciences, 2016, 364-365: 91-110.
[38] Du W S, Hu B Q. Dominance-based rough fuzzy set approach and its application to rule induction. European Journal of Operational Research, 2017, 261(2): 690-703.
[39] Du W S, Hu B Q. A fast heuristic attribute reduction approach to ordered decision systems. European Journal of Operational Research, 2018, 264(2): 440-452.
[40] Dubois D, Prade H. Rough fuzzy sets and fuzzy rough sets. International Journal of General Systems, 1990, 17(2-3): 191-209.
[41] Dubois D, Prade H. Putting rough sets and fuzzy sets together//Słowiński R, ed. Intelligent Decision Support: Handbook of Applications and Advances of the Rough Sets Theory. Dordrecht: Kluwer Academic Publishers, 1992: 203-232.
[42] Fan T F, Liau C J, Liu D R. Dominance-based fuzzy rough set analysis of uncertain and possibilistic data tables. International Journal of Approximate Reasoning, 2011, 52(9): 1283-1297.
[43] Fan T F, Liau C J, Liu D R. A relational perspective of attribute reduction in rough set-based data analysis. European Journal of Operational Research, 2011, 213(1): 270-278.
[44] Fan T F, Liau C J, Liu D R. Variable consistency and variable precision models for dominance-based fuzzy rough set analysis of possibilistic information systems. International Journal of General Systems, 2013, 42(6): 659-686.
[45] Fang B W, Hu B Q. Granular fuzzy rough sets based on fuzzy implicators and coimplicators. Fuzzy Sets and Systems, 2019, 359: 112-139.
[46] Feng T, Mi J S, Zhang S P. Belief functions on general intuitionistic fuzzy information systems. Information Sciences, 2014, 271: 143-158.
[47] Feng T, Zhang S P, Mi J S. The reduction and fusion of fuzzy covering systems based

on the evidence theory. International Journal of Approximate Reasoning, 2012, 53(1): 87-103.

[48] Ge H, Li L, Xu Y, Yang C. Bidirectional heuristic attribute reduction based on conflict region. Soft Computing, 2015, 19(7): 1973-1986.

[49] Gong Z, Sun B, Chen D. Rough set theory for the interval-valued fuzzy information systems. Information Sciences, 2008, 178(8): 1968-1985.

[50] Greco S, Ehrgott M, Figueira J R. Multiple Criteria Decision Analysis: State of the Art Surveys. 2nd ed. Heidelberg: Springer, 2016.

[51] Greco S, Inuiguchi M, Slowinski R. Fuzzy rough sets and multiple-premise gradual decision rules. International Journal of Approximate Reasoning, 2006, 41(2): 179-211.

[52] Greco S, Matarazzo B, Slowinski R. A new rough set approach to evaluation of bankruptcy risk// Zopounidis C, ed. Operational Tools in the Management of Financial Risks. Dordrecht: Kluwer Academic Publishers, 1998: 121-136.

[53] Greco S, Matarazzo B, Slowinski R. Rough approximation of a preference relation by dominance relations. European Journal of Operational Research, 1999, 117(1): 63-83.

[54] Greco S, Matarazzo B, Slowinski R. Fuzzy extension of the rough set approach to multicriteria and multiattribute sorting// Fodor J, De Baets B. Perny P, eds. Preferences and Decisions under Incomplete Knowledge. Heidelberg: Springer-Verlag, 2000: 131-151.

[55] Greco S, Matarazzo B, Slowinski R. Rough sets theory for multicriteria decision analysis. European Journal of Operational Research, 2001, 129(1): 1-47.

[56] Greco S, Matarazzo B, Slowinski R. Rough approximation by dominance relations. International Journal of Intelligent Systems, 2002, 17(2): 153-171.

[57] Greco S, Matarazzo B, Słowiński R. Fuzzy set extensions of the dominance-based rough set approach//Bustince H, Herrera F, Montero J, eds. Fuzzy Sets and Their Extensions: Representation, Aggregation and Models. Berlin: Springer-Verlag, 2008: 239-261.

[58] Greco S, Matarazzo B, Slowinski R, Stefanowski J. Variable consistency model of dominance-based rough sets approach. Lecture Notes in Computer Science, 2001, 2005: 170-181.

[59] Grzymala-Busse J W. Data with missing attribute values: Generalization of indiscernibility relation and rule induction. Transactions on Rough Sets, 2004, I: 78-95.

[60] Grzymala-Busse J W. Characteristic relations for incomplete data: A generalization of the indiscernibility relation. Transactions on Rough Sets, 2005, IV: 58-68.

[61] Grzymala-Busse J W, Clark P G, Kuehnhausen M. Generalized probabilistic approximations of incomplete data. International Journal of Approximate Reasoning, 2014, 55(1): 180-196.

[62] Gu S M, Li X, Wu W Z, Nian H. Multi-granulation rough sets in multi-scale informa-

tion systems. Proceedings of the 2013 International Conference on Machine Learning and Cybernetics, volume 1, pages 108-113, Tianjin, China, 2013.

[63] Guan L. A heuristic algorithm of attribute reduction in incomplete ordered decision systems. Journal of Intelligent and Fuzzy Systems, 2019, 36(4): 3891-3901.

[64] Guan L, Huang D, Han F. Tolerance dominance relation in incomplete ordered decision systems. International Journal of Intelligent Systems, 2018, 33(1): 33-48.

[65] Guan Y Y, Wang H K. Set-valued information systems. Information Sciences, 2006, 176(17): 2507-2525.

[66] Gupta P, Lin C T, Mehlawat M K, Grover N. A new method for intuitionistic fuzzy multiattribute decision making. IEEE Transactions on Systems, Man, and Cybernetics: Systems, 2016, 46(9): 1167-1179.

[67] Guyon I, Elisseeff A. An introduction to variable and feature selection. Journal of Machine Learning Research, 2003, 3: 1157-1182.

[68] Han Y, Shi P, Chen S. Bipolar-valued rough fuzzy set and its applications to the decision information system. IEEE Transactions on Fuzzy Systems, 2015, 23(6): 2358-2370.

[69] Hand D J, Yu K. Idiot's Bayes—not so stupid after all? International Statistical Review, 2001, 69(3): 385-398.

[70] Hastie T, Tibshirani R, Friedman J. The Elements of Statistical Learning: Data Mining, Inference, and Prediction. 2nd ed. New York: Springer, 2009.

[71] Hatzimichailidis A G, Papakostas G A, Kaburlasos V G. A novel distance measure of intuitionistic fuzzy sets and its application to pattern recognition problems. International Journal of Intelligent Systems, 2012, 27(4): 396-409.

[72] Herbert J P, Yao J. Game-theoretic rough sets. Fundamenta Informaticae, 2011, 108(3-4): 267-286.

[73] Hu B Q. Three-way decisions space and three-way decisions. Information Sciences, 2014, 281: 21-52.

[74] Hu B Q. Three-way decision spaces based on partially ordered sets and three-way decisions based on hesitant fuzzy sets. Knowledge-Based Systems, 2016, 91: 16-31.

[75] Hu B Q. Three-way decisions based on semi-three-way decision spaces. Information Sciences, 2017, 382-383: 415-440.

[76] Hu B Q, Wang S. A novel approach in uncertain programming part I: New arithmetic and order relation for interval numbers. Journal of Industrial and Management Optimization, 2006, 2(4): 351-371.

[77] Hu B Q, Wang S. A novel approach in uncertain programming part II: A class of constrained nonlinear programming problems with interval objective functions. Journal of Industrial and Management Optimization, 2006, 2(4): 373-385.

[78] Hu B Q, Wong H. Generalized interval-valued fuzzy rough sets based on interval-

valued fuzzy logical operators. International Journal of Fuzzy Systems, 2013, 15(4): 381-391.

[79] Hu Q, Liu J, Yu D. Mixed feature selection based on granulation and approximation. Knowledge-Based Systems, 2008, 21(4): 294-304.

[80] Hu Q, Pan W, Zhang L, Zhang D, Song Y, Guo M, Yu D. Feature selection for monotonic classification. IEEE Transactions on Fuzzy Systems, 2012, 20(1): 69-81.

[81] Hu Q, Yu D, Guo M. Fuzzy preference based rough sets. Information Sciences, 2010, 180(10): 2003-2022.

[82] Hu Q, Yu D, Xie Z. Information-preserving hybrid data reduction based on fuzzy-rough techniques. Pattern Recognition Letters, 2006, 27(5): 414-423.

[83] Hu Q, Zhang L, Zhou Y, Pedrycz W. Large-scale multi-modality attribute reduction with multi-kernel fuzzy rough sets. IEEE Transactions on Fuzzy Systems, 2018, 26(1): 226-238.

[84] Hu X, Cercone N. Learning in relational databases: A rough set approach. Computational Intelligence, 1995, 11(2): 323-338.

[85] Huang B. Graded dominance interval-based fuzzy objective information systems. Knowledge-Based Systems, 2011, 24(7): 1004-1012.

[86] Huang B, Li H, Feng G, Zhou X. Dominance-based rough sets in multi-scale intuitionistic fuzzy decision tables. Applied Mathematics and Computation, 2019, 348: 487-512.

[87] Huang B, Li H X, Wei D K. Dominance-based rough set model in intuitionistic fuzzy information systems. Knowledge-Based Systems, 2012, 28: 115-123.

[88] Huang B, Wei D K, Li H X, Zhuang Y L. Using a rough set model to extract rules in dominance-based interval-valued intuitionistic fuzzy information systems. Information Sciences, 2013, 221: 215-229.

[89] Huang B, Wu W Z, Yan J, Li H, Zhou X. Inclusion measure-based multi-granulation decision-theoretic rough sets in multi-scale intuitionistic fuzzy information tables. Information Sciences, 2020, 507: 421-448.

[90] Huang B, Zhuang Y L, Li H X, Wei D K. A dominance intuitionistic fuzzy-rough set approach and its applications. Applied Mathematical Modelling, 2013, 37(12): 7128-7141.

[91] Huynh V N, Nakamori Y. A roughness measure for fuzzy sets. Information Sciences, 2005, 173(1-3): 255-275.

[92] Inuiguchi M, Yoshioka Y, Kusunoki Y. Variable-precision dominance-based rough set approach and attribute reduction. International Journal of Approximate Reasoning, 2009, 50(8): 1199-1214.

[93] Jensen R, Shen Q. Semantics-preserving dimensionality reduction: Rough and fuzzy-rough-based approaches. IEEE Transactions on Knowledge and Data Engineering,

2004, 16(12): 1457-1471.
[94] Karami J, Alimohammadi A, Seifouri T. Water quality analysis using a variable consistency dominance-based rough set approach. Computers, Environment and Urban Systems, 2014, 43: 25-33.
[95] Khan M A, Banerjee M. Formal reasoning with rough sets in multiple-source approximation systems. International Journal of Approximate Reasoning, 2008, 49(2): 466-477.
[96] Kohavi R, John G H. Wrappers for feature subset selection. Artificial Intelligence, 1997, 97(1-2): 273-324.
[97] Kondo M. On the structure of generalized rough sets. Information Sciences, 2006, 176(5): 589-600.
[98] Kotłowski W, Dembczyński K, Greco S, Słowiński R. Stochastic dominance-based rough set model for ordinal classification. Information Sciences, 2008, 178(21): 4019-4037.
[99] Kryszkiewicz M. Rough set approach to incomplete information systems. Information Sciences, 1998, 112(1-4): 39-49.
[100] Kryszkiewicz M. Rules in incomplete information systems. Information Sciences, 1999, 113(3-4): 271-292.
[101] Kryszkiewicz M. Comparative study of alternative types of knowledge reduction in inconsistent systems. International Journal of Intelligent Systems, 2001, 16(1): 105-120.
[102] Kusunoki Y, Błaszczyński J, Inuiguchi M, Słowiński R. Interpretation of variable consistency dominance-based rough set approach by minimization of asymmetric loss function. Lecture Notes in Computer Science, 2019, 11471: 135-145.
[103] Kusunoki Y, Inuiguchi M. A unified approach to reducts in dominance-based rough set approach. Soft Computing, 2010, 14(5): 507-515.
[104] Lazar C, Taminau J, Meganck S, Steenhoff D, Coletta A, Molter C, De Schaetzen V, Duque R, Bersini H, Nowé A. A survey on filter techniques for feature selection in gene expression microarray analysis. IEEE/ACM Transactions on Computational Biology and Bioinformatics, 2012, 9(4): 1106-1119.
[105] Leung Y, Fischer M M, Wu W Z, Mi J S. A rough set approach for the discovery of classification rules in interval-valued information systems. International Journal of Approximate Reasoning, 2008, 47(2): 233-246.
[106] Li B, Chow T W, Huang D. A novel feature selection method and its application. Journal of Intelligent Information Systems, 2013, 41(2): 235-268.
[107] Li H, Li D, Zhai Y, Wang S, Zhang J. A novel attribute reduction approach for multi-label data based on rough set theory. Information sciences, 2016, 367-368: 827-847.
[108] Li S, Li T. Incremental update of approximations in dominance-based rough sets

approach under the variation of attribute values. Information Sciences, 2015, 294: 348-361.

[109] Li S, Li T, Liu D. Dynamic maintenance of approximations in dominance-based rough set approach under the variation of the object set. International Journal of Intelligent Systems, 2013, 28(8): 729-751.

[110] Li S, Li T, Liu D. Incremental updating approximations in dominance-based rough sets approach under the variation of the attribute set. Knowledge-Based Systems, 2013, 40: 17-26.

[111] Li T J. Rough approximation operators on two universes of discourse and their fuzzy extensions. Fuzzy Sets and Systems, 2008, 159(22): 3033-3050.

[112] Li T J, Zhang W X. Rough fuzzy approximations on two universes of discourse. Information Sciences, 2008, 178(3): 892-906.

[113] Li W, Xu W. Multigranulation decision-theoretic rough set in ordered information system. Fundamenta Informaticae, 2015, 139(1): 67-89.

[114] Liang J, Mi J, Wei W, Wang F. An accelerator for attribute reduction based on perspective of objects and attributes. Knowledge-Based Systems, 2013, 44: 90-100.

[115] Liang M, Mi J, Feng T. Optimal granulation selection for multi-label data based on multi-granulation rough sets. Granular Computing, 2019, 4(3): 323-335.

[116] Lin G, Liang J, Qian Y. An information fusion approach by combining multigranulation rough sets and evidence theory. Information Sciences, 2015, 314: 184-199.

[117] Lin G, Liang J, Qian Y, Li J. A fuzzy multigranulation decision-theoretic approach to multi-source fuzzy information systems. Knowledge-Based Systems, 2016, 91: 102-113.

[118] Lin Y, Li Y, Wang C, Chen J. Attribute reduction for multi-label learning with fuzzy rough set. Knowledge-Based Systems, 2018, 152: 51-61.

[119] Lingras P J, Yao Y Y. Data mining using extensions of the rough set model. Journal of the American Society for Information Science, 1998, 49(5): 415-422.

[120] Liou J J H. A novel decision rules approach for customer relationship management of the airline market. Expert Systems with Applications, 2009, 36(3): 4374-4381.

[121] Liou J J H. Variable consistency dominance-based rough set approach to formulate airline service strategies. Applied Soft Computing, 2011, 11(5): 4011-4020.

[122] Ma L. Two fuzzy covering rough set models and their generalizations over fuzzy lattices. Fuzzy Sets and Systems, 2016, 294: 1-17.

[123] Mac Parthaláin N, Shen Q, Jensen R. A distance measure approach to exploring the rough set boundary region for attribute reduction. IEEE Transactions on Knowledge and Data Engineering, 2010, 22(3): 305-317.

[124] Maji P, Pal S K. Fuzzy-rough sets for information measures and selection of relevant genes from microarray data. IEEE Transactions on Systems, Man, and Cybernetics, Part B: Cybernetics, 2010, 40(3): 741-752.

[125] Maji P, Paul S. Rough set based maximum relevance-maximum significance criterion and gene selection from microarray data. International Journal of Approximate Reasoning, 2011, 52(3): 408-426.

[126] Mi J S, Leung Y, Zhao H Y, Feng T. Generalized fuzzy rough sets determined by a triangular norm. Information Sciences, 2008, 178(16): 3203-3213.

[127] Mi J S, Wu W Z, Zhang W X. Approaches to knowledge reduction based on variable precision rough set model. Information Sciences, 2004, 159(3-4): 255-272.

[128] Mi J S, Zhang W X. An axiomatic characterization of a fuzzy generalization of rough sets. Information Sciences, 2004, 160(1-4): 235-249.

[129] Moore R E. Methods and Applications of Interval Analysis. Philadelphia: SIAM, 1979.

[130] Morsi N N, Yakout M M. Axiomatics for fuzzy rough sets. Fuzzy Sets and Systems, 1998, 100(1-3): 327-342.

[131] Nowicki R K. Rough Set-based Classification Systems. Cham: Springer, 2019.

[132] Palangetić M, Cornelis C, Greco S, Słowiński R. Extension of the fuzzy dominance-based rough set approach using ordered weighted average operators. Proceedings of the 2019 Conference of the International Fuzzy Systems Association and the European Society for Fuzzy Logic and Technology, pages 305-317. Atlantis Press, 2019.

[133] Pawlak Z. Rough sets. International Journal of Computer and Information Sciences, 1982, 11(5): 341-356.

[134] Pawlak Z. Rough Sets: Theoretical Aspects of Reasoning about Data. Boston: Kluwer Academic Publishers, 1991.

[135] Pawlak Z, Skowron A. Rudiments of rough sets. Information Sciences, 2007, 177(1): 3-27.

[136] Pawlak Z, Skowron A. Rough sets: Some extensions. Information Sciences, 2007, 177(1): 28-40.

[137] Pawlak Z, Skowron A. Rough sets and Boolean reasoning. Information Sciences, 2007, 177(1): 41-73.

[138] Pawlak Z, Słowinski R. Rough set approach to multi-attribute decision analysis. European Journal of Operational Research, 1994, 72(3): 443-459.

[139] Pei D, Xu Z B. Rough set models on two universes. International Journal of General Systems, 2004, 33(5): 569-581.

[140] Petrosino A, Ferone A. Rough fuzzy set-based image compression. Fuzzy Sets and Systems, 2009, 160(10): 1485-1506.

[141] Qian Y, Dang C, Liang J, Tang D. Set-valued ordered information systems. Information Sciences, 2009, 179(16): 2809-2832.

[142] Qian Y, Li S, Liang J, Shi Z, Wang F. Pessimistic rough set based decisions: A multigranulation fusion strategy. Information Sciences, 2014, 264: 196-210.

[143] Qian Y, Liang J, Dang C. Interval ordered information systems. Computers and Mathematics with Applications, 2008, 56(8): 1994-2009.

[144] Qian Y, Liang J, Dang C. Incomplete multigranulation rough set. IEEE Transactions on Systems, Man and Cybernetics, Part A: Systems and Humans, 2010, 40(2): 420-431.

[145] Qian Y, Liang J, Li D, Wang F, Ma N. Approximation reduction in inconsistent incomplete decision tables. Knowledge-Based Systems, 2010, 23(5): 427-433.

[146] Qian Y, Liang J, Pedrycz W, Dang C. Positive approximation: An accelerator for attribute reduction in rough set theory. Artificial Intelligence, 2010, 174(9-10): 597-618.

[147] Qian Y, Liang J, Pedrycz W, Dang C. An efficient accelerator for attribute reduction from incomplete data in rough set framework. Pattern Recognition, 2011, 44(8): 1658-1670.

[148] Qian Y, Liang J, Yao Y, Dang C. MGRS: A multi-granulation rough set. Information Sciences, 2010, 180(6): 949-970.

[149] Qian Y, Wang Q, Cheng H, Liang J, Dang C. Fuzzy-rough feature selection accelerator. Fuzzy Sets and Systems, 2015, 258: 61-78.

[150] Qian Y H, Liang J Y, Song P, Dang C Y. On dominance relations in disjunctive set-valued ordered information systems. International Journal of Information Technology and Decision Making, 2010, 9(1): 9-33.

[151] Qiao J, Hu B Q. On $(\odot, \&)$-fuzzy rough sets based on residuated and co-residuated lattices. Fuzzy Sets and Systems, 2018, 336: 54-86.

[152] Qiao J, Hu B Q. Granular variable precision L-fuzzy rough sets based on residuated lattices. Fuzzy Sets and Systems, 2018, 336: 148-166.

[153] Quinlan J R. Induction of decision trees. Machine Learning, 1986, 1(1): 81-106.

[154] Quinlan J R. C4.5: Programs for Machine Learning. San Mateo: Morgan Kaufmann Publishers, 1993.

[155] Radzikowska A M, Kerre E E. A comparative study of fuzzy rough sets. Fuzzy Sets and Systems, 2002, 126(2): 137-155.

[156] Raza M S, Qamar U. Understanding and Using Rough Set Based Feature Selection: Concepts, Techniques and Applications. 2nd ed. Singapore: Springer, 2019.

[157] Sarkar M. Rough–fuzzy functions in classification. Fuzzy Sets and Systems, 2002, 132(3): 353-369.

[158] Shafer G. A Mathematical Theory of Evidence. Princeton: Princeton University Press, 1976.

[159] Shao M W, Zhang W X. Dominance relation and rules in an incomplete ordered information system. International Journal of Intelligent Systems, 2005, 20(1): 13-27.

[160] Shen Q, Chouchoulas A. A modular approach to generating fuzzy rules with

reduced attributes for the monitoring of complex systems. Engineering Applications of Artificial Intelligence, 2000, 13(3): 263-278.

[161] Shen Q, Chouchoulas A. A rough-fuzzy approach for generating classification rules. Pattern Recognition, 2002, 35(11): 2425-2438.

[162] Shu W, Qian W. A fast approach to attribute reduction from perspective of attribute measures in incomplete decision systems. Knowledge-Based Systems, 2014, 72: 60-71.

[163] Shu W, Qian W. An incremental approach to attribute reduction from dynamic incomplete decision systems in rough set theory. Data and Knowledge Engineering, 2015, 100: 116-132.

[164] Singh S, Dey L. A rough-fuzzy document grading system for customized text information retrieval. Information Processing and Management, 2005, 41(2): 195-216.

[165] Sirbiladze G, Ghvaberidze B, Latsabidze T, Matsaberidze B. Using a minimal fuzzy covering in decision-making problems. Information Sciences, 2009, 179(12): 2022-2027.

[166] Skowron A, Grzymala-Busse J W. From rough set theory to evidence theory// Yager R, Fedrizzi M, Kacprzyk J, eds. Advances in the Dempster–Shafer Theory of Evidence. New York: John Wiley & Sons, 1994: 193-236.

[167] Skowron A, Rauszer C. The discernibility matrices and functions in information systems// Słowiński R, ed. Intelligent Decision Support: Handbook of Applications and Advances of the Rough Sets Theory. Dordrecht: Kluwer Academic Publishers, 1992: 331-362.

[168] Slowinski R. Vanderpooten D. A generalized definition of rough approximations based on similarity. IEEE Transactions on Knowledge and Data Engineering, 2000, 12(2): 331-336.

[169] Slowinski R, Zopounidis C. Application of the rough set approach to evaluation of bankruptcy risk. Intelligent Systems in Accounting, Finance and Management, 1995, 4(1): 27-41.

[170] Stefanowski J, Tsoukiàs A. Incomplete information tables and rough classification. Computational Intelligence, 2001, 17(3): 545-566.

[171] Sun B, Gong Z, Chen D. Fuzzy rough set theory for the interval-valued fuzzy information systems. Information Sciences, 2008, 178(13): 2794-2815.

[172] Sun B, Ma W, Zhao H. A fuzzy rough set approach to emergency material demand prediction over two universes. Applied Mathematical Modelling, 2013, 37(10-11): 7062-7070.

[173] Sun B, Ma W, Zhao H. Decision-theoretic rough fuzzy set model and application. Information Sciences, 2014, 283: 180-196.

[174] Susmaga R. Effective tests for minimality in reduct generation. Foundations of Computing and Decision Sciences, 1998, 23(4): 219-240.

[175] Susmaga R, Słowiński R, Greco S, Matarazzo B. Generation of reducts and rules in

multi-attribute and multi-criteria classification. Control and Cybernetics, 2000, 29(4): 969-988.

[176] Swiniarski R W, Skowron A. Rough set methods in feature selection and recognition. Pattern Recognition Letters, 2003, 24(6): 833-849.

[177] Szmidt E. Distances and Similarities in Intuitionistic Fuzzy Sets. Heidelberg: Springer-Verlag, 2014.

[178] Trabelsi S, Elouedi Z, Lingras P. Classification systems based on rough sets under the belief function framework. International Journal of Approximate Reasoning, 2011, 52(9): 1409-1432.

[179] Tsymbal A, Pechenizkiy M, Cunningham P. Diversity in search strategies for ensemble feature selection. Information Fusion, 2005, 6(1): 83-98.

[180] Tzeng G H, Huang J J. Multiple Attribute Decision Making: Methods and Applications. Boca Raton: CRC Press, 2011.

[181] Wang C, He Q, Chen D, Hu Q. A novel method for attribute reduction of covering decision systems. Information Sciences, 2014, 254: 181-196.

[182] Wang C Y. Type-2 fuzzy rough sets based on extended t-norms. Information Sciences, 2015, 305: 165-183.

[183] Wang C Y. A comparative study of variable precision fuzzy rough sets based on residuated lattices. Fuzzy Sets and Systems, 2019, 373: 94-115.

[184] Wang Z, Klir G. Generalized Measure Theory. Boston: Springer, 2009.

[185] Witten I H, Frank E, Hall M A, Pal C J. Data Mining: Practical Machine Learning Tools and Techniques. 4th ed. New York: Elsevier, 2017.

[186] Wu H, Wu Y, Luo J. An interval type-2 fuzzy rough set model for attribute reduction. IEEE Transactions on Fuzzy Systems, 2009, 17(2): 301-315.

[187] Wu W Z. Attribute reduction based on evidence theory in incomplete decision systems. Information Sciences, 2008, 178(5): 1355-1371.

[188] Wu W Z. On some mathematical structures of t-fuzzy rough set algebras in infinite universes of discourse. Fundamenta Informaticae, 2011, 108(3-4): 337-369.

[189] Wu W Z. Knowledge reduction in random incomplete decision tables via evidence theory. Fundamenta Informaticae, 2012, 115(2-3): 203-218.

[190] Wu W Z, Leung Y. Theory and applications of granular labelled partitions in multi-scale decision tables. Information Sciences, 2011, 181(18): 3878-3897.

[191] Wu W Z, Leung Y. Optimal scale selection for multi-scale decision tables. International Journal of Approximate Reasoning, 2013, 54(8): 1107-1129.

[192] Wu W Z, Leung Y, Mi J S. On generalized fuzzy belief functions in infinite spaces. IEEE Transactions on Fuzzy Systems, 2009, 17(2): 385-397.

[193] Wu W Z, Leung Y, Zhang W X. On generalized rough fuzzy approximation operators. Transactions on Rough Sets, 2006, V: 263-284.

[194] Wu W Z, Mi J S, Zhang W X. Generalized fuzzy rough sets. Information Sciences, 2003, 151: 263-282.

[195] Wu W Z, Zhang M, Li H Z, Mi J S. Knowledge reduction in random information systems via Dempster–Shafer theory of evidence. Information Sciences, 2005, 174(3-4): 143-164.

[196] Wu W Z, Zhang W X. Neighborhood operator systems and approximations. Information sciences, 2002, 144(1-4): 201-217.

[197] Wu W Z, Zhang W X. Constructive and axiomatic approaches of fuzzy approximation operators. Information Sciences, 2004, 159(3-4): 233-254.

[198] Wu X, Kumar V. The Top Ten Algorithms in Data Mining. New York: CRC Press, 2009.

[199] Wu X, Zhang J L. Rough set models based on random fuzzy sets and belief function of fuzzy sets. International Journal of General Systems, 2012, 41(2): 123-141.

[200] Xie H, Hu B Q. New extended patterns of fuzzy rough set models on two universes. International Journal of General Systems, 2014, 43(6): 570-585.

[201] Xu W, Li Y, Liao X. Approaches to attribute reductions based on rough set and matrix computation in inconsistent ordered information systems. Knowledge-Based Systems, 2012, 27: 78-91.

[202] Xu W, Liu Y, Li T. Intuitionistic fuzzy ordered information system. International Journal of Uncertainty, Fuzziness and Knowledge-Based Systems, 2013, 21(3): 367-390.

[203] Xu W H, Zhang W X. Methods for knowledge reduction in inconsistent ordered information systems. Journal of Applied Mathematics and Computing, 2008, 26(1): 313-323.

[204] Xu W H, Zhang X Y, Zhong J M, Zhang W X. Attribute reduction in ordered information systems based on evidence theory. Knowledge and Information Systems, 2010, 25(1): 169-184.

[205] 徐伟华, 米据生, 吴伟志. 基于包含度的粒计算方法与应用. 北京: 科学出版社, 2016.

[206] Xu Z. Intuitionistic fuzzy aggregation operators. IEEE Transactions on Fuzzy Systems, 2007, 15(6): 1179-1187.

[207] Xu Z. Intuitionistic Fuzzy Aggregation and Clustering. Heidelberg: Springer, 2012.

[208] Xu Z, Cai X. Intuitionistic Fuzzy Information Aggregation: Theory and Applications. Heidelberg: Springer, 2012.

[209] Xu Z B, Liang J Y, Dang C Y, Chin K S. Inclusion degree: a perspective on measures for rough set data analysis. Information Sciences, 2002, 141(3-4): 227-236.

[210] Yang B, Hu B Q. On some types of fuzzy covering-based rough sets. Fuzzy Sets and Systems, 2017, 312: 36-65.

[211] Yang S, Zhang H, De Baets B, Jah M, Shi G. Quantitative dominance-based neighbor-

hood rough sets via fuzzy preference relations. IEEE Transactions on Fuzzy Systems, 2021, 29(3): 515-529.

[212] Yang X, Song X, Qi Y, Yang J. Constructive and axiomatic approaches to hesitant fuzzy rough set. Soft Computing, 2014, 18(6): 1067-1077.

[213] Yang X, Yang J, Wu C, Yu D. Dominance-based rough set approach and knowledge reductions in incomplete ordered information system. Information Sciences, 2008, 178(4): 1219-1234.

[214] Yang Y, Chen D, Dong Z. Novel algorithms of attribute reduction with variable precision rough set model. Neurocomputing, 2014, 139: 336-344.

[215] Yang Y, Chen D, Wang H. Active sample selection based incremental algorithm for attribute reduction with rough sets. IEEE Transactions on Fuzzy Systems, 2017, 25(4): 825-838.

[216] Yang Y, Chen D, Wang H, Tsang E C C, Zhang D. Fuzzy rough set based incremental attribute reduction from dynamic data with sample arriving. Fuzzy Sets and Systems, 2017, 312: 66-86.

[217] Yao Y Y. Probabilistic rough set approximations. International Journal of Approximate Reasoning, 2008, 49(2): 255-271.

[218] Yao Y Y. Three-way decisions with probabilistic rough sets. Information Sciences, 2010, 180(3): 341-353.

[219] Yao Y Y. The superiority of three-way decisions in probabilistic rough set models. Information Sciences, 2011, 181(6): 1080-1096.

[220] Yao Y Y. The two sides of the theory of rough sets. Knowledge-Based Systems, 2015, 80: 67-77.

[221] Yao Y Y, Deng X F. Quantitative rough sets based on subsethood measures. Information Sciences, 2014, 267: 306-322.

[222] Yao Y Y, Yao B X. Covering based rough set approximations. Information Sciences, 2012, 200: 91-107.

[223] Yao Y Y, Zhao Y. Attribute reduction in decision-theoretic rough set models. Information sciences, 2008, 178(17): 3356-3373.

[224] Yao Y Y, Zhao Y. Discernibility matrix simplification for constructing attribute reducts. Information Sciences, 2009, 179(7): 867-882.

[225] Yao Y Q, Mi J S, Li Z J. Attribute reduction based on generalized fuzzy evidence theory in fuzzy decision systems. Fuzzy Sets and Systems, 2011, 170(1): 64-75.

[226] Yao Y Y. Constructive and algebraic methods of the theory of rough sets. Information Sciences, 1998, 109(1-4): 21-47.

[227] Yao Y Y. Relational interpretations of neighborhood operators and rough set approximation operators. Information Sciences, 1998, 111(1-4): 239-259.

[228] Yao Y Y. Probabilistic approaches to rough sets. Expert Systems, 2003, 20(5): 287-

297.
[229] Yao Y Y, Lin T Y. Generalization of rough sets using modal logics. Intelligent Automation and Soft Computing, 1996, 2(2): 103-119.
[230] Yao Y Y, Lingras P J. Interpretations of belief functions in the theory of rough sets. Information Sciences, 1998, 104(1-2): 81-106.
[231] Yao Y Y, Wong S K M. A decision theoretic framework for approximating concepts. International Journal of Man-Machine Studies, 1992, 37(6): 793-809.
[232] Yao Y Y, Wong S K M, Wang L S. A non-numeric approach to uncertain reasoning. International Journal of General Systems, 1995, 23(4): 343-359.
[233] Yeung D S, Chen D, Tsang E C C, Lee J W T, Wang X. On the generalization of fuzzy rough sets. IEEE Transactions on Fuzzy Systems, 2005, 13(3): 343-361.
[234] Zadeh L A. Fuzzy sets. Information and Control, 1965, 8(3): 338-353.
[235] Zhang H Y, Leung Y, Zhou L. Variable-precision-dominance-based rough set approach to interval-valued information systems. Information Sciences, 2013, 244: 75-91.
[236] Zhang H Y, Zhang W X, Wu W Z. On characterization of generalized interval-valued fuzzy rough sets on two universes of discourse. International Journal of Approximate Reasoning, 2009, 51(1): 56-70.
[237] Zhang J, Liu X. Fuzzy belief measure in random fuzzy information systems and its application to knowledge reduction. Neural Computing and Applications, 2013, 22(7-8): 1419-1431.
[238] Zhang J, Zhang X. Partially consistent reduction based on discernibility information tree in interval-valued fuzzy ordered information systems with decision. Journal of Nonlinear and Convex Analysis, 2019, 20(6): 1077-1087.
[239] Zhang M, Xu L D, Zhang W X, Li H Z. A rough set approach to knowledge reduction based on inclusion degree and evidence reasoning theory. Expert Systems, 2003, 20(5): 298-304.
[240] Zhang W X, Mi J S. Incomplete information system and its optimal selections. Computers and Mathematics with Applications, 2004, 48(5-6): 691-698.
[241] Zhang W X, Mi J S, Wu W Z. Approaches to knowledge reductions in inconsistent systems. International Journal of Intelligent Systems, 2003, 18(9): 989-1000.
[242] 张文修, 吴伟志, 梁吉业, 李德玉. 粗糙集理论与方法. 北京: 科学出版社, 2001.
[243] 张文修, 梁怡, 吴伟志. 信息系统与知识发现. 北京: 科学出版社, 2003.
[244] Zhang X, Chen D, Tsang E C C. Generalized dominance rough set models for the dominance intuitionistic fuzzy information systems. Information Sciences, 2017, 378: 1-25.
[245] Zhang X, Wei L, Xu W. Attributes reduction and rules acquisition in an lattice-valued information system with fuzzy decision. International Journal of Machine Learning and Cybernetics, 2017, 8(1): 135-147.

[246] Zhang Z. On interval type-2 rough fuzzy sets. Knowledge-Based Systems, 2012, 35: 1-13.

[247] Zheng M, Shi Z, Liu Y. Triple I method of approximate reasoning on Atanassov's intuitionistic fuzzy sets. International Journal of Approximate Reasoning, 2014, 55(6): 1369-1382.

[248] Zheng M, Liu Y. Multiple-rules reasoning based on Triple I method on Atanassov's intuitionistic fuzzy sets. International Journal of Approximate Reasoning, 2019, 113: 196-206.

[249] Zhou L, Wu W Z. On generalized intuitionistic fuzzy rough approximation operators. Information Sciences, 2008, 178(11): 2448-2465.

[250] Zhou L, Wu W Z, Zhang W X. On characterization of intuitionistic fuzzy rough sets based on intuitionistic fuzzy implicators. Information Sciences, 2009, 179(7): 883-898.

[251] Zhu W. Generalized rough sets based on relations. Information Sciences, 2007, 177(22): 4997-5011.

[252] Zhu W, Wang F Y. Reduction and axiomization of covering generalized rough sets. Information sciences, 2003, 152: 217-230.

[253] Zhu W, Wang F Y. On three types of covering-based rough sets. IEEE Transactions on Knowledge and Data Engineering, 2007, 19(8): 1131-1144.

[254] Zhuang S, Chen D. A novel algorithm for the vertex cover problem based on minimal elements of discernibility matrix. International Journal of Machine Learning and Cybernetics, 2019, 10(12): 3467-3474.

[255] Ziarko W. Variable precision rough set model. Journal of Computer and System Sciences, 1993, 46(1): 39-59.

[256] Ziarko W. Probabilistic approach to rough sets. International Journal of Approximate Reasoning, 2008, 49(2): 272-284.

彩　　图

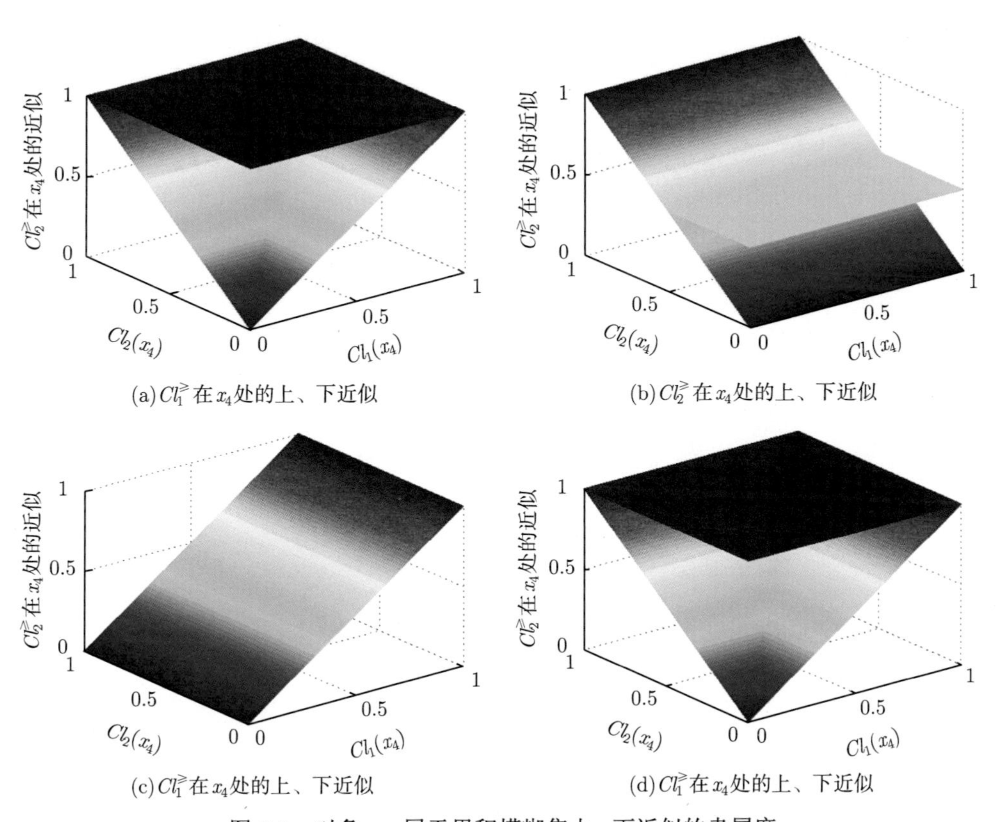

(a) $Cl_1^{\geqslant}$在x_4处的上、下近似　　(b) $Cl_2^{\geqslant}$在x_4处的上、下近似

(c) $Cl_1^{\geqslant}$在x_4处的上、下近似　　(d) $Cl_1^{\geqslant}$在x_4处的上、下近似

图 9.1　对象 x_4 属于累积模糊集上、下近似的隶属度

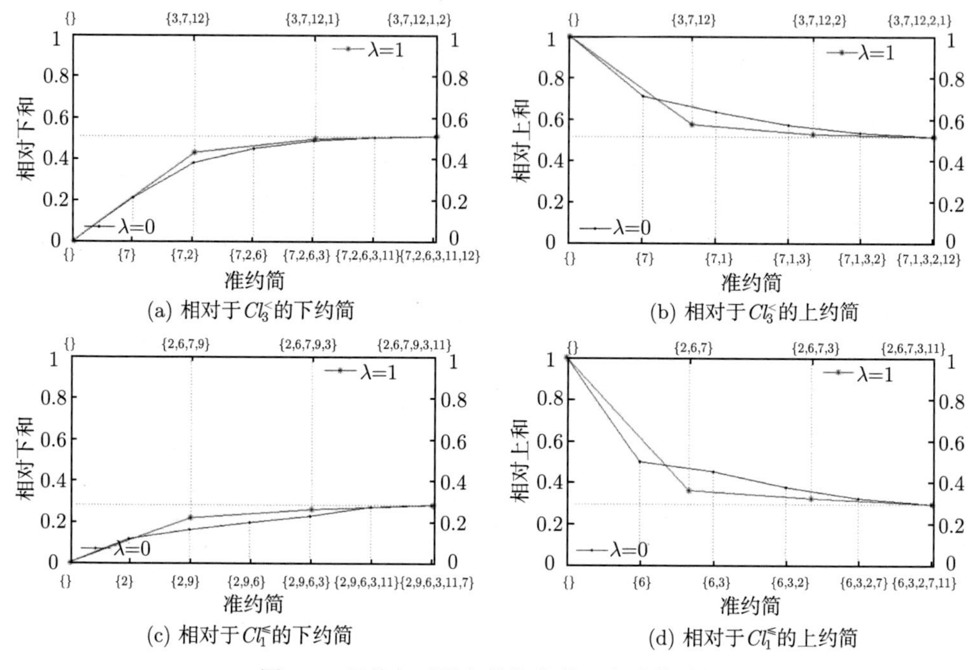

图 9.2　寻找相对累积模糊集的一个约简过程